高职高专大数据技术专业系列教材

Excel 数据分析与应用

主　编　马元元　张良均

副主编　余明辉　刘艳飞　郝海涛

西安电子科技大学出版社

内 容 简 介

本书以项目为导向,由浅入深地介绍了 Excel 在数据统计分析与可视化方面的应用。全书以某连锁超市产品销售为主线,分为 8 个项目。项目 1 和项目 2 依托超市各分店总体销售数据,介绍了 Excel 数据处理的基本知识和技能。项目 3 到项目 8 分析了某分店某周产品销售的情况:项目 3 结合某分店的营销困惑介绍了其数据分析流程,并对原始数据进行了处理;项目 4 进行了整体销售情况的分析;项目 5 进行了各类商品的销售分析;项目 6 进行了顾客分析;项目 7 进行了营销分析;项目 8 撰写了超市营销分析周报。本书每个项目开始都设置了课程思政故事,这些故事涵盖大数据的起源、思维、素养、企业、团队、人物、安全、道德等方面;每个项目后都设置有拓展延伸和课后技能训练,这些内容可以帮助读者巩固所学知识。

本书配有电子课件、课程标准、素材库、运行效果图、课程思政、微课视频、习题答案、期末试卷等资源,读者可登录西安电子科技大学出版社官网(www.xduph.com)进行下载。另外,此次重印还融入了党的二十大精神。

本书可作为高职高专、职业本科、应用型本科院校数据分析类课程的教材,也可作为数据分析爱好者的自学用书。

图书在版编目(CIP)数据

Excel 数据分析与应用 / 马元元,张良均主编. —西安:西安电子科技大学出版社,2022.8(2023.5 重印)

ISBN 978-7-5606-6504-7

Ⅰ.①E… Ⅱ.①马…②张… Ⅲ.①表处理软件 Ⅳ.①TP391.13

中国版本图书馆 CIP 数据核字(2022)第 095605 号

策　　划	明政珠
责任编辑	宁晓蓉
出版发行	西安电子科技大学出版社(西安市太白南路 2 号)
电　　话	(029)88202421　88201467　　　　邮　编　710071
网　　址	www.xduph.com　　　　　　电子邮箱　xdupfxb001@163.com
经　　销	新华书店
印刷单位	陕西天意印务有限责任公司
版　　次	2022 年 8 月第 1 版　　2023 年 5 月第 2 次印刷
开　　本	787 毫米×1092 毫米　1/16　印　张　16.5
字　　数	380 千字
印　　数	1001~3000 册
定　　价	45.00 元

ISBN 978-7-5606-6504-7 / TP

XDUP 6806001-2

如有印装问题可调换

序

自从 2014 年大数据首次写入政府工作报告，大数据就逐渐成为各级政府关注的热点。2015 年 9 月，国务院印发了《促进大数据发展行动纲要》，系统部署了我国大数据发展工作，至此，大数据成为国家级的发展战略。2017 年 1 月，工信部编制印发了《大数据产业发展规划(2016—2020 年)》。

为对接大数据国家发展战略，教育部批准于 2017 年开办高职大数据技术专业，2017 年全国共有 64 所职业院校获批开办该专业，2020 年全国 619 所高职院校成功申报大数据技术专业，大数据技术专业已经成为高职院校最火爆的新增专业。

为培养满足经济社会发展的大数据人才，加强粤港澳大湾区区域内高职院校的协同育人和资源共享，2018 年 6 月，在广东省人才研究会的支持下，由广州番禺职业技术学院牵头，联合深圳职业技术学院、广东轻工职业技术学院、广东科学技术职业学院、广州市大数据行业协会、佛山市大数据行业协会、香港大数据行业协会、广东职教桥数据科技有限公司、广东泰迪智能科技股份有限公司等 200 余家高职院校、协会和企业，成立了广东省大数据产教联盟，联盟先后开展了大数据产业发展、人才培养模式、课程体系构建、深化产教融合等主题的研讨活动。

课程体系是专业建设的顶层设计，教材开发是专业建设和三教改革的核心内容。为了普及和推广大数据技术，为高职院校人才培养做好服务，西安电子科技大学出版社在广泛调研的基础上，结合自身的出版优势，联合广东省大数据产教联盟策划了"高职高专大数据技术专业系列教材"。

为此，广东省大数据产教联盟和西安电子科技大学出版社于 2019 年 7 月在广东职教桥数据科技有限公司召开了"广东高职大数据技术专业课程体系构建与教材编写研讨会"。来自广州番禺职业技术学院、深圳职业技术学院、深圳信息职业技术学院、广东科学技术职业学院、广东轻工职业技术学院、中山职业技术学院、广东水利电力职业技术学院、佛山职业技术学院、广东职教桥数据科技有限公司、广东泰迪智能科技股份有限公司和西安电子科技大学出版社等单位的 30 余位校企专家参与了研讨。大家围绕大数据技术专业人才培养定位、培养目标、专业基础(平台)课程、专业能力课程、专业拓展(选修)课程及教材编写方案进行了深入研讨，最后形成了如表 1 所示的高职高专大数据技术专业课程体系。在课程体系中，为加强动手能力培养，从第三学期到第五学期，开设了 3 个共 8 周的项目实践；为形成专业特色，第五学期的课程，除 4 周的"大数据项目开发实践"外，其他都是专业拓展课程，各学校根据区域大数据产业发展需求、学生职业发展需要和学校办学条件，开设纵向延伸、横向拓宽及 X 证书的专业拓展选修课程。

表 1 高职高专大数据技术专业课程体系

序号	课程名称	课程类型	建议课时
第一学期			
1	大数据技术导论	专业基础	54
2	Python 编程技术	专业基础	72
3	Excel 数据分析应用	专业基础	54
4	Web 前端开发技术	专业基础	90
第二学期			
5	计算机网络基础	专业基础	54
6	Linux 基础	专业基础	72
7	数据库技术与应用 (MySQL 版或 NoSQL 版)	专业基础	72
8	大数据数学基础——基于 Python	专业基础	90
9	Java 编程技术	专业基础	90
第三学期			
10	Hadoop 技术与应用	专业能力	72
11	数据采集与处理技术	专业能力	90
12	数据分析与应用——基于 Python	专业能力	72
13	数据可视化技术(ECharts 版或 D3 版)	专业能力	72
14	网络爬虫项目实践(2 周)	项目实训	56
第四学期			
15	Spark 技术与应用	专业能力	72
16	大数据存储技术——基于 HBase/Hive	专业能力	72
17	大数据平台架构(Ambari，Cloudera)	专业能力	72
18	机器学习技术	专业能力	72
19	数据分析项目实践(2 周)	项目实训	56
第五学期			
20	大数据项目开发实践(4 周)	项目实训	112
21	大数据平台运维(含大数据安全)	专业拓展(选修)	54
22	大数据行业应用案例分析	专业拓展(选修)	54
23	Power BI 数据分析	专业拓展(选修)	54
24	R 语言数据分析与挖掘	专业拓展(选修)	54
25	文本挖掘与语音识别技术——基于 Python	专业拓展(选修)	54
26	人脸与行为识别技术——基于 Python	专业拓展(选修)	54
27	无人系统技术(无人驾驶、无人机)	专业拓展(选修)	54
28	其他专业拓展课程	专业拓展(选修)	
29	X 证书课程	专业拓展(选修)	
第六学期			
29	毕业设计		
30	顶岗实习		

基于此课程体系，与会专家和老师研讨了大数据技术专业相关课程的编写大纲，各主编教师就相关选题进行了写作思路汇报，大家相互讨论，梳理和确定了每一本教材的编写内容与计划，最终形成了该系列教材。

本系列教材由广东省部分高职院校联合大数据与人工智能企业共同策划出版，汇聚了校企多方资源及各位主编和专家的集体智慧。在本系列教材出版之际，特别感谢深圳职业技术学院数字创意与动画学院院长聂哲教授、深圳信息职业技术学院软件学院院长蔡铁教授、广东科学技术职业学院计算机工程技术学院(人工智能学院)院长曾文权教授、广东轻工职业技术学院信息技术学院院长廖永红教授、中山职业技术学院信息工程学院院长赵清艳教授、顺德职业技术学院校长杨小东教授、佛山职业技术学院电子信息学院院长唐建生教授、广东水利电力职业技术学院大数据与人工智能学院院长何小苑教授，他们对本系列教材的出版给予了大力支持，安排学校的大数据专业带头人和骨干教师积极参与教材的开发工作；特别感谢广东省大数据产教联盟秘书长、广东职教桥数据科技有限公司董事长陈劲先生提供交流平台和多方支持；特别感谢广东泰迪智能科技股份有限公司董事长张良均先生为本系列教材提供技术支持和企业应用案例；特别感谢西安电子科技大学出版社副总编辑毛红兵女士为本系列教材提供出版支持；也要感谢广州番禺职业技术学院信息工程学院胡耀民博士、詹增荣博士、陈惠红老师、赖志飞博士等的积极参与。感谢所有为本系列教材出版付出辛勤劳动的各院校的老师、企业界的专家和出版社的编辑！

由于大数据技术发展迅速，教材中的欠妥之处在所难免，敬请专家和使用者批评指正，以便改正完善。

广州番禺职业技术学院

余明辉

2020 年 6 月

高职高专大数据技术专业系列教材编委会

前　　言

大数据早已融入了我们生产、生活的方方面面，特别是在政府、金融、医疗、教育、交通、农业、先进制造、军事等行业中的应用无处不在。2015 年 8 月，国务院印发《促进大数据发展行动纲要》，标志着大数据成为国家战略。如今，随着新一轮科技革命的蓬勃发展，大数据与 5G、云计算、人工智能、区块链等新技术加速融合，重塑技术架构、产品形态和服务模式，已经成为推动经济社会全面创新的重要力量。

大数据人才的培养是大数据事业蓬勃发展的基础，也是关键，高职院校承担着大数据人才培养的重任，产教联盟是职业教育人才培养的最优路径。经广东省职教大数据产教联盟牵头组织，中山职业技术学院、番禺职业技术学院联合广东泰迪智能科技股份有限公司编写了本书。

高职大数据专业课程应该以大数据技术应用为核心，紧紧围绕大数据应用的闭环流程进行教学，使学生从宏观上理解大数据技术在行业中的具体应用场景及应用方法。本书围绕大数据应用流程，从数据采集、数据预处理(数据清洗)、数据统计与分析、数据可视化到最后撰写数据分析报告进行讲述，覆盖完整的大数据应用流程，书中所选取的案例符合企业大数据应用真实场景。

本书围绕某连锁超市("和美家"连锁超市)经营数据展开，共有两篇。第一篇为 Excel 基础，包括两个项目。项目 1 录入各分店店铺信息，主要涵盖 Excel 信息录入、数据打印等知识点和技能点。项目 2 对各分店的销售数据进行统计分析，涵盖表格格式化、排序、筛选、分类汇总、数据透视表、常用函数、Excel 图表等内容。第二篇为项目实战，对某分店某周的销售情况进行统计、分析并给出营销建议，包括 6 个项目。项目 3 给出数据分析思路并对数据进行预处理。项目 4 从整体上分析一周的销售额、销售量、毛利润、销售额目标达成率等。项目 5 分析各大类商品的销售情况。项目 6 分析每日到店消费顾客数、客单价，得到顾客购物的规律，找到最有价值的顾客。项目 7 针对之前分析发现的问题做进一步分析，包括库存分析、顾客评价分析，初步形成营销策略。项目 8 梳理、融合项目 3～7 的分析结果，总结出某分店某周销售情况的特征并提出营销建议。

本书以项目为载体，主体内容围绕某连锁超市项目展开，课后技能训练以某自动售货机企业的产品销售为主线，使得学生在课后能马上应用所学技能解决实际问题。书中项目的数据都是企业的真实数据，以此保证课程学习与企业真实工作顺利衔接。

本书为"岗课赛证"融合打下了坚实的基础，以大数据应用初级岗位为出发点，融入了两套"泰迪杯"数据分析竞赛试题。书中每个项目都配有"1+X"大数据应用开发(Python)职业技能等级证书(初级)考试内容作为拓展训练。

技术是把双刃剑，只有在正确思想的引领下，技术才能更好地服务人类。在讲解 Excel 数据分析技术的基础上，本书还在每个项目中以讲故事的形式引入一个思政主题，这些主题尽量与项目内容相联系，涵盖大数据起源、大数据思维、大数据团队、大数据人物、大数据企业、大数据道德、大数据安全、大数据职业素养等方面，让学生在阅读一个个故事的同时有所思考，自己总结大数据从业者应具有的精神和素养，将人人为我、我为人人、技术服务人类的理念融入学生的精神和血脉，培养出具有爱国情怀、敬业精神、诚信态度、友善精神的社会主义合格建设者和接班人。

为了帮助读者更好地使用本书，西安电子科技大学出版社官网(www.xduph.com)和泰迪云课堂(https://book.tipdm.org/)都提供了本书的配套资源。作者还在超星学银在线创建了网络课程，读者可在线学习。

编　者
2022 年 5 月

目　　录

第一篇　Excel 基础

第二篇　项目实战

Excel 基础　　Excel 基础　　Excel 基础　　Excel 基础　　Excel 基础

Excel 基础

Excel 基础　　Excel 基础　　Excel 基础　　Excel 基础

Excel 基础

Excel 基础

Excel 基础

Excel 基础

Excel 基础

Excel 基础

Excel 基础

Excel 基础

第 一 篇

Excel 基础

Excel 基础　　Excel 基础

Excel 基础

Excel 基础　　Excel 基础　　Excel 基础

Excel 基础

Excel 基础

Excel 基础

项目 1　店铺信息录入与格式化

项目背景

"和美家"是一家连锁超市，自 2016 年创建以来，超市规模不断扩大，为了加强超市管理，需要将超市基本信息数字化，首先要将各店铺的基本信息录入 Excel。

项目演示

初步认识 Excel 2016，录入信息并格式化表格，最后打印如下所示的表格。

店铺基本信息表

店铺编号	区域	店铺名称	注册资金（万元）	开店时间	负责人	联系电话
08001001	深圳	和美家（罗湖总店）	500	2017-03-24	张志华	1376069****
08001002	广州	和美家（白云分店）	300	2018-01-23	刘思丽	1376069****
08001003	广州	和美家（越秀分店）	200	2018-05-22	武平	1356069****
08001004	广州	和美家（天河分店）	200	2018-05-23	周立	1376069****
08001005	中山	和美家（小榄分店）	300	2018-12-05	余天歌	1366069****
08001006	珠海	和美家（香湾分店）	200	2019-02-20	张威	1376069****
08001007	中山	和美家（东区分店）	300	2019-04-05	王本佳	1306069****
08001008	佛山	和美家（南海分店）	200	2019-05-02	李南山	1356069****
08001009	中山	和美家（古镇分店）	300	2020-03-05	邓新明	1336065****
08001010	中山	和美家（东风分店）	100	2020-07-30	马烨	1376065****

思维导图

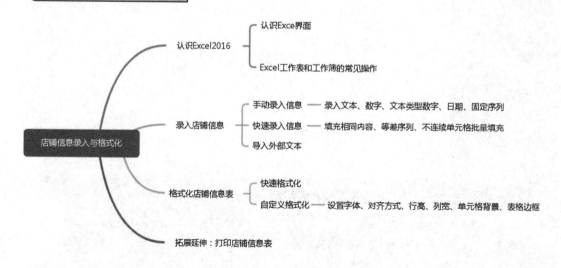

思政聚焦

青海红十字会捐款资金使用遭质疑

2011 年 7 月 31 日，中国红十字会总会信息发布平台公布了玉树捐建项目的资金情况，热心网友对资金的使用产生了质疑，焦点主要集中在杂多县妇幼保健院和治多县妇幼保健院。根据中国红十字会总会公布的信息，这两所妇幼保健院的总投资金额均为 1420 万元，但杂多县妇幼保健院建筑总面积为 1050 平方米，治多县妇幼保健院建筑总面积则为 5600 平方米。同在玉树地区，同为县级妇幼保健院，同样的投资总额，但建筑面积却相差 5 倍以上。以此核算，两所妇幼保健院的造价相差高达 5 倍以上。

事件发生后，青海省红十字会组成调查组赶赴玉树，对项目、资金及信息发布各环节进行调查。初步调查发现，中国红十字会总会信息发布平台公布的数据有误。实际上，这两所妇幼保健院的建筑总面积均为 1050 平方米，因此，造价并没有区别。调查发现，这起事件是由青海省红十字会赈济部的一名工作人员在向中国红十字会总会报送材料时出现数据录入错误造成的。因为这位工作人员对玉树捐建项目情况不熟悉，把另外一个项目中医院的建筑面积 5600 平方米错误地输入到玉树捐款项目的"治多县妇幼保健院"一栏中了。后面这位工作人员也没有把材料交给主管领导审核，而是直接向总会报送，总会方面也未与其他文件进行核对，错误的数据最终被公布出去，造成了不良的社会影响。

由此可见，在数据录入、分析和处理的过程中，细小的疏忽也会导致严重的后果。作为工作人员必须具有认真细致的工作作风，必须严格按照规范的工作流程完成任务，不漏流程、不走捷径，才能保证工作正常、顺利地开展。

思考与讨论：

认真细致是数据和大数据从业者必须具备的工作作风。你了解我国大数据产业的规模情况吗？国家和你所在的城市与地区大数据人才需求旺盛吗？都有哪些相关就业岗位呢？每个岗位又要求从业人员具备怎样的技能和素质？

教学要求

能力目标

◎认识 Excel 2016 界面
◎了解工作表、工作簿和单元格的概念

知识目标

◎能够将文本、数字、日期等数据录入 Excel 2016
◎能够使用填充句柄等方法快速录入数据
◎能够使用 Excel 2016 自带格式美化工作表
◎能够自定义格式美化工作表
◎能够完成工作表的打印

学习重点

◎Excel 2016 信息录入

◎Excel 2016 工作表格式化

学习难点

◎录入特殊格式的表格数据

◎自定义格式化工作表

任务 1.1 认识 Excel 2016

 任务描述

Excel 2016 是一种数据分析工具,它具有制作电子表格、处理数据、统计分析、制作数据图表等功能。

Excel 2016 是 Microsoft Office 2016 中的一款电子表格软件,被广泛应用于管理、统计、财经和金融等诸多领域。

 任务分析

(1) 认识 Excel 2016 用户界面。

(2) 工作簿、工作表和单元格的基本操作。

 任务实施

1.1.1 用户界面

1. 启动 Excel 2016

1-1 认识 Excel 工作界面

在 Windows 10 系统中,单击【开始】选项卡,找到 Excel 图标并单击,或双击桌面上的 Excel 2016 图标,打开初始用户界面,如图 1-1 所示。

图 1-1 初始用户界面

2. 用户界面介绍

Excel 2016 用户界面包括标题栏(1)、功能区(2)、名称框(3)、编辑栏(4)、工作表编辑区(5)和状态栏(6)，如图 1-2 所示。

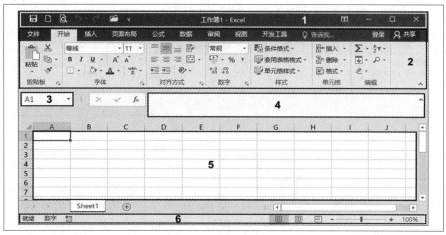

图 1-2　用户界面组成

1) 标题栏

标题栏位于应用窗口的顶端，包括快速访问工具栏(1)、当前文件名(2)、应用程序名称(3)和窗口控制按钮(4)，如图 1-3 所示。

图 1-3　标题栏

快速访问工具栏可以快速访问【保存】、【撤消】、【恢复】等命令。如果快速访问工具栏中没有所需命令，那么可以单击快速访问工具栏的 ▾ 按钮，选择需要添加的命令，如图 1-4 所示。

图 1-4　添加命令

2) 功能区

标题栏的下方是功能区，由【开始】、【插入】、【页面布局】等选项卡组成。每个选项卡又可以分成不同的组，如【开始】选项卡由【剪贴板】、【字体】、【对齐方式】等命令组组成，每个命令组又包含了不同的命令，如图 1-5 所示。

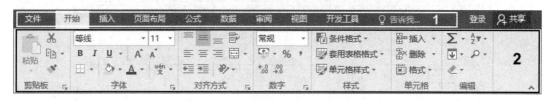

图 1-5　功能区

在图 1-5 中，框 1 为选项卡，框 2 为命令组。

3) 名称框和编辑栏

功能区的下方是名称框(1)和编辑栏(2)，如图 1-6 所示。其中，名称框可以显示当前活动单元格的地址和名称，编辑栏可以显示当前活动单元格中的数据或公式。

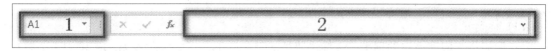

图 1-6　名称框和编辑栏

4) 工作表编辑区

名称框和编辑栏的下方是工作表编辑区，由标签滚动按钮(1)、工作表标签(2)、水平滚动条(3)、垂直滚动条(4)和工作表编辑区(5)组成，如图 1-7 所示。

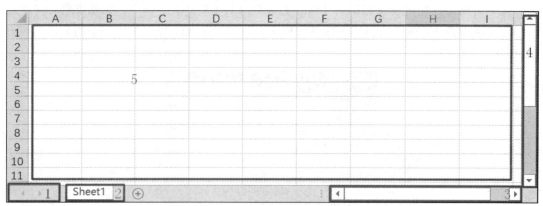

图 1-7　工作表编辑区

5) 状态栏

状态栏位于用户界面底部，由视图按钮(1)和缩放模块(2)组成，用来显示与当前操作相关的信息，如图 1-8 所示。

图 1-8　状态栏

3. 关闭 Excel 2016

单击程序控制按钮中的【关闭】按钮(如图 1-9 所示)或按组合键【Alt+F4】即可关闭 Excel 2016。

图 1-9　关闭 Excel 2016

1.1.2　工作簿、工作表和单元格的基本操作

1. 掌握工作簿的基本操作

1) 创建工作簿

单击【文件】选项卡,依次选择【新建】和【空白工作

1-2　工作簿、工作表和单元格的基本操作

簿】即可创建工作簿,如图 1-10 所示。也可以通过按组合键【Ctrl+N】的方式快速新建空白工作簿。

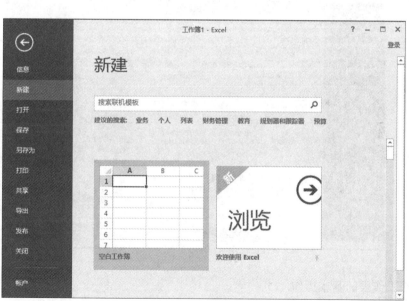

图 1-10　创建工作簿

2) 保存工作簿

单击快速访问工具栏上的【保存】按钮(图 1-11 左上角的第 1 个图标),即可保存工作簿。也可以通过按组合键【Ctrl+S】的方式快速保存工作簿。

图 1-11　保存工作簿

3) 打开和关闭工作簿

单击【文件】选项卡,选择【打开】命令,或者通过按组合键【Ctrl+O】的方式弹出【打开】对话框(如图 1-12 所示),再选择一个工作簿即可打开工作簿。

图 1-12　打开工作簿

单击【文件】选项卡，选择【关闭】命令即可关闭工作簿，如图 1-13 所示。也可以通过按组合键【Ctrl＋W】的方式关闭工作簿。

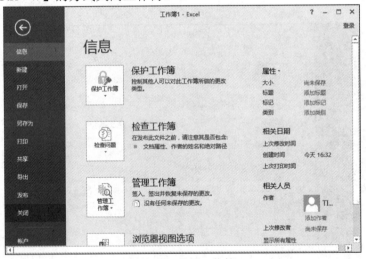

图 1-13　关闭工作簿

2. 掌握工作表的基本操作

1) 插入工作表

在 Excel 中插入工作表有多种方法，以下介绍两种常用的方法。

(1) 以"Sheet1"工作表为例，单击工作表编辑区的 ⊕ 按钮即可在现有工作表的末尾插入一个新的工作表"Sheet2"，如图 1-14 所示。

(2) 以"Sheet1"工作表为例，右键单击"Sheet1"工作表，选择【插入】命令，弹出【插入】对话框，再单击【确定】按钮即可在现有工作表之前插入一个新的工作表"Sheet3"，如图 1-15 所示。也可以通过按组合键【Shift＋F11】在现有工作表之前插入一个新的工作表。

图 1-15　插入工作表 Sheet3

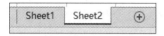

图 1-14　插入工作表 Sheet2

2) 重命名工作表

以"Sheet1"工作表为例,右键单击【Sheet1】标签,选择【重命名】命令,再输入新的名字即可重命名工作表,如图 1-16 所示。

图 1-16　重命名工作表

3) 设置标签颜色

以【Sheet1】标签为例,右键单击【Sheet1】标签,选择【工作表标签颜色】命令,再选择新的颜色即可设置标签颜色,如图 1-17 所示。

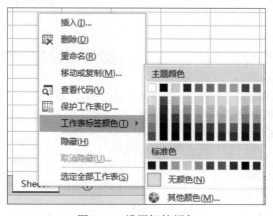

图 1-17　设置标签颜色

4) 移动或复制工作表

以 "Sheet1" 工作表为例, 单击【Sheet1】标签并按住鼠标不放, 向左或右拖动到新的位置即可移动工作表。

以 "Sheet1" 工作表为例, 右键单击【Sheet1】标签, 选择【移动或复制】命令, 弹出新的对话框, 如图 1-18 所示。选择【Sheet1】标签, 再勾选【建立副本】按钮, 最后单击【确定】按钮即可复制工作表。

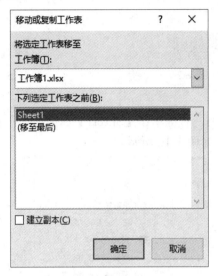

图 1-18　复制工作表

5) 隐藏和显示工作表

以 "Sheet1" 工作表为例, 右键单击【Sheet1】标签, 选择【隐藏】命令, 即可隐藏 "Sheet1" 工作表(注意, 只有一个工作表时不能隐藏工作表), 如图 1-19 所示。

若要显示隐藏的 "Sheet1" 工作表, 则右键单击任意工作表名称, 选择【取消隐藏】命令, 弹出新的对话框, 如图 1-20 所示。选择【Sheet1】标签, 单击【确定】按钮, 即可显示之前隐藏的工作表 "Sheet1"。

图 1-19　隐藏工作表

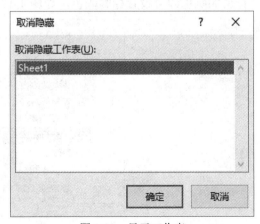

图 1-20　显示工作表

6) 删除工作表

以"Sheet1"工作表为例，右键单击【Sheet1】标签，选择【删除】命令，即可删除工作表，如图 1-21 所示。

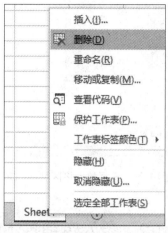

图 1-21   删除工作表

3. 掌握单元格的基本操作

1) 选择单元格

单击某单元格可以选择该单元格，如单击 A1 单元格即可选择 A1 单元格，此时名称框会显示当前选择的单元格地址为 A1，如图 1-22 所示。也可以通过在名称框中输入单元格的地址来选择单元格，如在名称框中输入"A1"即可选择单元格 A1。

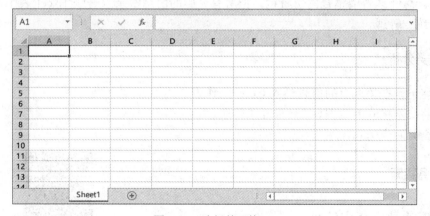

图 1-22   选择单元格 A1

2) 选择单元格区域

单击要选择的单元格区域左上角的第一个单元格并按住鼠标不放，拖动鼠标到要选择的单元格区域右下方最后一个单元格，松开鼠标即可选择单元格区域。例如，单击单元格 A1 并按住鼠标不放，拖动鼠标到单元格 D6，松开鼠标即可选择单元格区域 A1:D6，如图 1-23 所示。也可以在名称框中输入"A1:D6"来选择单元格区域 A1:D6。

如果工作表中的数据太多，那么也可以选择一个单元格或单元格区域，按组合键【Ctrl+Shift+方向箭头】，按下哪个方向的箭头，被选中的单元格及箭头所指方向的单元格区域的数据就会被全部选中，直到遇到空白单元格为止。

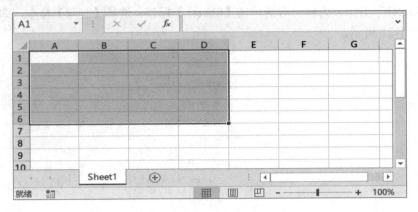

图 1-23　选择单元格区域 A1:D6

任务 1.2　录入店铺基本信息

 任务描述

"和美家"超市总经理手头上有两份资料。其中一份资料中有店铺编号、店铺名称、注册资金、注册时间等信息，记录在纸稿上。另一份资料中有店铺负责人信息，记录在文本文件中。总经理希望整合两份资料，把所有分店的信息都录入一张 Excel 表中，以便对店铺进行统一管理。

 任务分析

(1) 将记录在稿纸上的信息录入 Excel 工作表。
(2) 将文本格式的数据导入 Excel 工作表。
(3) 合并两表信息。

 任务实施

1.2.1　手动录入分店信息

1-3　手动录入分店信息及快速录入

1. 录入标题并居中对齐

新建 Excel 文件，保存并命名为"店铺基本信息"，将 Sheet1 工作表重命名为"店铺基本信息"。单击 A1 单元格，输入文字"店铺基本信息"，选中单元格 A1:E1 区域，在【开始】选项卡的【对齐方式】命令组中，单击  图标，合并单元格，并将内容居中。

2. 录入表头

(1) 录入表头文字。单击 A2 单元格，输入"店铺编号"；同理，分别在 B2、C2、D2、

E2 单元格中输入"区域""店铺名称""注册资金(万元)""开店时间",可以看到录入的内容在单元格内默认左对齐。

(2) 单元格内文字换行。选中 D2 单元格,双击左键并将光标定位到"("前,按住【Alt】键,再按【Enter】键,可实现单元格内文字换行,使得"注册资金(万元)"在单元格内占两行。完成后的效果如图 1-24 所示。

图 1-24　单元格内文字换行

3. 录入注册资金和店铺编号

(1) 录入注册资金(普通数字)。将光标定位到 D3 单元格,录入数字"500",可以看到数字类型在单元格内默认右对齐。

(2) 录入店铺编号(文本格式的数字)。店铺编号以 0 开头,如果直接输入数字,那么Excel 会默认将前面的 0 去掉。对于这种以 0 开头的数字,可以将其看作文本格式的数字,在输入时,先在单元格中输入一个半角的单引号,然后再输入数字即可,即在 A3 单元格中输入"'08001001"。完成后的效果如图 1-25 所示。

	A	B	C	D	E
1	店铺基本信息表				
2	店铺编号	区域	店铺名称	注册资金 (万元)	开店时间
3	08001001			500	

图 1-25　录入店铺编号

可以看到,单元格 A3 的左上角有个绿色三角形标志,表明这个单元格中内容是文本格式的数字。

❖ **小知识**

录入文字显示为"##########"怎么办?

如果录入文字显示为"##########",这是因为单元格宽度不够造成的,只需将单元格调宽一些即可。

录入数字时显示为科学记数法怎么办?

录入数字的时候显示为科学记数法,如果数字位数不超过 Excel 所能处理的最长整型数据位数 15 位,则也是因为单元格宽度不够造成的,只需把这个单元格的列宽调宽一些即可。例如,输入电话号码"1363115****",如果数字变成了类似"1.4E+10"的科学计数法形式,则调宽单元格即可。如果数据位数超过 15 位(例如身份证号码),则要将数字当作文本形式进行处理。

如何录入身份证号码?

身份证号码虽然不会以 0 开头,但是身份证号码有 18 位,超过了 Excel 能处理的最长整型数据位数 15 位,所以要将身份证号码看作文本格式进行处理,录入时需要先在单元格中输入半角形式的单引号，然后直接输入身份证号码即可。如果直接录入数字，则身份证号码显示为科学记数法，超过 15 位的数据记录为 0。

(3) 录入开店时间。单击单元格 E3，输入"2011-03-24"，确认后显示 2011/3/24。右键单击 E3 单元格，在弹出的快捷菜单中选择【设置单元格格式】命令，弹出【设置单元格格式】对话框，选择【日期】选项，选择第三种类型(如图 1-26 所示)，完成日期类型数据的输入，效果如图 1-27 所示。

图 1-26　设置【单元格格式】

	A	B	C	D	E
1			店铺基本信息表		
2	店铺编号	区域	店铺名称	注册资金（万元）	开店时间
3	08001001			500	2017-03-24

图 1-27　录入开店时间

❖ 小知识

如何输入当前的时间、日期？

输入当前日期：Ctrl+;(按住【Ctrl】，再按【;】)，可自动输入当前日期。

输入当前时间：Ctrl+Shift+;(同时按住【Ctrl】和【Shift】，再按【;】)，可自动输入当前时间。

4. 录入店铺的区域信息

仔细观察区域数据，发现所有的店铺都在珠三角五市。事实上，此连锁超市目前仅限于在这几个城市进行加盟，也就是区域这一列的输入内容，只能输入"广州、深圳、珠海、佛山、中山"，需要做有效性验证。

当需要为一组数据做数据有效性验证时，可以通过下拉列表的方式限定数据的内容，保证在输入其他内容的时候，Excel 能发出警告信息。现在通过制作下拉列表的方式来限定区域输入的内容。

(1) 打开【数据验证】对话框。选择单元格区域 B3:B12，在【数据】选项卡的【数据工具】命令组中，单击【数据验证】命令，弹出【数据验证】对话框，如图 1-28 所示。

(2) 设置验证条件。在【允许】下拉框中选择【序列】选项(如图 1-29 所示)，在来源文本框中输入"广州,深圳,珠海,佛山,中山"(中间用英文输入法状态下的","隔开)，如图 1-30 所示。

图 1-28　【数据验证】对话框

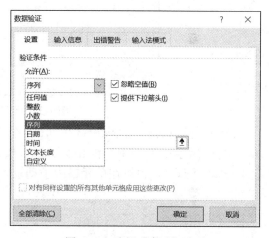

图 1-29　选择【序列】选项

(3) 设置输入信息。切换到【输入信息】选项卡，在【输入信息】文本框中输入"请选择店铺所在区域"，如图 1-31 所示。

图 1-30　输入数据来源

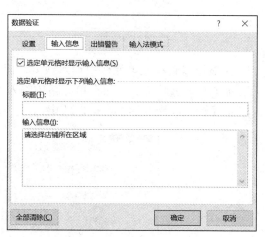

图 1-31　设置提示信息

(4) 设置出错警告信息。切换到【出错警告】选项卡，在【样式】下拉框中选择【警告】选项。在【标题】文本框中输入"输入区域有误"，在【错误信息】文本框中输入"请单击下拉按钮进行选择！"，如图 1-32 所示。

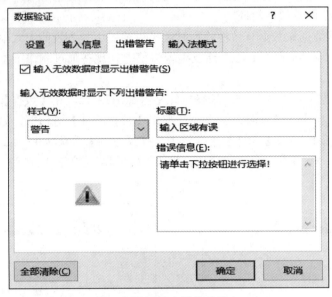

图 1-32　设置出错警告信息

(5) 选择区域信息。单击 B3 单元格，在单元格右下方显示提示"请选择店铺所在区域"(如图 1-33 所示)，单击 B3 单元格右侧 ▼ 按钮，出现下拉列表(如图 1-34 所示)，在下拉列表中选择"深圳"，也可在单元格中手动录入"深圳"。

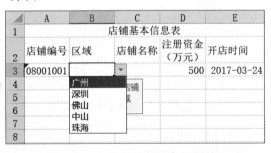

图 1-33　输入信息提示　　　　　　　　　图 1-34　显示允许输入的数据序列

虽然可以直接在单元格中输入数据，但是此时输入的数据只能是下拉列表中设置的内容，如果输入其他内容，如在单元格中输入"汕头"，那么会自动弹出设置好的出错警告提示，即【输入区域有误】对话框(如图 1-35 所示)，单击【取消】按钮，即可撤销本次操作。

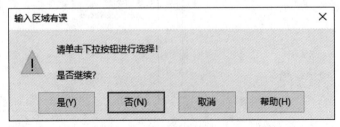

图 1-35　【输入区域有误】对话框

录入店铺名称并适当调整列宽后，表格中的数据如图 1-36 所示。

	A	B	C	D	E
1	店铺基本信息表				
2	店铺编号	区域	店铺名称	注册资金（万元）	开店时间
3	08001001	深圳	和美家（罗湖分店）	500	2017-03-24

图 1-36　第一个分店信息

1.2.2　数据的快速输入

1. 填充店铺编号

选中 A3 单元格，将鼠标放置在 A3 单元格右下角绿色实心小方块上，待鼠标变为黑色实心 "+"，此时鼠标成为拖动手柄，按住鼠标左键拖动，直到 A12 单元格为止，可以看到店铺编号成功填充。

如果要输入的序号是等差序列，且公差不为 1，例如要输入 1001、1003、1005、1007、1009，则先在前两个单元格中分别输入 1001 和 1003，然后同时选中这两个单元格，如前拖动手柄即可。

2. 输入店铺区域信息

(1) 输入连续相同的文字。B4:B6 单元格内的内容都是广州，选中 B4 单元格，输入广州，将鼠标放置在 B4 单元格右下角绿色实心小方块上，待鼠标变为黑色实心 "+"(成为拖动手柄)，按住鼠标左键拖动，直到 B6 单元格为止，选择拖动手柄下方的"自动填充选项" 为"复制单元格"，可以看到 B5 和 B6 单元格也填充了广州，如图 1-37 所示。

(2) 输入不连续相同的文字。选中单元格 B7，按住 Ctrl 键，单击 B9、B11、B12 单元格，确保 B7、B9、B11、B12 单元格处于选中状态(如图 1-38 所示)，输入"中山"，按下【Ctrl+Enter】组合键，即可看到单元格 B7、B9、B11、B12 中都填充了"中山"，如图 1-39 所示。

	A	B
1		
2	店铺编号	区域
3	08001001	深圳
4	08001002	广州
5	08001003	广州
6	08001004	广州
7	08001005	
8	08001006	
9	08001007	
10	08001008	
11	08001009	
12	08001010	

图 1-37　同时选中多格

	A	B
1		
2	店铺编号	区域
3	08001001	深圳
4	08001002	广州
5	08001003	广州
6	08001004	广州
7	08001005	
8	08001006	
9	08001007	
10	08001008	
11	08001009	
12	08001010	中山

图 1-38　输入文字

	A	B
1		
2	店铺编号	区域
3	08001001	深圳
4	08001002	广州
5	08001003	广州
6	08001004	广州
7	08001005	中山
8	08001006	
9	08001007	中山
10	08001008	
11	08001009	中山
12	08001010	中山

图 1-39　同时输入文字到多格

灵活运用前述方法输入其余信息，完成后的效果如图 1-40 所示。

	A	B	C	D	E
1			店铺基本信息表		
2	店铺编号	区域	店铺名称	注册资金（万元）	开店时间
3	08001001	深圳	和美家（罗湖总店）	500	2017-03-24
4	08001002	广州	和美家（白云分店）	300	2018-01-23
5	08001003	广州	和美家（越秀分店）	200	2018-05-22
6	08001004	广州	和美家（天河分店）	200	2018-05-23
7	08001005	中山	和美家（小榄分店）	300	2018-12-05
8	08001006	珠海	和美家（香湾分店）	200	2019-02-20
9	08001007	中山	和美家（东区分店）	300	2019-04-05
10	08001008	佛山	和美家（南海分店）	200	2019-05-02
11	08001009	中山	和美家（古镇分店）	300	2020-03-05
12	08001010	中山	和美家（东凤分店）	100	2020-07-30

图 1-40　"店铺基本信息"表

1.2.3　导入负责人信息

1-4　导入负责人信息

1. 创建"店铺负责人信息"工作表

打开文件"店铺基本信息.xlsx"，单击工作表底部左侧的 ⊕ 按钮，然后双击工作表标签"Sheet2"，将其重命名为"店铺负责人信息"。

2. 导入外部文本数据

(1) 在店铺负责人信息工作表中，选中 A1 单元格，单击【数据】选项卡下【获取外部数据】组中的【自文本】按钮，弹出【导入文本文件】对话框，在该对话框中选择"店铺负责人信息.txt"，然后单击【导入】按钮。

(2) 在弹出的【文本导入向导】对话框中选中【分隔符号】单选按钮，将【文件原始格式】设置为"936：简体中文(GB2312)"，如图 1-41 所示。

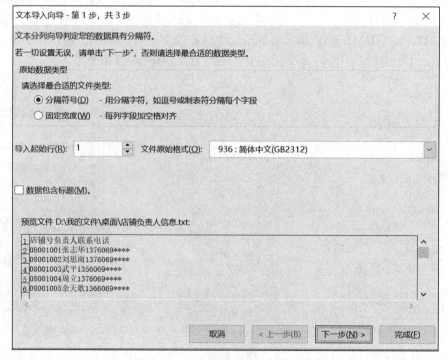

图 1-41　【文本导入向导】第 1 步

　　单击【下一步】按钮，只勾选【分隔符号】组中的【Tab 键】复选框(如图 1-42 所示)，单击【下一步】按钮。

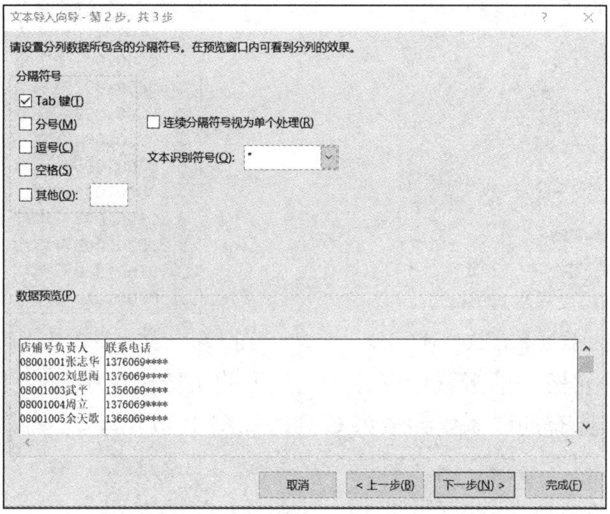

图 1-42　【文本导入向导】第 2 步

　　如图 1-43 所示，选中"联系电话"列，然后选择【文本】单选按钮，单击【完成】按钮，在弹出的对话框中保持默认设置，单击【确定】按钮。

图 1-43　【文本导入向导】第 3 步

　　在图 1-44 所示的【导入数据】对话框中，选择数据的放置位置为现有工作表$A$1 单元格，保持其他设置不变，单击【确定】按钮，生成"店铺负责人信息"工作表，如图 1-45 所示。

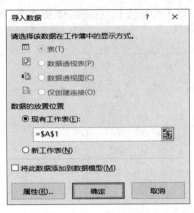

图 1-44　【导入数据】存放位置

	A	B
1	店铺号　负责人	联系电话
2	08001001张志华	1376069****
3	08001002刘思雨	1376069****
4	08001003武平	1356069****
5	08001004周立	1376069****
6	08001005余天歌	1366069****
7	08001006张威	1376069****
8	08001007王本佳	1306069****
9	08001008李南山	1356069****
10	08001009邓新明	1336065****
11	08001010马烨	1376065****

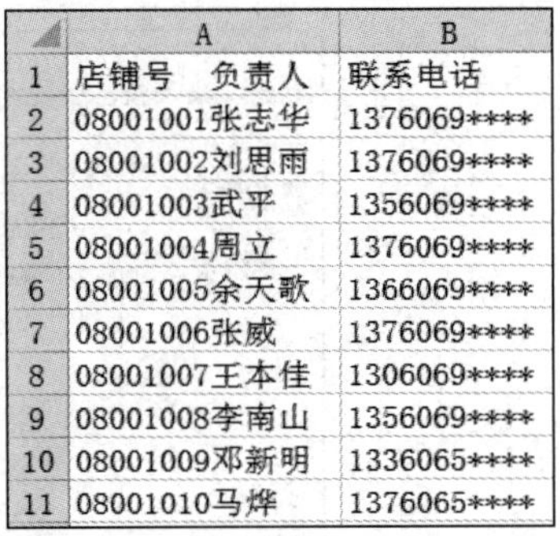

图 1-45　文本导入的“店铺负责人信息”表

(3) 选中 B 列单元格，单击鼠标右键，在弹出的快捷菜单中选择【插入】命令，在 B 列前插入一个新列，原有的联系电话成为 C 列，如图 1-46 所示。

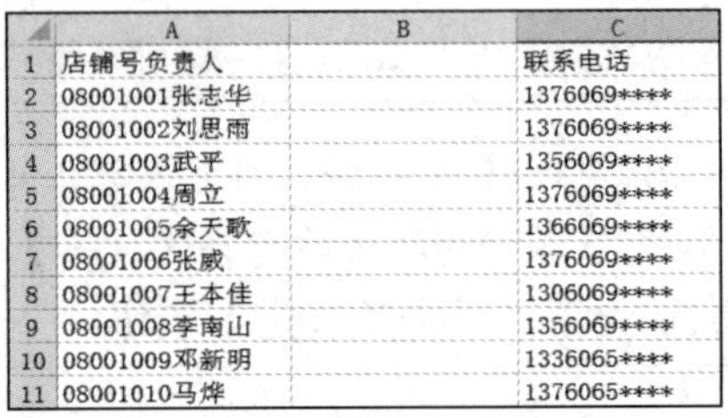

	A	B	C
1	店铺号负责人		联系电话
2	08001001张志华		1376069****
3	08001002刘思雨		1376069****
4	08001003武平		1356069****
5	08001004周立		1376069****
6	08001005余天歌		1366069****
7	08001006张威		1376069****
8	08001007王本佳		1306069****
9	08001008李南山		1356069****
10	08001009邓新明		1336065****
11	08001010马烨		1376065****

图 1-46　插入列

选中 A1 单元格，将光标置于“店铺号”和“负责人”之间，按空格键使得负责人对准第二列的张志华，然后选中 A 列单元格，单击【数据】选项卡中【数据工具】组中的【分列】按钮，在弹出的对话框中选择【固定宽度】单选按钮(如图 1-47 所示)，单击【下一步】按钮，在“1”和“张”之间单击鼠标，建立如图 1-48 所示的分列线。

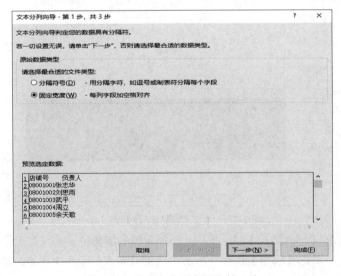

图 1-47　【文本分列向导】第 1 步

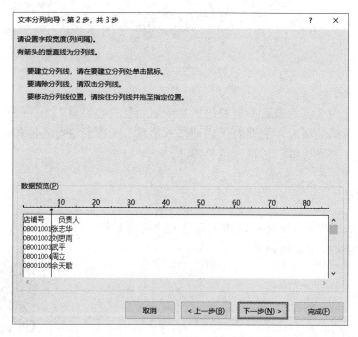

图 1-48 【文本分列向导】第 2 步

单击【下一步】按钮，选中"店铺号"，在列数据格式中选择【文本】，单击【完成】按钮，生成"店铺负责人信息"工作表，如图 1-49 所示。

	A	B	C
1	店铺号	负责人	联系电话
2	08001001	张志华	1376069****
3	08001002	刘思雨	1376069****
4	08001003	武平	1356069****
5	08001004	周立	1376069****
6	08001005	余天歌	1366069****
7	08001006	张威	1376069****
8	08001007	王本佳	1306069****
9	08001008	李南山	1356069****
10	08001009	邓新明	1336065****
11	08001010	马烨	1376065****

图 1-49 "店铺负责人信息"表

将 B 列与 C 列拷贝到"店铺基本信息"表中，合并居中单元格 A1:G1，完成后的效果如图 1-50 所示。

	A	B	C	D	E	F	G
1	店铺基本信息表						
2	店铺编号	区域	店铺名称	注册资金（万元）	开店时间	负责人	联系电话
3	08001001	深圳	和美家（罗湖总店）	500	2017-03-24	张志华	1376069****
4	08001002	广州	和美家（白云分店）	300	2018-01-23	刘思雨	1376069****
5	08001003	广州	和美家（越秀分店）	200	2018-05-22	武平	1356069****
6	08001004	广州	和美家（天河分店）	200	2018-05-23	周立	1376069****
7	08001005	中山	和美家（小榄分店）	300	2018-12-05	余天歌	1366069****
8	08001006	珠海	和美家（香湾分店）	200	2019-02-20	张威	1376069****
9	08001007	中山	和美家（东区分店）	300	2019-04-05	王本佳	1306069****
10	08001008	佛山	和美家（南海分店）	200	2019-05-02	李南山	1356069****
11	08001009	中山	和美家（古镇分店）	300	2020-03-05	邓新明	1336065****
12	08001010	中山	和美家（东凤分店）	100	2020-07-30	马烨	1376065****

图 1-50 "店铺基本信息"表

任务 1.3　格式化店铺基本信息表

 任务描述

结构清晰、美观大方的表格不但表达更加清晰而且赏心悦目。为了更好地展示数据，以便了解每一个店铺的情况，需要对"店铺基本信息"工作表进行不同的格式设置，包括设置行高、列宽、表格边框、背景颜色等等。

 任务分析

(1) 套用 Excel 2016 内置格式，实现表格的快速格式化。
(2) 分步自定义设置表格格式。

 任务实施

1.3.1　快速格式化表格

1-5　店铺信息表格式化

1. 设置标题行格式

打开"店铺基本信息"工作表，将"店铺基本信息"工作表复制一份并重命名为"店铺基本信息——快速格式化"。选中 A1 单元格，在【开始】选项卡中的【字体】组中，选择 [宋体 ∨] [11 ∨]，设置字体为黑体，大小为 16，完成后的效果如图 1-51 所示。

	A	B	C	D	E	F	G
1			店铺基本信息表				
2	店铺编号	区域	店铺名称	注册资金（万元）	开店时间	负责人	联系电话
3	08001001	深圳	和美家（罗湖总店）	500	2017-03-24	张志华	1376069****
4	08001002	广州	和美家（白云分店）	300	2018-01-23	刘思雨	1376069****
5	08001003	广州	和美家（越秀分店）	200	2018-05-22	武平	1356069****
6	08001004	广州	和美家（天河分店）	200	2018-05-23	周立	1376069****
7	08001005	中山	和美家（小榄分店）	300	2018-12-05	余天歌	1366069****
8	08001006	珠海	和美家（香湾分店）	200	2019-02-20	张威	1376069****
9	08001007	中山	和美家（东区分店）	300	2019-04-05	王本佳	1306069****
10	08001008	佛山	和美家（南海分店）	200	2019-05-02	李南山	1356069****
11	08001009	中山	和美家（古镇分店）	300	2020-03-05	邓新明	1336065****
12	08001010	中山	和美家（东凤分店）	100	2020-07-30	马烨	1376065****

图 1-51　"店铺基本信息"表标题行设置

2. 设置数据区域

(1) 套用表格格式。选中 A2:G12 单元格区域，单击【开始】选项卡，在【样式】组中选择【套用表格格式】按钮，弹出如图 1-52 所示的可套用表格样式。

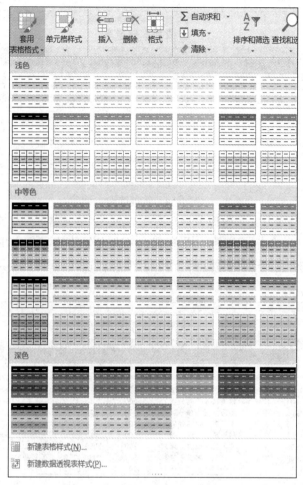

图 1-52　Excel 2016 可套用表格格式

单击【中等深浅】区域的第 1 行第 6 列格式，应用格式，完成后的效果如图 1-53 所示。

	A	B	C	D	E	F	G
1	店铺基本信息表						
2	店铺编号	区域	店铺名称	注册资金（万元）	开店时间	负责人	联系电话
3	08001001	深圳	和美家（罗湖总店）	500	2017-03-24	张志华	1376069****
4	08001002	广州	和美家（白云分店）	300	2018-01-23	刘思雨	1376069****
5	08001003	广州	和美家（越秀分店）	200	2018-05-22	武平	1356069****
6	08001004	广州	和美家（天河分店）	200	2018-05-23	周立	1376069****
7	08001005	中山	和美家（小榄分店）	300	2018-12-05	余天歌	1366069****
8	08001006	珠海	和美家（香洲分店）	200	2019-02-20	张威	1376069****
9	08001007	中山	和美家（东区分店）	300	2019-04-05	王本佳	1306069****
10	08001008	佛山	和美家（南海分店）	200	2019-05-02	李南山	1356069****
11	08001009	中山	和美家（古镇分店）	300	2020-03-05	邓新明	1336065****
12	08001010	中山	和美家（东凤分店）	100	2020-07-30	马烨	1376065****

图 1-53　套用表格格式

（2）去掉筛选。单击数据区域任意位置，选择【数据】选项卡，可见【排序和筛选】组的【筛选】按钮处于按下状态，单击【筛选】按钮，取消筛选，完成后的效果如图 1-54 所示。

图 1-54　去掉筛选

（3）设置单元格对齐方式，微调表格。选择 A2:G12 单元格区域，在【开始】选项卡中的【对齐方式】组中，单击 ▤ 按钮，再单击 ▭ 按钮使所有内容都在水平和垂直方向居中显示。选中第 1 行，将行高略微调高，选中第 D 列，适当增加列宽，完成后的效果如图 1-55 所示。

图 1-55　快速格式化后的"店铺基本信息"表

1.3.2　自定义表格格式

1. 设置标题行格式

打开"店铺基本信息"表，将"店铺基本信息"工作表复制一份并重命名为"店铺基本信息——分步格式化"。选中 A1 单元格，在【开始】选项卡的【字体】组中，选择 ，设置字体为黑体，大小为 16；在【开始】选项卡的【单元格】组中，单击【格式】按钮，选择【行高】命令，设置行高为 36。

2. 设置数据区行高、列宽及对齐方式

选中 A2:G12 单元格区域，在【开始】选项卡的【单元格】组中，单击【格式】按钮，选择【自动调整列宽】；再次单击【格式】按钮，选择【行高】命令，设置行高为 20；在【开始】选项卡的【对齐方式】组中，单击 ▤，再单击 ▭，使所有内容都在水平和垂直方向居中显示。选中 A2-G2 单元格区域，设置行高为 50。

3. 设置表头格式

选中单元格区域 A2:G2，在【开始】选项卡的【单元格】组中，单击【格式】按钮，

选择【设置单元格格式】，弹出【设置单元格格式】对话框，选择【填充】选项卡，选择蓝色(如图 1-56 所示)，单击【确定】按钮。

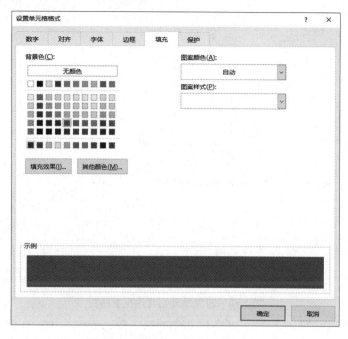

图 1-56　设置单元格【填充】颜色

设置表头字体为黑体、白色、加粗，完成后的效果如图 1-57 所示。

	店铺编号	区域	店铺名称	注册资金(万元)	开店时间	负责人	联系电话
			店铺基本信息表				
3	08001001	深圳	和美家（罗湖总店）	500	2017-03-24	张志华	1376069****
4	08001002	广州	和美家（白云分店）	300	2018-01-23	刘思雨	1376069****
5	08001003	广州	和美家（越秀分店）	200	2018-05-22	武平	1356069****
6	08001004	广州	和美家（天河分店）	200	2018-05-23	周立	1376069****
7	08001005	中山	和美家（小榄分店）	300	2018-12-05	余天歌	1366069****
8	08001006	珠海	和美家（香湾分店）	200	2019-02-20	张威	1376069****
9	08001007	中山	和美家（东区分店）	300	2019-04-05	王本佳	1306069****
10	08001008	佛山	和美家（南海分店）	200	2019-05-02	李南山	1356069****
11	08001009	中山	和美家（古镇分店）	300	2020-03-05	邓新明	1336065****
12	08001010	中山	和美家（东凤分店）	100	2020-07-30	马烨	1376065****

图 1-57　自定义表头设置

4. 设置边框

(1) 设置表格边框。选中 A2:G12 单元格区域，在【开始】选项卡的【单元格】组中，单击【格式】按钮，选择【设置单元格格式】，弹出【设置单元格格式】对话框，选择【边框】选项卡，单击选中样式中第 2 列第 5 行直线，单击【外边框】按钮，为整个表格设置外边框；单击选中样式中第 1 列第 7 行直线，单击【内部】按钮，为整个表格设置内边框，如图 1-58 所示。

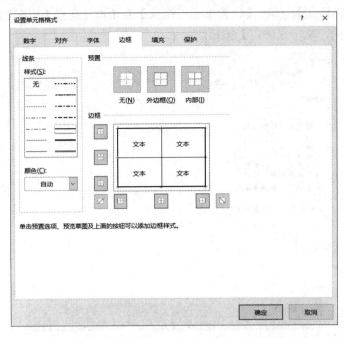

图 1-58　设置单元格【边框】格式

(2) 设置标题行边框。选中 A2:G2 区域单元格，单击鼠标右键，在弹出的快捷菜单中选择【设置单元格格式】，弹出【设置单元格格式】对话框，选择【边框】选项卡。单击选中样式中第 2 列第 7 行双直线，单击【边框】预览框中下面的线，设置表格下边框线型，如图 1-59 所示。

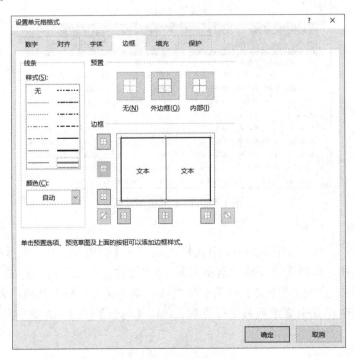

图 1-59　设置标题行边框

设置完成后的表格样式如图 1-60 所示。

店铺基本信息表						
店铺编号	区域	店铺名称	注册资金（万元）	开店时间	负责人	联系电话
08001001	深圳	和美家（罗湖总店）	500	2017-03-24	张志华	1376069****
08001002	广州	和美家（白云分店）	300	2018-01-23	刘思雨	1376069****
08001003	广州	和美家（越秀分店）	200	2018-05-22	武平	1356069****
08001004	广州	和美家（天河分店）	200	2018-05-23	周立	1376069****
08001005	中山	和美家（小榄分店）	300	2018-12-05	余天歌	1366069****
08001006	珠海	和美家（香湾分店）	200	2019-02-20	张威	1376069****
08001007	中山	和美家（东区分店）	300	2019-04-05	王本佳	1306069****
08001008	佛山	和美家（南海分店）	200	2019-05-02	李南山	1356069****
08001009	中山	和美家（古镇分店）	300	2020-03-05	邓新明	1336065****
08001010	中山	和美家（东凤分店）	100	2020-07-30	马烨	1376065****

图 1-60　自定义格式的"店铺基本信息"表

拓展延伸：打印店铺基本信息表

1. 打印预览

单击【文件】菜单，选择【打印】命令，在页面右侧看到打印预览窗口(如图 1-61 所示)，可以看到表格未居中显示，并且表格只占页面不到一半。

1-6　文件打印

图 1-61　打印预览

2. 调整打印设置

单击【文件】菜单，单击【打印】命令，单击【设置】选项卡中的【纵向】下拉菜单，选择纸张方向为"横向"，如图 1-62 所示。单击【设置】选项卡中的【无缩放】选项，单击【自定义缩放选项】，如图 1-63 所示。

图 1-62　设置纸张方向

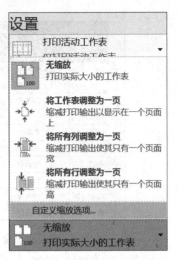

图 1-63　设置缩放方式

在弹出的【页面设置】对话框中，将【缩放比例】调整为 170%，如图 1-64 所示。在【页边距】选项卡中，勾选【居中方式】组的【水平】、【垂直】复选框，如图 1-65 所示。单击【确定】按钮。

图 1-64　设置缩放比例

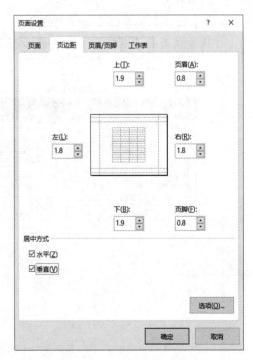

图 1-65　设置居中方式

设置完成后，打印预览效果如图 1-66 所示。

店铺基本信息表

店铺编号	区域	店铺名称	注册资金（万元）	开店时间	负责人	联系电话
08001001	深圳	和美家（罗湖总店）	500	2017-03-24	张志华	1376069****
08001002	广州	和美家（白云分店）	300	2018-01-23	刘思雨	1376069****
08001003	广州	和美家（越秀分店）	200	2018-05-22	武平	1356069****
08001004	广州	和美家（天河分店）	200	2018-05-23	周立	1376069****
08001005	中山	和美家（小榄分店）	300	2018-12-05	余天歌	1366069****
08001006	珠海	和美家（香湾分店）	200	2019-02-20	张威	1376069****
08001007	中山	和美家（东区分店）	300	2019-04-05	王本佳	1306069****
08001008	佛山	和美家（南海分店）	200	2019-05-02	李南山	1356069****
08001009	中山	和美家（古镇分店）	300	2020-03-05	邓新明	1336065****
08001010	中山	和美家（东凤分店）	100	2020-07-30	马烨	1376065****

图 1-66 "店铺基本信息"表打印预览效果

在【打印预览】页面中，单击【打印】按钮即可打印文件。

小　结

本项目认识了 Excel 2016 的界面，学习了工作表、工作簿的概念，掌握了工作表和工作簿的基本操作，并通过店铺信息录入，掌握了 Excel 2016 的不同数据类型数据的录入方法、数据快速录入方法，导入外部数据的方法。通过对"店铺基本信息"表的格式化，掌握了使用 Excel 2016 内置格式快速格式化和自定义格式化工作表的方法，最后通过对"店铺基本信息"表的打印，学习了打印相关设置。

课后技能训练

1. 创建某超市员工信息表并设置格式(表格格式自己设置)，要求对岗位信息进行数据有效性验证，只能输入店长、理货员、业务员和收银员，设置完成后的效果如图 1-67 所示。

超市员工信息表

工号	姓名	联系电话	性别	身份证号码	出生年月	民族	家庭住址	岗位
'02016010101	张红	1363225****	女	44022119780902****	1978/9/2	汉族	中山市东区	店长
'02016010102	万超	1590870****	男	44222119850905****	1985/9/5	汉族	中山市石岐区	理货员
'02016010103	白俊	1580023****	女	44322119900611****	1990/6/11	回族	中山市东区	业务员
'02016010104	孙梓甜	1590876****	女	61122119730923****	1973/9/23	汉族	中山市石岐区	收银员
'02016010105	张景	1316741****	男	34022120000906****	2000/9/6	汉族	中山市东区	收银员
'02016010106	刘嘉宝	1393989****	女	52022119010301****	2001/3/1	汉族	中山市石岐区	业务员

图 1-67 "超市员工信息"表

2. 调整"超市员工信息"表并将内容打印在 A4 纸上。

3. 对"生日庆典预算"表进行美化，完成后的效果如图 1-68 所示。

| 生日庆典预算表 | | | 预算 | ¥50,000 | | | |

项目		数量	预算方案 1		数量	预算方案 2	
			单价	金额		单价	金额
典礼费用		1	¥10,000	¥10,000	1	¥8,000	¥8,000
场地费		1	¥6,000	¥6,000	1	¥5,000	¥5,000
用餐	成人	50	¥100	¥5,000	48	¥120	¥5,760
	儿童	5	¥80	¥400	5	¥100	¥500
休息室费用		2	¥300	¥600	2	¥300	¥600
主持人		1	¥2,000	¥2,000	1	¥1,500	¥1,500
节目		1	¥3,000	¥3,000	1	¥2,000	¥2,000
装饰与花束等		1	¥3,000	¥3,000	1	¥2,000	¥2,000
服装		1	¥8,000	¥8,000	1	¥6,000	¥6,000
摄像（仪式＋宴会）		1	¥3,000	¥3,000	1	¥3,000	¥3,000
馈赠品	摄影师	1	¥800	¥800	1	¥800	¥800
	招待人员	3	¥400	¥1,200	2	¥400	¥800
	介绍人	1	¥5,000	¥5,000	1	¥5,000	¥5,000
合计				¥48,000			¥40,960
预算差额				¥2,000			¥9,040

图 1-68　"生日庆典预算"表

拓展训练

"1+X"大数据应用开发(Python)职业技能等级证书(初级)考试训练

1. Excel 2016 用户界面包括(　　)。

A. 标题栏、功能区、编辑栏、状态栏

B. 标题栏、功能区、名称框和编辑栏、工作表编辑区、状态栏

C. 功能区、名称框、编辑栏、工作表编辑区

D. 功能区、名称框、工作表编辑区、状态栏

2. 打开【导入文本文件】对话框的具体步骤为(　　)。

A. 直接打开 TXT 文本文件

B. 新建一个空白工作簿，在【数据】选项卡的【获取外部数据】命令组中，单击【自文本】命令，弹出【导入文本文件】对话框

C. 新建一个空白工作簿，在【开始】选项卡的【获取外部数据】命令组中，单击【自文本】命令，弹出【导入文本文件】对话框

D. 新建一个空白工作簿，在【数据】选项卡的【连接】命令组中，单击【自文本】命令，弹出【导入文本文件】对话框

3. 在 Excel 中，_____是计算和存储数据的文件。

4. Excel 的工作簿是由_____组成的，而工作表是由_____组成的。

5. 名称框可以显示当前活动单元格的_____和_____。

6. "2.02E+11" 中 "E+11" 表示_____。

7. 标题栏位于应用窗口的顶端，包括(　　　)(多选题)。

A. 快速访问工具栏　　　　　　　　　B. 当前文件名

C. 应用程序名称　　　　　　　　　　D. 窗口控制按钮

8. 编辑栏可以显示当前活动单元格中的数据或公式。(　　　)

9. Excel 2016 导入 TXT 文件、CSV 文件都要选择合适的分隔符号。(　　　)

10. 请以 Excel 办公软件为例，简述学习 Excel 对于工作的重要性。

11. 请简述 Excel 2016 中，各选项卡的功能及作用(至少 6 点)。

12. 某自动便利店为了提高销售业绩，需要在 Excel 2016 中对销售业绩进行分析，所以需要把"自动便利店销售业绩.txt"数据导入 Excel 2016 中。请导入"自动便利店销售业绩.txt"数据，并将工作簿重命名为"自动便利店销售业绩"。

项目 2　店铺销售情况统计与分析

项目背景

　　"和美家"连锁超市总部收集了各个分店的销售情况，现在想对这些分店的销售情况进行统计与对比分析，以便推广优秀经验，提升店铺整体销售水平。

项目演示

　　对"和美家"连锁超市各个分店的销售情况进行统计与分析，反映店铺总体销售情况，完成后的效果如下：

店铺销售情况统计与分析

店铺编号	区域	店铺名称	第一季度销售额（万元）	第二季度销售额（万元）	第三季度销售额（万元）	第四季度销售额（万元）	总销售额	排名	是否合格	等级
08001001	深圳	和美家（罗湖总店）	84	77	46	50	256	17	是	合格
08001002	广州	和美家（白云分店）	106	73	66	70	315	9	是	良好
08001003	广州	和美家（越秀分店）	95	75	77	55	302	13	是	良好
08001004	广州	和美家（天河分店）	112	73	91	77	352	4	是	优秀
08001004	深圳	和美家（光明分店）	106	66	95	78	345	6	是	优秀
08001005	中山	和美家（小榄分店）	89	76	75	54	294	14	是	良好
08001006	珠海	和美家（香湾分店）	117	72	90	35	314	10	是	良好
08001007	中山	和美家（东区分店）	35	30	39	35	139	22	否	不合格
08001008	佛山	和美家（南海分店）	54	46	18	68	186	20	否	不合格
08001009	中山	和美家（古镇分店）	97	64	84	74	319	8	是	良好
08001010	中山	和美家（东凤分店）	85	61	45	50	241	18	是	合格
08001011	深圳	和美家（福田分店）	100	74	75	54	303	12	是	良好
08001012	深圳	和美家（龙华分店）	123	71	82	71	347	5	是	优秀
08001013	深圳	和美家（龙岗分店）	128	70	79	98	375	1	是	优秀
08001014	广州	和美家（南沙分店）	101	69	98	88	356	3	是	优秀
08001015	广州	和美家（番禺分店）	132	62	93	82	369	2	是	优秀
08001016	珠海	和美家（狮山分店）	73	63	71	96	303	11	是	良好
08001017	珠海	和美家（斗门分店）	84	67	75	54	280	16	是	良好
08001018	珠海	和美家（拱北分店）	95	63	89	35	282	15	是	良好
08001019	佛山	和美家（禅城分店）	45	78	51	33	207	19	是	合格
08001020	佛山	和美家（三水分区）	49	45	23	49	166	21	否	不合格
08001021	中山	和美家（南头分店）	95	83	74	78	330	7	是	优秀
最高销售额			132	83	98	98				
最低销售额			35	30	18	33				
销售额平均值			91	66	70	63				
店铺总数		22								
单季销售额上百万分店数		9								

思维导图

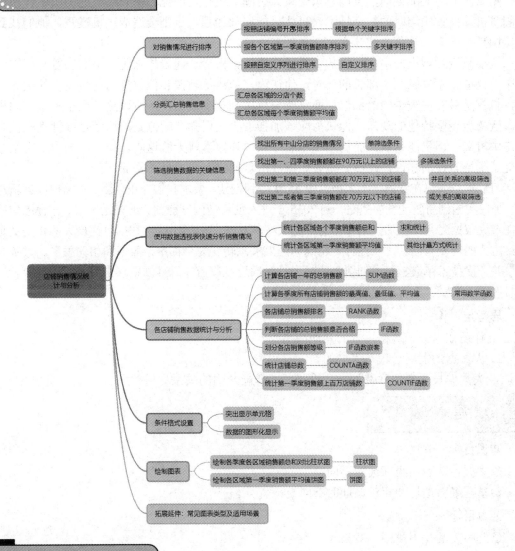

店铺销售情况统计与分析

- 对销售情况进行排序
  - 按照店铺编号升序排序 —— 根据单个关键字排序
  - 按各个区域第一季度销售额降序排列 —— 多关键字排序
  - 按照自定义序列进行排序 —— 自定义排序
- 分类汇总销售信息
  - 汇总各区域的分店个数
  - 汇总各区域每个季度销售额平均值
- 筛选销售数据的关键信息
  - 找出所有中山分店的销售情况 —— 单筛选条件
  - 找出第一、四季度销售额都在90万元以上的店铺 —— 多筛选条件
  - 找出第二和第三季度销售额都在70万元以下的店铺 —— 并且关系的高级筛选
  - 找出第二或者第三季度销售额在70万元以下的店铺 —— 或关系的高级筛选
- 使用数据透视表快速分析销售情况
  - 统计各区域各个季度销售额总和 —— 求和统计
  - 统计各区域第一季度销售额平均值 —— 其他计量方式统计
- 各店铺销售数据统计与分析
  - 计算各店铺一年的总销售额 —— SUM函数
  - 计算各季度所有店铺销售额的最高值、最低值、平均值 —— 常用数学函数
  - 各店铺总销售额排名 —— RANK函数
  - 判断各店铺的总销售额是否合格 —— IF函数
  - 划分各店铺销售等级 —— IF函数嵌套
  - 统计店铺总数 —— COUNTA函数
  - 统计第一季度销售额上百万店铺数 —— COUNTIF函数
- 条件格式设置
  - 突出显示单元格
  - 数据的图形化显示
- 绘制图表
  - 绘制各季度各区域销售额总和对比柱状图 —— 柱状图
  - 绘制各区域第一季度销售额平均值饼图 —— 饼图
- 拓展延伸:常见图表类型及适用场景

思政聚焦

两个大数据起源的故事

故事一:啤酒与尿布

沃尔玛公司有这样一个被人们津津乐道的故事,他们通过数据统计,发现跟尿布一起购买最多的商品竟是啤酒。通过走访调查,他们发现美国的太太们喜欢让丈夫们下班回家的时候,顺便去超市里给孩子买尿布,而约有 30%~40%的丈夫也会顺便买来他们喜欢喝的啤酒。搞清楚原因之后,沃尔玛就创造性地将啤酒和尿布摆放在一起,结果造成了啤酒和尿布两种产品销量的激增,为沃尔玛带来了不少的销售利润。这个故事提示了一个事实:数据分析让看起来没什么联系的两种物品的销售相互促进。

故事二：看不见的弹痕最致命

第二次世界大战期间，英国皇家空军为了降低飞行员的死亡率和飞机的坠机率，决定加固飞机，但按照当时的航空技术，机体只能局部加强，否则会造成飞机过重，他们找到了美国哥伦比亚大学著名统计学家沃德教授帮忙。

沃德教授对炮火击中轰炸机的资料进行统计分析后，建议加强飞行员的座舱与机尾。这个建议遭到了皇家空军部长的反对，他认为，从沃德教授和他收集的返航飞机的数据来看，机翼是最容易被击中的部位，而座舱与机尾则较少被击中，所以皇家空军主张加固机翼。沃德教授坚持他的观点，他认为应该加强最少发现弹孔的位置，原因是尽管飞机被多次击中机翼，但仍能返航，而机尾和座舱一旦中弹根本就无法返航。最终，英国皇家空军接受了沃德教授的建议，此后联军轰炸机被击落的比例果然显著降低。

习近平总书记在党的二十大报告中 55 次提到创新，要求我们守正创新、不断提高创新思维、加快实施创新驱动发展战略，到 2035 年进入创新型国家前列。维克托·迈尔－舍恩伯格也在《大数据时代：生活、工作与思维的大变革》一书中指出：大数据时代最大的转变就是思维方式的转变与创新，从抽样、精确和因果关系转变为全样本、效率和相关关系。大数据不仅是一次技术革命、技术创新，同时也是一次思维革命、思维创新。作为大数据从业者必须具有敢于质疑、大胆推理的创新精神。

思考与讨论：

1. 你还知道关于数据思维的其他故事吗？
2. 大数据的发展历程是怎样的？
3. 大数据技术和物联网、云计算、人工智能之间的关系如何？

教学要求

知识目标

◎掌握筛选和高级筛选的不同
◎掌握绝对地址和相对地址的不同

能力目标

◎能够灵活使用排序、多条件排序
◎能够灵活使用分类汇总
◎能够灵活使用筛选、高级筛选完成任务
◎能够灵活使用 MAX、MIN、AVERAGE 等常用函数
◎能够灵活使用 RANK、IF、COUNTIF 等函数
◎能够使用函数嵌套解决问题
◎能够灵活使用数据透视表统计数据
◎能够灵活使用条件格式使得数据突出和形象化展示
◎能够选择合适的图表类型呈现数据分析结果

学习重点

◎能够灵活使用筛选、高级筛选完成任务
◎能够灵活使用 MAX、MIN、AVERAGE 等常用函数

◎能够灵活使用 RANK、IF、COUNTIF 等函数
◎能够灵活使用数据透视表统计数据
◎能够灵活使用条件格式使得数据突出和形象化展示
◎能够灵活使用绝对地址和相对地址解决问题

学习难点
◎高级筛选的条件设置
◎绝对地址和相对地址
◎IF 函数嵌套

任务 2.1　对销售情况进行排序

任务描述

为了对各店、各地区销售情况进行分析，需要按照不同的方法对数据进行排序，包括按店铺编号、按各个区域某季度销售额和按自定义序列排序。

任务分析

(1) 按照店铺编号升序排序。
(2) 按各个区域第一季度销售额降序排列。
(3) 按自定义序列排序。

任务实施

2.1.1　按照店铺编号升序排序

1. 选择操作对象

打开"店铺销售情况统计与分析"工作薄。在"排序 1"工作表中，单击选择店铺编号列的任意单元格，如图 2-1 所示。

2-1　排序

店铺编号	区域	店铺名称	第一季度销售额（万元）	第二季度销售额（万元）	第三季度销售额（万元）	第四季度销售额（万元）
08001008	佛山	和美家（南海分店）	54	46	18	68
08001019	佛山	和美家（禅城分店）	45	78	51	33
08001020	佛山	和美家（三水分区）	49	45	23	49
08001002	广州	和美家（白云分店）	106	73	66	70
08001003	广州	和美家（越秀分店）	95	75	77	55
08001004	广州	和美家（天河分店）	112	73	91	77
08001014	广州	和美家（南沙分店）	101	69	98	88
08001015	广州	和美家（番禺分店）	132	62	93	82
08001001	深圳	和美家（罗湖总店）	84	77	46	50
08001004	深圳	和美家（光明分店）	106	66	95	78
08001011	深圳	和美家（福田分店）	100	74	75	54
08001012	深圳	和美家（龙华分店）	123	71	82	71

图 2-1　选中店铺编号列任意单元格

2. 排序

在【数据】选项卡的【排序和筛选】命令组中，单击 ![上行图标] 命令，如图 2-2 所示。这时可以看到数据已经按照店铺编号进行了升序排序，如图 2-3 所示。

图 2-2　排序命令

店铺编号	区域	店铺名称	第一季度销售额（万元）	第二季度销售额（万元）	第三季度销售额（万元）	第四季度销售额（万元）
08001001	深圳	和美家（罗湖总店）	84	77	46	50
08001002	广州	和美家（白云分店）	106	73	66	70
08001003	广州	和美家（越秀分店）	95	75	77	55
08001004	广州	和美家（天河分店）	112	73	91	77
08001004	深圳	和美家（光明分店）	106	66	95	78
08001005	中山	和美家（小榄分店）	89	76	75	54
08001006	珠海	和美家（香湾分店）	117	72	90	35
08001007	中山	和美家（东区分店）	35	30	39	35
08001008	佛山	和美家（南海分店）	54	46	18	68
08001009	中山	和美家（古镇分店）	97	64	84	74
08001010	中山	和美家（东凤分店）	85	61	45	50
08001011	深圳	和美家（福田分店）	100	74	75	54
08001012	深圳	和美家（龙华分店）	123	71	82	71

表格标题：店铺销售情况统计与分析

图 2-3　按照店铺编号升序排序的表格

2.1.2　按各个区域第一季度销售额降序排列

将各个区域的销售额进行降序排列，有两个排序关键字分别是区域和第一季度销售额，在按照区域升序(或降序)排序的基础上，再按照第一季度销售额进行降序排序。

在"排序 2"工作表中，单击选择区域列的任意非空白单元格，在【数据】选项卡的【排序和筛选】命令组中，单击【排序】命令，如图 2-4 所示。在弹出的【排序】对话框中，选择主要关键字为"区域"，排序依据是"数值"，次序为"升序"，如图 2-5 所示。单击【添加条件】按钮，在新出现的行中选择次要关键字为"第一季度销售额(万元)"，排序依据为"数值"，次序为"降序"，如图 2-6 所示。单击【确定】按钮，完成排序，结果如图 2-7 所示，这时可以看到所有数据按照区域名称进行了升序排序，在某个区域中，所有店铺按照"第一季度销售额"进行了降序排序。

图 2-4　排序命令

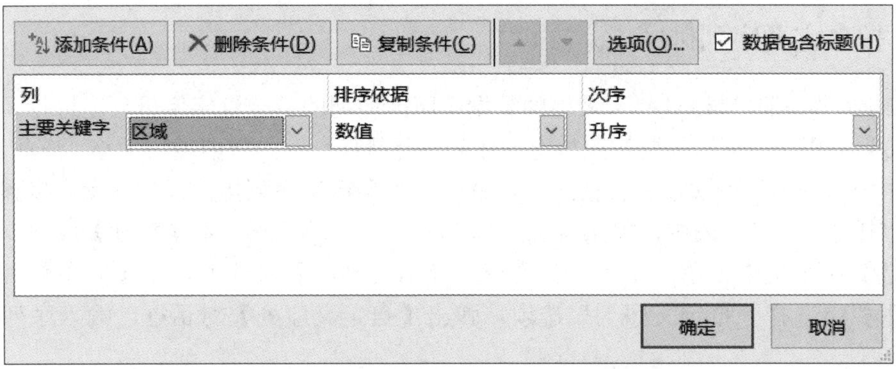

图 2-5　"区域"作为主要关键字升序排序

图 2-6　多条件排序

	店铺编号	区域	店铺名称	第一季度销售额（万元）	第二季度销售额（万元）	第三季度销售额（万元）	第四季度销售额（万元）
1	店铺销售情况统计与分析						
2							
3	08001008	佛山	和美家（南海分店）	54	46	18	68
4	08001020	佛山	和美家（三水分区）	49	45	23	49
5	08001019	佛山	和美家（禅城分店）	45	78	51	33
6	08001015	广州	和美家（番禺分店）	132	62	93	82
7	08001004	广州	和美家（天河分店）	112	73	91	77
8	08001002	广州	和美家（白云分店）	106	73	66	70
9	08001014	广州	和美家（南沙分店）	101	69	98	88
10	08001003	广州	和美家（越秀分店）	95	75	77	55
11	08001013	深圳	和美家（龙岗分店）	128	70	79	98
12	08001012	深圳	和美家（龙华分店）	123	71	82	71
13	08001004	深圳	和美家（光明分店）	106	66	95	78
14	08001011	深圳	和美家（福田分店）	100	74	75	54
15	08001001	深圳	和美家（罗湖总店）	84	77	46	50
16	08001009	中山	和美家（古镇分店）	97	64	84	74
17	08001021	中山	和美家（南头分店）	95	83	74	78
18	08001005	中山	和美家（小榄分店）	89	76	75	54
19	08001010	中山	和美家（东凤分店）	85	61	45	50
20	08001007	中山	和美家（东区分店）	35	30	39	35
21	08001006	珠海	和美家（香湾分店）	117	72	90	35
22	08001018	珠海	和美家（拱北分店）	95	63	89	35
23	08001017	珠海	和美家（斗门分店）	84	67	75	54
24	08001016	珠海	和美家（狮山分店）	73	63	71	96

图 2-7　按照"区域"升序及"第一季度销售额"降序排序

2.1.3　按自定义序列排序

在 2.1.2 节按照区域排序后，表中的数据按照区域列的首个汉字字母顺序进行了升序排序。在实际应用中，可能需要按照特定的序列进行排序，例如按照城市大小"广州、深圳、佛山、中山、珠海"的顺序进行排序，这就用到了自定义序列排序，具体操作步骤如下：

在"排序 3"工作表中，单击鼠标选择任意非空白单元格，在【数据】选项卡的【排序和筛选】命令组中，单击【排序】命令，弹出【排序】对话框，在【排序】对话框的【次序】栏中选择"自定义序列"选项，弹出【自定义序列】对话框，输入序列，如图 2-8 所示。

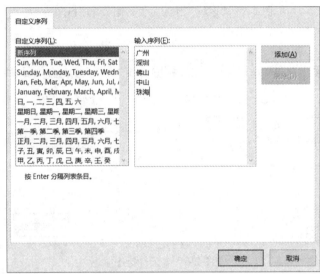

图 2-8　输入自定义序列

单击【添加】按钮，将这个序列添加到自定义序列组中，如图 2-9 所示。

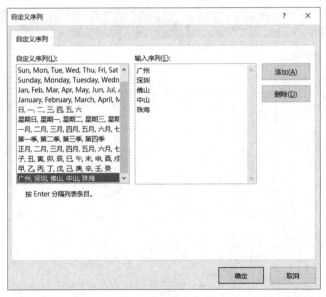

图 2-9　完成自定义序列

单击【确定】按钮，回到【排序】对话框，如图 2-10 所示。

图 2-10　自定义序列排序

单击图 2-10 中的【确定】按钮，即可根据店铺所在地进行自定义排序，效果如图 2-11 所示。

店铺编号	区域	店铺名称	第一季度销售额（万元）	第二季度销售额（万元）	第三季度销售额（万元）	第四季度销售额（万元）
08001015	广州	和美家（番禺分店）	132	62	93	82
08001004	广州	和美家（天河分店）	112	73	91	77
08001002	广州	和美家（白云分店）	106	73	66	70
08001014	广州	和美家（南沙分店）	101	69	98	88
08001003	广州	和美家（越秀分店）	95	75	77	55
08001013	深圳	和美家（龙岗分店）	128	70	79	98
08001012	深圳	和美家（龙华分店）	123	71	82	71
08001004	深圳	和美家（光明分店）	106	66	95	78
08001011	深圳	和美家（福田分店）	100	74	75	54
08001001	深圳	和美家（罗湖总店）	84	77	46	50
08001008	佛山	和美家（南海分店）	54	46	18	68
08001020	佛山	和美家（三水分区）	49	45	23	49
08001019	佛山	和美家（禅城分店）	45	78	51	33
08001009	中山	和美家（古镇分店）	97	64	84	74
08001021	中山	和美家（南头分店）	95	83	74	78
08001005	中山	和美家（小榄分店）	89	76	75	54
08001010	中山	和美家（东凤分店）	85	61	45	50
08001007	中山	和美家（东区分店）	35	30	39	35
08001006	珠海	和美家（香湾分店）	117	72	90	35
08001018	珠海	和美家（拱北分店）	95	63	89	35
08001017	珠海	和美家（斗门分店）	84	67	75	54
08001016	珠海	和美家（狮山分店）	73	63	71	96

图 2-11　自定义序列排序结果

任务 2.2　分类汇总各区域销售信息

 任务描述

超市经理想了解各区域分店开设的情况以及各区域各分店销售的总体情况，要求计算各区域的分店个数和各区域各分店销售额的平均值。

 任务分析

(1) 按照区域排序。
(2) 使用分类汇总。

任务实施

2-2　分类汇总

2.2.1　汇总各区域的店铺个数

顾名思义，分类汇总就是先使用某个关键字进行分类，然后在
分类后的数据范围内进行汇总。分类汇总的关键点就是要先使用分类关键字进行排序。

要汇总各区域的店铺个数，先按照区域进行分类，然后统计每个区域中店铺的个数即可。具体操作时，先按照区域进行排序，再使用分类汇总功能即可完成。

1. 对区域进行升序排序

选中"区域"列的任意非空单元格，在【数据】选项卡的【排序和筛选】命令组中，单击 ▲↓ 命令，将该列数据按照数值大小升序排列，效果如图 2-12 所示。

	店铺编号	区域	店铺名称	第一季度销售额（万元）	第二季度销售额（万元）	第三季度销售额（万元）	第四季度销售额（万元）
	店铺销售情况统计与分析						
3	08001008	佛山	和美家（南海分店）	54	46	18	68
4	08001019	佛山	和美家（禅城分店）	45	78	51	33
5	08001020	佛山	和美家（三水分区）	49	45	23	49
6	08001002	广州	和美家（白云分店）	106	73	66	70
7	08001003	广州	和美家（越秀分店）	95	75	77	55
8	08001004	广州	和美家（天河分店）	112	73	91	77
9	08001014	广州	和美家（南沙分店）	101	69	98	88
10	08001015	广州	和美家（番禺分店）	132	62	93	82
11	08001001	深圳	和美家（罗湖总店）	84	77	46	50
12	08001004	深圳	和美家（光明分店）	106	66	95	78
13	08001011	深圳	和美家（福田分店）	100	74	75	54
14	08001012	深圳	和美家（龙华分店）	123	71	82	71
15	08001013	深圳	和美家（龙岗分店）	128	70	79	98

图 2-12　按区域排序结果

2. 分类汇总各区域的店铺数量

在【数据】选项卡的【分级显示】命令组中，单击【分类汇总】命令，弹出【分类汇总】对话框。在【分类汇总】对话框中，将分类字段设置为"区域"，将汇总方式设置为"计数"，选择"店铺名称"为选定汇总项，默认勾选"替换当前分类汇总""汇总结果显示在数据下方"复选框，如图 2-13 所示。

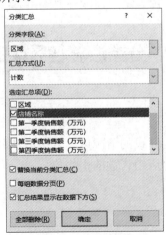

图 2-13　分类汇总对话框

单击【确定】按钮，完成分类汇总，效果如图 2-14 所示。

1 2 3		A	B	C	D	E	F	G
	2	店铺编号	区域	店铺名称	第一季度销售额（万元）	第二季度销售额（万元）	第三季度销售额（万元）	第四季度销售额（万元）
	3	08001008	佛山	和美家（南海分店）	54	46	18	68
	4	08001019	佛山	和美家（禅城分店）	45	78	51	33
	5	08001020	佛山	和美家（三水分区）	49	45	23	49
	6		佛山 计数	3				
	7	08001002	广州	和美家（白云分店）	106	73	66	70
	8	08001003	广州	和美家（越秀分店）	95	75	77	55
	9	08001004	广州	和美家（天河分店）	112	73	91	77
	10	08001014	广州	和美家（南沙分店）	101	69	98	88
	11	08001015	广州	和美家（番禺分店）	132	62	93	82
	12		广州 计数	5				
	13	08001001	深圳	和美家（罗湖总店）	84	77	46	50
	14	08001004	深圳	和美家（光明分店）	106	66	95	78
	15	08001011	深圳	和美家（福田分店）	100	74	75	54
	16	08001012	深圳	和美家（龙华分店）	123	71	82	71
	17	08001013	深圳	和美家（龙岗分店）	128	70	79	98
	18		深圳 计数	5				
	19	08001005	中山	和美家（小榄分店）	89	76	75	54
	20	08001007	中山	和美家（东区分店）	35	30	39	35
	21	08001009	中山	和美家（古镇分店）	97	64	84	74
	22	08001010	中山	和美家（东凤分店）	85	61	45	50
	23	08001021	中山	和美家（南头分店）	95	83	74	78

图 2-14　分类汇总结果

分类汇总后，出现分级显示按钮 [1][2][3]，单击所需级别的数字就会隐藏较低级别的明细数据。默认显示的是 3 级数据，单击 [2]，查看 2 级数据，如图 2-15 所示。

1 2 3		A	B	C	D	E	F	G
	1				店铺销售情况统计与分析			
	2	店铺编号	区域	店铺名称	第一季度销售额（万元）	第二季度销售额（万元）	第三季度销售额（万元）	第四季度销售额（万元）
	6		佛山 计数	3				
	12		广州 计数	5				
	18		深圳 计数	5				
	24		中山 计数	5				
	29		珠海 计数	4				
	30		总计数	22				

图 2-15　分类汇总 2 级数据

如图 2-15 所示，工作表行号左侧出现的 [+] 和 [-] 按钮是层次按钮，分别能显示和隐藏组中的明细数据。

若要删除分类汇总，则单击鼠标选择包含分类汇总的任一单元格，然后在【数据】选项卡的【分级显示】命令组中，单击【分类汇总】命令，弹出【分类汇总】对话框，单击【全部删除】按钮即可。

2.2.2　汇总各区域每个季度的销售额平均值

求各区域每个季度的销售额平均值，首先按照区域进行排序，然后使用分类汇总命令按照区域进行分类，再求各区域所有店铺的每个季度销售额的平均值。

1. 按照区域排序

选中"区域"列任意非空单元格，在【数据】选项卡的【排序和筛选】命令组中，单击 ⬇ 命令，将该列数据按照数值大小升序排列。

2. 使用分类汇总求各区域每个季度销售额的平均值

在【数据】选项卡的【分级显示】命令组中，单击【分类汇总】命令，弹出【分类汇总】对话框。在分类汇总对话框中，将分类字段设置为"区域"，将汇总方式设置为"平均值"，选定"第一季度销售额(万元)""第二季度销售额(万元)""第三季度销售额(万元)""第四季度销售额(万元)"为汇总项，默认勾选"替换当前分类汇总""汇总结果显示在数据下方"复选框，如图 2-16 所示。

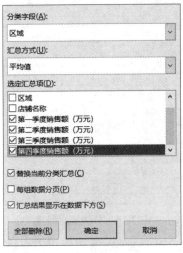

图 2-16　分类汇总设置

单击【确定】按钮，完成分类汇总，单击 ②查看，二级数据效果如图 2-17 所示。

1 2 3		A	B	C	D	E	F	G
	1	店铺销售情况统计与分析						
	2	店铺编号	区域	店铺名称	第一季度 销售额（万元）	第二季度 销售额（万元）	第三季度 销售额（万元）	第四季度 销售额（万元）
	6		佛山 平均值		49	56	31	50
	12		广州 平均值		109	70	85	74
	18		深圳 平均值		108	72	75	70
	24		中山 平均值		80	63	63	58
	29		珠海 平均值		92	66	81	55
	30		总计平均值		91	66	70	63

图 2-17　各区域各季度销售额平均值

任务 2.3　筛选特定店铺的销售情况

任务描述

需要查找特定区域的店铺销售信息，如销售额达到或者未达到某些标准的店铺，以便重点分析某地区、某些特定店铺的营销情况，树立营销模范店铺典型，并帮助营销情况暂时不乐观的店铺分析原因，找到提高营销和盈利的方法。

任务分析

(1) 使用筛选命令查找满足简单条件的店铺信息及满足所有条件是"并"关系的店铺信息。

(2) 使用高级筛选命令查找满足条件是"或"关系的店铺信息。

任务实施

2.3.1　查找所有中山店铺的销售信息

1. 打开【筛选】命令

2-3　筛选(含高级筛选)

在"筛选 1"工作表中，选择任一非空单元格。在【数据】选项卡的【排序和筛选】命令组中，单击【筛选】命令，如图 2-18 所示。此时"筛选 1"工作表的列标题旁边都显示一个下拉三角符号，如图 2-19 所示。

图 2-18　筛选命令

店铺编号	区域	店铺名称	第一季度销售额（万元）	第二季度销售额（万元）	第三季度销售额（万元）	第四季度销售额（万元）
\multicolumn{7}{c}{店铺销售情况统计与分析}						
08001008	佛山	和美家（南海分店）	54	46	18	68
08001019	佛山	和美家（禅城分店）	45	78	51	33
08001020	佛山	和美家（三水分区）	49	45	23	49
08001002	广州	和美家（白云分店）	106	73	66	70
08001003	广州	和美家（越秀分店）	95	75	77	55
08001004	广州	和美家（天河分店）	112	73	91	77
08001014	广州	和美家（南沙分店）	101	69	98	88
08001015	广州	和美家（番禺分店）	132	62	93	82
08001001	深圳	和美家（罗湖总店）	84	77	46	50
08001004	深圳	和美家（光明分店）	106	66	95	78
08001011	深圳	和美家（福田分店）	100	74	75	54
08001012	深圳	和美家（龙华分店）	123	71	82	71
08001013	深圳	和美家（龙岗分店）	128	70	79	98

图 2-19　筛选店铺销售情况

2. 设置筛选条件

单击"区域"列的下拉三角符号，在下拉列表中，选择【中山】，如图 2-20 所示。单击【确定】，完成筛选，效果如图 2-21 所示。

图 2-20　筛选设置

	A	B	C	D	E	F	G
1	店铺销售情况统计与分析						
2	店铺编号	区域	店铺名称	第一季度销售额（万元）	第二季度销售额（万元）	第三季度销售额（万元）	第四季度销售额（万元）
16	08001005	中山	和美家（小榄分店）	89	76	75	54
17	08001007	中山	和美家（东区分店）	35	30	39	35
18	08001009	中山	和美家（古镇分店）	97	64	84	74
19	08001010	中山	和美家（东凤分店）	85	61	45	50
20	08001021	中山	和美家（南头分店）	95	83	74	78

图 2-21　中山店铺销售情况

2.3.2　查找第一、四季度销售额都在 90 万元以上的店铺

因为使用筛选命令，每次只能针对单个列设置条件，所以要筛选出第一、第四季度销售额都在 90 万元以上的店铺时，首先筛选出第一季度销售额在 90 万元以上的店铺，在此筛选的基础上，然后筛选出第四季度销售额在 90 万元以上的店铺。

1. 打开【筛选】命令

在"筛选 2"工作表中，选择任一非空单元格。在【数据】选项卡的【排序和筛选】命令组中，单击【筛选】命令，此时"筛选 2"工作表的列标题旁边都显示一个下拉三角符号。

2. 筛选第一季度销售额大于等于 90 万元的店铺

单击【第一季度销售额(万元)】列右侧的下拉三角，依次选择【数字筛选】、【大于或等于】，如图 2-22 所示。

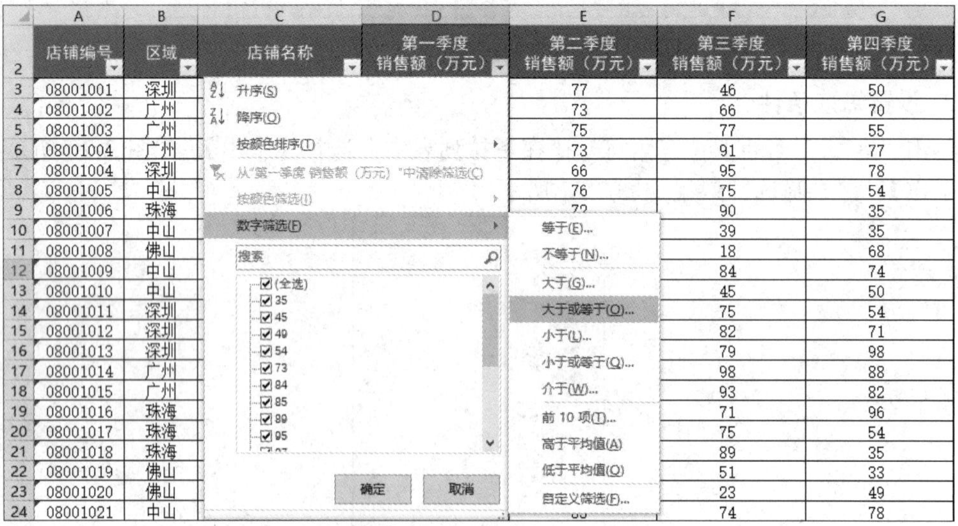

图 2-22　选择数字筛选命令

弹出【自定义自动筛选方式】对话框，在大于或等于后的文本框中输入 90，如图 2-23所示。单击【确定】，查找到第一季度销售额大于等于 90 万元的店铺，筛选结果如图 2-24所示。

图 2-23　自定义自动筛选设置

	A	B	C	D	E	F	G
1	店铺销售情况统计与分析						
2	店铺编号	区域	店铺名称	第一季度销售额（万元）	第二季度销售额（万元）	第三季度销售额（万元）	第四季度销售额（万元）
6	08001002	广州	和美家（白云分店）	106	73	66	70
7	08001003	广州	和美家（越秀分店）	95	75	77	55
8	08001004	广州	和美家（天河分店）	112	73	91	77
9	08001014	广州	和美家（南沙分店）	101	69	98	88
10	08001015	广州	和美家（番禺分店）	132	62	93	82
12	08001004	深圳	和美家（光明分店）	106	66	95	78
13	08001011	深圳	和美家（福田分店）	100	74	75	54
14	08001012	深圳	和美家（龙华分店）	123	71	82	71
15	08001013	深圳	和美家（龙岗分店）	128	70	79	98
18	08001009	中山	和美家（古镇分店）	97	64	84	74
20	08001021	中山	和美家（南头分店）	95	83	74	78
21	08001006	珠海	和美家（香湾分店）	117	72	90	35
24	08001018	珠海	和美家（拱北分店）	95	63	89	35

图 2-24　第一季度销售额在 90 万元以上店铺

3. 筛选第四季度销售额大于等于 90 万元的店铺

单击【第四季度销售额(万元)】列右侧的下拉三角，依次选择【数字筛选】、【大于或等于】，弹出【自定义自动筛选方式】对话框，在大于或等于后的文本框中输入 90，单击【确定】，查找到第一、第四季度销售额大于等于 90 万元的店铺，筛选结果如图 2-25 所示。

	A	B	C	D	E	F	G
1	店铺销售情况统计与分析						
2	店铺编号	区域	店铺名称	第一季度销售额（万元）	第二季度销售额（万元）	第三季度销售额（万元）	第四季度销售额（万元）
15	08001013	深圳	和美家（龙岗分店）	128	70	79	98

图 2-25　第一、四季度销售额均大于等于 90 万元的店铺

❖ **思考与尝试**

可以找出第二或第三季度销售额在 80 万元以上的店铺吗？如果不能，是为什么呢？

在一个数据表中进行多次筛选，下一次筛选的对象是上一次筛选的结果，最后一次筛选结果受所有筛选条件的影响，筛选条件之间是"与"的关系。

如果要取消对某一列的筛选，只要单击该列旁边的下拉列表箭头，在下拉列表中选

择"全部"即可；如果要取消对所有列的筛选，只要在菜单栏中依次选择【数据】、【筛选】、【全部显示】命令即可；如果要去掉数据中的自动筛选箭头，并取消所有的自动筛选设置，只要在菜单栏中依次选择【数据】、【筛选】、【自动筛选】命令，使【自动筛选】按钮处于突出显示状态即可。

2.3.3　查找第二、三季度销售额都在 70 万元以下的店铺

方法一：

需要查找第二、三季度销售额都在 70 万元以下的店铺，可以使用筛选功能，先筛选出第二季度销售额在 70 万元以下的店铺，在此筛选的基础上，然后筛选出第三季度销售额都在 70 万元以下的店铺即可。

方法二：

高级筛选适用于筛选条件比较复杂的环境，使用高级筛选时需要设置一个条件区域。在条件区域中，当多个条件之间是并且关系时，多个条件写在同一行中；当多个条件之间是或者关系时，各个条件写在不同的行中。条件区域与数据之间应至少留有一个空白行或者一个空白列。

1. 构建筛选条件区域

打开"高级筛选 1"工作表，首先输入条件区域表头，因为条件与第二、三季度销售额有关，所以将 E2:F2 单元格的内容复制到 I2:J2 单元格(手动输入时容易多输空格，影响筛选结果，建议列名直接从表头复制)；然后创建条件，因为第二季度销售额在 70 万元以下和第三季度销售额在 70 万元以下是并且的关系，所以在 I3 和 J3 单元格内输入"<70"，如图 2-26 作为筛选条件。

第二季度 销售额（万元）	第三季度 销售额（万元）
<70	<70

图 2-26　构建筛选条件

如图 2-26 所示，纵向上 I2:I3 单元格条件表示第二季度销售额小于 70 万，J2:J3 单元格条件表示第三季度销售额小于 70 万，两个小于 70 万在同一行，表示两个条件要同时满足。

2. 使用高级筛选完成任务

(1) 打开【高级筛选】对话框并设置列表区域数据。在"高级筛选 1"工作表中，单击数据区任一非空单元格，在【数据】选项卡的【排序和筛选】命令组中，单击【高级】命令，弹出【高级筛选】对话框，如图 2-27 所示。因为在使用【高级】命令之前就选中了数据区域的任意单元格，所以 Excel 会自动选中需要操作的列表区域，即 $A$2:$G$24。

(2) 选择条件区域。单击图 2-27 所示的【条件区域】文本框右侧的 ■ 按钮，弹出【高级筛选-条件区域】对话框，拖动鼠标左键选择"高级筛选 1"工作表的单元格区域 I2:J3，如图 2-28 所示，单击 ■ 按钮回到【高级筛选】对话框，如图 2-29 所示。

图 2-27　高级筛选对话框　　　图 2-28　条件区域设置　　　图 2-29　高级筛选设置

单击图 2-29 所示的【确定】按钮，即可在"高级筛选 1"工作表中筛选出第二和第三季度销售额都在 70 万元以下的店铺，如图 2-30 所示。

	A	B	C	D	E	F	G
2	店铺编号	区域	店铺名称	第一季度销售额（万元）	第二季度销售额（万元）	第三季度销售额（万元）	第四季度销售额（万元）
10	08001007	中山	和美家（东区分店）	35	30	39	35
11	08001008	佛山	和美家（南海分店）	54	46	18	68
13	08001010	中山	和美家（东风分店）	85	61	45	50
23	08001020	佛山	和美家（三水分区）	49	45	23	49

图 2-30　第二、三季度销售额均在 70 万元以下的店铺销售信息

2.3.4　查找第二或者第三季度销售额在 70 万元以下的店铺

1. 构建筛选条件

打开"高级筛选 2"工作表，因为条件第二季度销售额在 70 万元以下和条件第三季度销售额在 70 万元以下是或者的关系，所以条件应该写在不同的行。首先输入条件区域表头，将 E2:F2 单元格内容复制到 I2:J2 单元格；然后创建条件，在 I3 和 J4 单元格内输入"<70"，如图 2-31 所示。

第二季度销售额（万元）	第三季度销售额（万元）
<70	
	<70

图 2-31　构建筛选条件

如图 2-31 所示，纵向上 I2:I3 单元格条件表示第二季度销售额小于 70 万元，J2:J4 单元格条件表示第三季度销售额小于 70 万元，两个小于 70 万元在不同的行，表示两个条件之间是或者的关系。

2. 使用高级筛选完成任务

(1) 打开【高级筛选】对话框并设置列表区域数据。在"高级筛选 2"工作表中，单击数据区任一非空单元格，在【数据】选项卡的【排序和筛选】命令组中，单击【高级】命令，弹出【高级筛选】对话框，如图 2-32 所示。因为在使用【高级】命令之前就选中了数

据区域的任意单元格，所以 Excel 软件会自动选中合适的列表区域，即 $A$2:$G$24。

(2) 选择条件区域。单击图 2-32 所示的【条件区域】文本框右侧的 ▦ 按钮，弹出【高级筛选-条件区域】对话框，拖动鼠标左键选择"高级筛选 2"工作表的单元格区域 I2:J4，如图 2-33 所示，单击 ▦ 按钮回到【高级筛选】对话框，如图 2-34 所示。

图 2-32　高级筛选对话框　　　　图 2-33　条件区域设置　　　　图 2-34　高级筛选设置

单击图 2-34 所示的【确定】按钮，即可在"高级筛选 2"工作表中筛选出第二或者第三季度销售额在 70 万元以下的店铺，如图 2-35 所示。

	A	B	C	D	E	F	G
1	店铺销售情况统计与分析						
2	店铺编号	区域	店铺名称	第一季度销售额（万元）	第二季度销售额（万元）	第三季度销售额（万元）	第四季度销售额（万元）
3	08001001	深圳	和美家（罗湖总店）	84	77	46	50
4	08001002	广州	和美家（白云分店）	106	73	66	70
7	08001004	深圳	和美家（光明分店）	106	66	95	78
10	08001007	中山	和美家（东区分店）	35	30	39	35
11	08001008	佛山	和美家（南海分店）	54	46	18	68
12	08001009	中山	和美家（古镇店）	97	64	84	74
13	08001010	中山	和美家（东凤分店）	85	61	45	50
17	08001014	广州	和美家（南沙分店）	101	69	98	88
18	08001015	广州	和美家（番禺分店）	132	62	93	82
19	08001016	珠海	和美家（狮山分店）	73	63	71	96
20	08001017	珠海	和美家（斗门分店）	84	67	75	54
21	08001018	珠海	和美家（拱北分店）	95	63	89	35
22	08001019	佛山	和美家（禅城分店）	45	78	51	33
23	08001020	佛山	和美家（三水分区）	49	45	23	49

图 2-35　第二或者第三季度销售额在 70 万以下的店铺销售情况

任务 2.4　使用数据透视表快速分析销售情况

 任务描述

超市经理需要统计各区域各季度的销售额总和，统计中山地区各季度销售额的平均值，以便掌握销售情况。

任务分析

(1) 使用数据透视表统计各区域各季度销售额总和。

(2) 使用数据透视表统计各区域第一季度销售额平均值。

 任务实施

数据透视表功能强大，综合了数据排序、筛选、分类汇总等常用数据分析方法的优点，可方便地调整分类汇总的方式，灵活地展示数据的特征。一张数据透视表仅靠鼠标移动字段位置，即可变换出各种类型的报表。

2.4.1　统计各区域各季度销售额总和

1. 新建数据透视表

打开"数据透视表-数据"工作表，单击数据区域内任一单元格，2-4　数据透视表
在【插入】选项卡的【表格】命令组中单击【数据透视表】命令(如图 2-36 所示)，在弹出的【创建数据透视表】对话框中创建数据透视表，如图 2-37 所示。选择【放置数据透视表的位置】为新工作表，单击【确定】按钮，创建新工作表，将新工作表重命名为"数据透视表 1"。

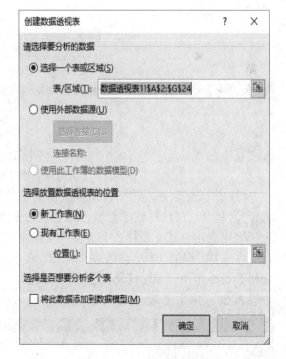

图 2-36　数据透视表命令　　　　　　　　　图 2-37　创建数据透视表

2. 计算各区域各季度销售额总和

(1) 设置数据透视表字段。在"数据透视表 1"工作表的【数据透视表字段】设置面板

中，将【区域】拖动到【行】位置，将【第一季度销售额(万元)】、【第二季度销售额(万元)】、【第三季度销售额(万元)】、【第四季度销售额(万元)】拖动到【值】位置，如图 2-38 所示，得到的数据透视表如图 2-39 所示。

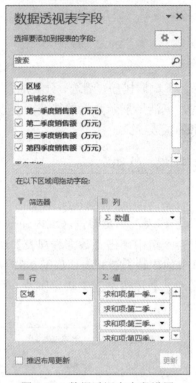

图 2-38　数据透视表字段设置

行标签	求和项:第一季度销售额（万元）	求和项:第二季度销售额（万元）	求和项:第三季度销售额（万元）	求和项:第四季度销售额（万元）
广州	545.1	351.84	425	372
深圳	540.8	357.58	377	351
佛山	148	168.72	92	150
中山	401.1	314.1	317	291
珠海	369.1	264.58	325	220
总计	2004.1	1456.82	1536	1384

图 2-39　"各区域各季度销售额总和"数据透视表

(2) 格式化数据。选择 A3:E8 数据区域，复制数据后，选中 A13 单元格，单击右键，选择命令，仅粘贴数据的值。选中 A13:E18 区域，在【开始】选项卡的【样式】组中，选择套用表格格式【表样式中等深浅 2】，在【数据】选项卡的【排序和筛选】组中，去掉对【筛选】按钮的选择，修改表头标题。再次选中 A13:E18 区域，在【开始】选项卡的【单元格】命令组中，单击【格式】命令旁边的下拉三角，选择【行高】命令，在行高对话框中输入 20，单击【确定】按钮，完成后的效果如图 2-40 所示。

区域	第一季度销售额（万元）	第二季度销售额（万元）	第三季度销售额（万元）	第四季度销售额（万元）
广州	545.1	351.84	425	372
深圳	540.8	357.58	377	351
佛山	148	168.72	92	150
中山	401.1	314.1	317	291
珠海	369.1	264.58	325	220

图 2-40　各区域各季度销售额总和

2.4.2　统计各区域第一季度销售额平均值

1. 新建数据透视表

打开"数据透视表-数据"工作表，单击数据区域内任一单元格，在【插入】选项卡的【表格】命令组中，单击【数据透视表】命令，弹出【创建数据透视表】对话框，选择【放置数据透视表的位置】为新工作表，单击【确定】按钮，创建了新的数据表，将新表重命名为"数据透视表 2"。

2. 计算各区域第一季度销售额平均值

在"数据透视表 2"工作表的【数据透视表字段】设置面板中，将【区域】拖动到【行】位置，将【第一季度销售额(万元)】拖动到【值】位置，单击【求和项：第一季度销售额(万元)】，选择【值字段设置】，弹出【值字段设置】对话框，在【值字段汇总方式】下选择【平均值】(如图 2-41 所示)，单击【确定】按钮，完成了数据透视表字段的设置(如图 2-42 所示)，得到的数据透视表如图 2-43 所示。

图 2-41　值字段设置

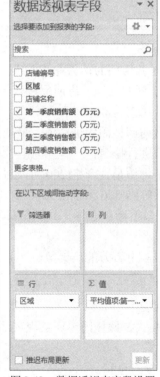

图 2-42　数据透视表字段设置

行标签 ▼	平均值项:第一季度
广州	109.02
深圳	108.16
佛山	49.33333333
中山	80.22
珠海	92.275
总计	91.09545455

图 2-43　"各区域第一季度
销售额平均值"数据透视表

3. 格式化数据

选择 A3:B8 数据区域，复制后，选中 A13 单元格，单击右键，选择 📋123 命令，仅粘贴数据的值。选中 A13:B18 区域，在【开始】选项卡的【样式】组中，选择套用表格格式【表样式中等深浅 2】，在【数据】选项卡的【排序和筛选】组中，去掉对【筛选】按钮的选择，修改表头标题。再次选中 A13:B18 区域，在【开始】选项卡的【单元格】命令组中，单击

【格式】命令旁边的下拉三角，选择【行号】命令，在行高对话框中输入 20，单击【确定】按钮。选中 B13:B18 数据区域，单击右键，选择【设置单元格格式】，弹出【单元格格式】对话框，在【数字】选项卡的【分类】中选择【数值】，然后设置小数位数为 2。设置完成后，效果如图 2-44 所示。

区域	第一季度销售额平均值
广州	109.02
深圳	108.16
佛山	49.33
中山	80.22
珠海	92.28

图 2-44　各区域第一季度销售额平均值

任务 2.5　各店铺销售数据统计与分析

 任务描述

"和美家"超市需要对各店铺的销售业绩做进一步的统计和考核，以便对整个连锁店的营销情况有一个全面、清晰的认识，进而促进营销工作开展，因此需要完成如下任务：

(1) 计算各店铺一年的总销售额；

(2) 计算各季度所有店铺销售额的最高值、最低值和平均值；

(3) 对各店铺总销售额进行排名；

(4) 判断各店铺的总销售额是否合格(200 万及以上为合格，200 万以下为不合格)；

(5) 划分各店铺销售额等级(320 万以上为优秀，260 万到 320 万之间为良好，200 万到 260 万之间为合格，200 万以下为不合格，共四个等级)；

(6) 统计店铺总数；

(7) 统计第一季度销售额上百万的店铺数。

 任务分析

由于 Excel 函数功能强大、操作简单、实现灵活，因此可以使用函数来完成对各店铺销售数据的统计与分析。

(1) 使用 SUM 求销售额的总和；

(2) 使用 MAX、MIN 和 AVERAGE 函数求最高值、最低值和平均值；

(3) 使用 RANK 函数实现店铺总销售额排名；

(4) 使用 IF 函数判断各店铺的总销售额是否合格；

(5) 使用 IF 函数嵌套划分各店铺的销售额等级；

(6) 使用 COUNTA 函数统计店铺总数；

(7) 统计 COUNTIF 函数统计第一季度销售额上百万的店铺数。

知识准备

1. 什么是相对地址和绝对地址？

绝对地址和相对地址有时又会被称作绝对引用和相对引用。随着公式或函数的位置变化，所引用单元格位置也在变化的是相对引用；而随着公式或函数位置的变化所引用单元格位置不变化的就是绝对引用。

2. 如何表达相对地址和绝对地址？

直接写单元格的地址，如 A1、B2，称为相对地址。如果在相对地址的行号与列号前加上 $ 符号，如 $A$1、$B$2，相对地址就转换成了绝对地址。与上述两种写法相对应，如果仅在行号或者列号前加上 $ 符号，例如 $A1、A$1，则为混合地址。

3. 如何转换相对地址和绝对地址？

在公式中，如果需要使用绝对地址，在行号与列号前输入 $ 符号，也可以选中单元格名称，再按 F4 键，Excel 表格就会在四种地址模式间依次切换。

任务实施

2.5.1　计算各店铺一年的总销售额

2-5　各店铺销售数据统计与分析 1

求各店铺一年的总销售额，其实就是求这个店铺第一到第四季度销售额之和。例如求深圳"和美家"(罗湖总店)的销售额就是求 D3 到 G3 这四个单元格中的数据之和。

1. 使用公式计算单个店铺的全年总销售额

打开"函数"工作表，单击 H3 单元格，在编辑栏输入公式"=D3+E3+F3+G3"，如图 2-45 所示。单击输入按钮☑或按【Enter】键，完成计算，效果如图 2-46 所示。

图 2-45　罗湖总店全年总销售额计算公式

图 2-46　罗湖总店全年总销售额

2. 计算其他店铺总销售额

单击 H3 单元格，鼠标放置在 H3 单元格右下角绿色实心方块上，鼠标变成十字形，此时按住鼠标左键向下拖动到 H24 单元格复制公式，进行其余店铺总销售额的计算。完成后的效果如图 2-47 所示。

	A	B	C	D	E	F	G	H	I	J	K
1					店铺销售情况统计与分析						
2	店铺编号	区域	店铺名称	第一季度销售额（万元）	第二季度销售额（万元）	第三季度销售额（万元）	第四季度销售额（万元）	总销售额	排名	是否合格	等级
3	08001001	深圳	和美家（罗湖总店）	84	77	46	50	256			
4	08001002	广州	和美家（白云分店）	106	73	66	70	315			
5	08001003	广州	和美家（越秀分店）	95	75	77	55	302			
6	08001004	广州	和美家（天河分店）	112	73	91	77	352			
7	08001004	深圳	和美家（光明分店）	106	66	95	78	345			
8	08001005	中山	和美家（小榄分店）	89	76	75	54	294			
9	08001006	珠海	和美家（香湾分店）	117	72	90	35	314			
10	08001007	中山	和美家（东区分店）	35	30	39	35	139			
11	08001008	佛山	和美家（南海分店）	54	46	18	68	186			
12	08001009	中山	和美家（古镇分店）	97	64	84	74	319			
13	08001010	中山	和美家（东风分店）	85	61	45	50	241			
14	08001011	深圳	和美家（福田分店）	100	74	75	54	303			
15	08001012	深圳	和美家（龙华分店）	123	71	82	71	347			
16	08001013	深圳	和美家（龙岗分店）	128	70	79	98	375			
17	08001014	广州	和美家（南沙分店）	101	69	98	88	356			
18	08001015	广州	和美家（番禺分店）	132	62	93	82	369			
19	08001016	珠海	和美家（狮山分店）	73	63	71	96	303			
20	08001017	珠海	和美家（斗门分店）	84	67	75	54	280			
21	08001018	珠海	和美家（拱北分店）	95	63	89	35	282			

图 2-47　各店铺全年销售总额

3. 计算结果验证

单击选中 H4 单元格，看到此时的公式变为"=D4+E4+F4+G4"，计算结果为广州白云分店的总销售额。单击选中 H21 单元格，可以看到此时的公式变为"=D21+E21+F21+G21"，计算结果为珠海拱北分店的总销售额。单击选中 H 列的其他单元格，可以看到计算结果正确。

通过验证会发现，当使用类似 D3、E3 这样的相对地址，使用拖动手柄纵向拖动进行快速计算时，单元格公式中表示行号的数字逐行增加 1，即公式从最初的=D3+E3+F3+G3，变为=D4+E4+F4+G4、=D21+E21+F21+G21 等。

2.5.2　计算各季度所有店铺销售额的最高值、最低值和平均值

1. 计算各季度所有店铺销售额的最高值

以第一季度为例，求所有店铺的最高销售额，就是求 D3 到 D24 数据区域中数据的最大值，可以使用 MAX 函数。

(1) 使用函数计算第一季度各店铺销售额最大值。打开"函数"工作表，单击 D26 单元格，在【公式】选项卡的【函数库】命令组中，单击自动求和函数下面的下拉三角，如图 2-48 所示，单击 最大值(M)，看到编辑栏和 D26 单元格中都有了公式"=MAX(D3:D25)"，就是计算 D3 到 D25 的最大值，而现在需要计算 D3 到 D24 的最大值，将 D25 改为 D24 即可，此时函数变为"=MAX(D3:D24)"，如图 2-49 所示，单击【Enter】，完成计算。

图 2-48　函数库面板

	A	B	C	D	E	F	G	H	I	J	K
3	08001001	深圳	和美家（罗湖总店）	84	77	46	50	256			
4	08001002	广州	和美家（白云分店）	106	73	66	70	315			
5	08001003	广州	和美家（越秀分店）	95	75	77	55	302			
6	08001004	广州	和美家（天河分店）	112	73	91	77	352			
7	08001004	深圳	和美家（光明分店）	106	66	95	78	345			
8	08001005	中山	和美家（小榄分店）	89	76	75	54	294			
9	08001006	珠海	和美家（香湾分店）	117	72	90	35	314			
10	08001007	中山	和美家（东区分店）	35	30	39	35	139			
11	08001008	佛山	和美家（南海分店）	54	46	18	68	186			
12	08001009	中山	和美家（古镇分店）	97	64	84	74	319			
13	08001010	中山	和美家（东凤分店）	85	61	45	50	241			
14	08001011	深圳	和美家（福田分店）	100	74	75	54	303			
15	08001012	深圳	和美家（龙华分店）	123	71	82	71	347			
16	08001013	深圳	和美家（龙岗分店）	128	70	79	98	375			
17	08001014	广州	和美家（南沙分店）	101	69	98	88	356			
18	08001015	广州	和美家（番禺分店）	132	62	93	82	369			
19	08001016	珠海	和美家（狮山分店）	73	63	71	96	303			
20	08001017	珠海	和美家（斗门分店）	84	67	75	54	280			
21	08001018	珠海	和美家（拱北分店）	95	63	89	35	282			
22	08001019	佛山	和美家（禅城分店）	45	78	51	33	207			
23	08001020	佛山	和美家（三水分区）	49	45	23	49	166			
24	08001021	中山	和美家（南头分店）	95	83	74	78	330			
25											
26	最高销售额			=MAX(D3:D24)							

图 2-49　第一季度最高销售额计算公式

（2）计算其他季度最高销售额。单击 D26 单元格，鼠标放置在 D26 单元格右下角绿色实心方块上，鼠标变成十字形，此时按住鼠标左键向右拖动到 G26 单元格，进行其他季度最高销售额计算，完成后的效果如图 2-50 所示。

	A	B	C	D	E	F	G	H	I	J	K
16	08001013	深圳	和美家（龙岗分店）	128	70	79	98	375			
17	08001014	广州	和美家（南沙分店）	101	69	98	88	356			
18	08001015	广州	和美家（番禺分店）	132	62	93	82	369			
19	08001016	珠海	和美家（狮山分店）	73	63	71	96	303			
20	08001017	珠海	和美家（斗门分店）	84	67	75	54	280			
21	08001018	珠海	和美家（拱北分店）	95	63	89	35	282			
22	08001019	佛山	和美家（禅城分店）	45	78	51	33	207			
23	08001020	佛山	和美家（三水分区）	49	45	23	49	166			
24	08001021	中山	和美家（南头分店）	95	83	74	78	330			
25											
26	最高销售额			132	83	98	98				

图 2-50　各季度所有店铺销售额最高值

（3）计算结果验证。单击选中 E26 单元格，看到此时的公式变为"=MAX(E3:E24)"，计算结果为第二季度销售额最大值。单击选中 G26 单元格，看到此时的公式变为"=MAX(G3:G24)"，计算结果为第四季度销售额最大值。单击选中 26 行的其他单元格，可以看到计算结果正确。

通过验证会发现，当使用类似 D26、E26 这样的相对地址，使用拖动手柄横向拖动进行快速计算时，单元格公式中表示列号的字母逐列增加，即公式从最初的=MAX(D3:D24)，变为=MAX(E3:E24)、=MAX(G3:G24)等。

2. 各季度所有店铺销售额的最低值

以第一季度为例，求所有店铺的最低销售额，就是求 D3 到 D24 数据区域中的最小值，可以使用 MIN 函数。

求解步骤和求销售额最大值相同，首先计算第一季度各店铺销售额最小值，再使用拖动手柄快速计算其他季度销售额最小值。计算第一季度各店铺销售额最小值时选择 最小值(I) 命令，求解函数变为"=MIN(D3:D24)"。

3. 各季度所有店铺销售额的平均值

以第一季度为例，求所有店铺的平均销售额，就是求 D3 到 D24 数据区域中数据的平均值，可以使用 AVERAGE 函数。

求解步骤和求销售量最大值相同，首先计算第一季度各店铺销售额平均值，再拖动手柄快速计算其他季度销售额平均值。计算第一季度各店铺销售额平均值时选择 平均值(A) 命令，求解函数变为"=AVERAGE(D3:D24)"。完成后的效果如图 2-51 所示。

⊿	A	B	C	D	E	F	G	H	I	J	K
16	08001013	深圳	和美家（龙岗分店）	128	70	79	98	375			
17	08001014	广州	和美家（南沙分店）	101	69	98	88	356			
18	08001015	广州	和美家（番禺分店）	132	62	93	82	369			
19	08001016	珠海	和美家（狮山分店）	73	63	71	96	303			
20	08001017	珠海	和美家（斗门分店）	84	67	75	54	280			
21	08001018	珠海	和美家（拱北分店）	95	63	89	35	282			
22	08001019	佛山	和美家（禅城分店）	45	78	51	33	207			
23	08001020	佛山	和美家（三水分区）	49	45	23	49	166			
24	08001021	中山	和美家（南头分店）	95	83	74	78	330			
25											
26	最高销售额			132	83	98	98				
27	最低销售额			35	30	18	33				
28	销售额平均值			91	66	70	63				

图 2-51　各季度所有店铺销售额最小值、平均值

2.5.3　各店铺总销售额排名

求各店铺总销售额排名，就是求某店铺销售额的数字在所有店铺销售额数字中的排名。以罗湖总店为例，其销售额排名就是 H3 单元格中的 256 在 H3 到 H24 数字序列中从大到小的排位，使用 RANK 函数计算得出。

使用函数计算罗湖总店总销售额排名的操作步骤如下：

(1) 选择函数。打开"函数"工作表，单击 I3 单元格，在【公式】选项卡的【函数库】命令组中单击【插入函数】按钮，弹出【插入函数】对话框，如图 2-52 所示，在【选择类别】下拉列表中选择【统计】，在下方【选择函数】列表框中选择【RANK.EQ】后单击【确定】按钮，弹出【函数参数】设置对话框。

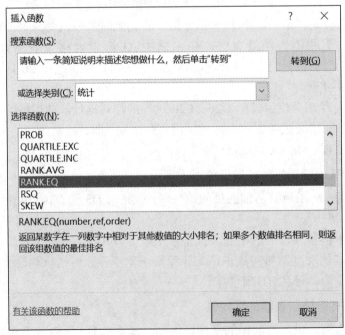

图 2-52　【插入函数】对话框

(2) 参数设置。RANK.EQ 排序函数的第一个参数 Number 指要被排序的数字，在函数中不直接写数字，而是写引用地址，所以第一个参数的值就是罗湖总店总销售额地址 H3。第二个参数 Ref 是一个引用，通常是一组数字，在这里指所有店铺的总销售额地址 H3:H24，但是使用拖动手柄拖动进行店铺排名的计算时，地址 H3:H24 会随着拖动发生变化，所以这里需要将 H3:H24 转变为 $H$3:$H$24 的绝对地址。第三个参数 Order，如果为 0 或者不填，则降序排序，如果是非零值，则升序排序，这里填入 0 表示降序排序，如图 2-53 所示。单击【确定】按钮，完成计算，可以看到罗湖总店排名第 17。

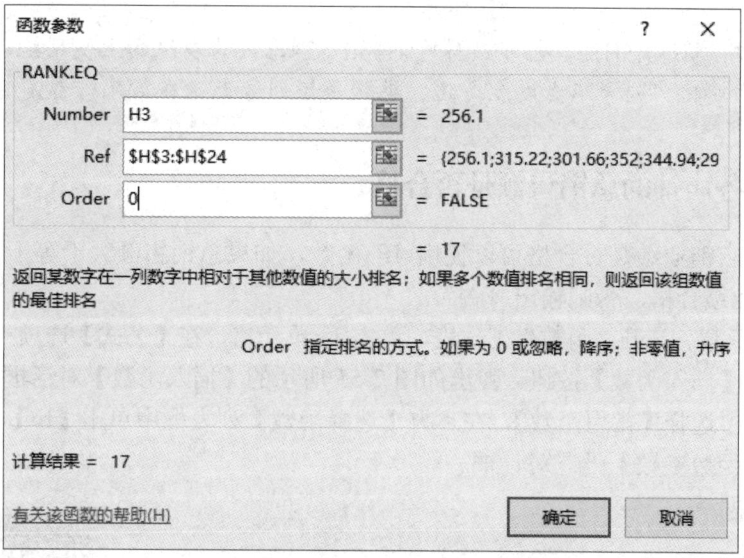

图 2-53　RANK.EQ 函数参数设置

(3) 计算其他店铺的总销售额排名。单击 I3 单元格，鼠标放置在 I3 单元格右下角绿色实心方块上，鼠标变成十字形，此时按住鼠标左键向下拖动到 I24 单元格，完成其他店铺总销售额的排名，效果如图 2-54 所示。

	A	B	C	D	E	F	G	H	I	J	K
1	店铺销售情况统计与分析										
2	店铺编号	区域	店铺名称	第一季度销售额（万元）	第二季度销售额（万元）	第三季度销售额（万元）	第四季度销售额（万元）	总销售额	排名	是否合格	等级
3	08001001	深圳	和美家（罗湖总店）	84	77	46	50	256	16		
4	08001002	广州	和美家（白云分店）	106	73	66	70	83	22		
5	08001003	广州	和美家（越秀分店）	95	75	77	55	302	12		
6	08001004	广州	和美家（天河分店）	112	73	91	77	352	4		
7	08001004	深圳	和美家（光明分店）	106	66	95	78	345	6		
8	08001005	中山	和美家（小榄分店）	89	76	75	54	294	13		
9	08001006	珠海	和美家（香湾分店）	117	72	90	35	314	9		
10	08001007	中山	和美家（东区分店）	35	30	39	35	139	21		
11	08001008	佛山	和美家（南海分店）	54	46	18	68	186	19		
12	08001009	中山	和美家（古镇分店）	97	64	84	74	319	8		
13	08001010	中山	和美家（东凤分店）	85	61	45	50	241	17		
14	08001011	深圳	和美家（福田分店）	100	74	75	54	303	11		
15	08001012	深圳	和美家（龙华分店）	123	71	82	71	347	5		
16	08001013	深圳	和美家（龙岗分店）	128	70	79	98	375	1		
17	08001014	广州	和美家（南沙分店）	101	69	98	88	356	3		
18	08001015	广州	和美家（番禺分店）	132	62	93	82	369	2		
19	08001016	珠海	和美家（狮山分店）	73	63	71	96	303	10		
20	08001017	珠海	和美家（斗门分店）	84	67	75	54	280	15		
21	08001018	珠海	和美家（拱北分店）	95	63	89	35	282	14		
22	08001019	佛山	和美家（禅城分店）	45	78	51	33	207	18		
23	08001020	佛山	和美家（三水分区）	49	45	23	49	166	20		
24	08001021	中山	和美家（南头分店）	95	83	74	78	330	7		

图 2-54　各店铺总销售额排名

(4) 计算结果验证。单击选中 I4 单元格，看到此时的函数变为 "=RANK.EQ(H4, $H$3:$H$24, 0)"，计算结果为广州白云分店的总销售额排名。单击选中 I24 单元格，看到此时的公式变为 "=RANK.EQ(H24, $H$3:$H$24, 0)"，计算结果为中山南头分店的总销售额排名。单击选中 I 列的其他单元格，可以看到公式正确。

通过验证会发现，当使用 $H$3、$H$24 这样的绝对地址的时候，使用拖动手柄拖动进行快速计算时，单元格公式中公式地址保持不变。

❖ **小提示**

在本例中，$H$3:$H$24 也可以写作 H$3:H$24，因为在纵向上使用拖动手柄时，只有行号会发生变化，列号不会发生变化，也就是说列号无论在第几行都是 H。

2.5.4　判断各店铺的总销售额是否合格

判断某家店铺业绩是否合格可以使用 IF 函数，如果总销售额大于等于 200，则输出 "是"，表示业绩合格，否则输出 "否"。

(1) 选择函数。打开 "函数" 工作表，单击 J3 单元格，在【公式】选项卡的【函数库】命令组中单击【插入函数】按钮，弹出如图 2-55 所示的【插入函数】对话框，在【选择类别】下拉列表中选择【常用函数】，在下方【选择函数】列表框中单击【IF】，单击【确定】按钮，弹出【函数参数】设置对话框。

2-6　各店铺销售情况统计与分析 2
——IF 函数

图 2-55　插入函数对话框

(2) 参数设置。IF 函数的第一个参数 Logical_test 是条件判断表达式，这里是判断罗湖总店销售额是否满足给定条件，设置条件为 "H3>=200"。第二个参数 Value_if_true 是当条件满足时的输出，设置条件满足时输出 "是"。第三个参数 Value_if_false 是当条件不满足时的输出，设置条件不满足时输出"否"(如图 2-56 所示)，单击【确定】按钮，完成罗湖总店总销售额是否合格的判断。

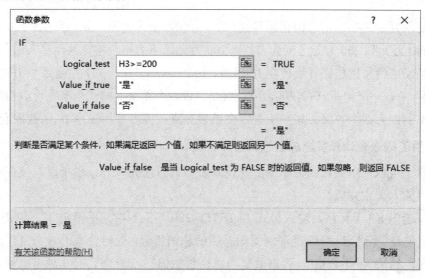

图 2-56　IF 函数参数设置

❖ **小知识**

所有在公式或者函数中出现的符号都必须为英文半角状态符号。如图 2-56 所示，Value_if_true 的值是带引号的字符串""是""，在实际输入参数时，只需在输入框中输入一个"是"字即可，不用输入双引号，输入完毕后在其他输入框内单击鼠标，Excel 会自动加上前后双引号，Value_if_false 也是如此。

(3) 判断其他店铺总销售额是否合格。单击 J3 单元格，在编辑栏查看公式为"=IF(H3>=200,"是","否")"，鼠标放置在 J3 单元格右下角绿色实心方块上，鼠标变成十字型，此时按住鼠标左键向下拖动到 J24 单元格，完成其他店铺总销售额是否合格的判断。完成后的效果如图 2-57 所示。

	A	B	C	D	E	F	G	H	I	J	K
1						店铺销售情况统计与分析					
2	店铺编号	区域	店铺名称	第一季度销售额（万元）	第二季度销售额（万元）	第三季度销售额（万元）	第四季度销售额（万元）	总销售额	排名	是否合格	等级
3	08001001	深圳	和美家（罗湖总店）	84	77	46	50	256	17	是	
4	08001002	广州	和美家（白云分店）	106	73	66	70	315	9	是	
5	08001003	广州	和美家（越秀分店）	95	75	77	55	302	13	是	
6	08001004	广州	和美家（天河分店）	112	73	91	77	352	4	是	
7	08001004	深圳	和美家（光明分店）	106	66	95	78	345	6	是	
8	08001005	中山	和美家（小榄分店）	89	76	75	54	294	14	是	
9	08001006	珠海	和美家（香湾分店）	117	72	90	35	314	10	是	
10	08001007	中山	和美家（东区分店）	35	30	39	35	139	22	否	
11	08001008	佛山	和美家（南海分店）	54	46	18	68	186	20	否	
12	08001009	中山	和美家（古镇分店）	97	64	84	74	319	8	是	
13	08001010	深圳	和美家（东凤分店）	85	61	45	50	241	18	是	
14	08001011	深圳	和美家（福田分店）	100	74	75	54	303	12	是	
15	08001012	深圳	和美家（龙华分店）	123	71	82	71	347	5	是	
16	08001013	深圳	和美家（龙岗分店）	128	70	79	98	375	1	是	
17	08001014	广州	和美家（南沙分店）	101	69	98	88	356	3	是	
18	08001015	广州	和美家（番禺分店）	132	62	93	82	369	2	是	
19	08001016	珠海	和美家（狮山分店）	73	63	71	96	303	11	是	
20	08001017	珠海	和美家（斗门分店）	84	67	75	54	280	16	是	
21	08001018	珠海	和美家（拱北分店）	95	63	89	35	282	15	是	
22	08001019	佛山	和美家（禅城分店）	45	78	51	33	207	19	是	
23	08001020	佛山	和美家（三水分区）	49	45	23	49	166	21	否	
24	08001021	中山	和美家（南头分店）	95	83	74	78	330	7	是	

图 2-57　各店铺总销售额合格情况

2.5.5　划分各店销售额等级

根据要求判断某家店铺总销售额等级，320 万元以上为优秀，260 万元到 320 万元之间为良好，200 万元到 260 万元之间为合格，200 万元以下为不合格，共四个等级。

判断某家店铺总销售额等级使用 IF 函数，从 2.5.4 小节中可知，在函数"=IF(H3>=200, "是", "否")"中，一个判断 H3≥200，可以有是、否两个结果，即一个条件可以得到两个结果分支。本例中有四个等级，相当于有四个结果分支，需要使用三个 IF 函数嵌套。

1. 使用函数嵌套计算罗湖总店总销售额等级

函数除了可以使用插入函数命令，并设置参数的方法完成外，也可以直接在单元格或者在编辑栏输入公式完成。

例如，选中 K3 单元格，输入公式"=IF(H3<200, "不合格", "不确定")"，单击【Enter】键，得到结果是"不确定"。H3 是深圳罗湖总店的总销售额，此时公式的含义是当总销售额 H3<200 时，结果为"不合格"，否则就是当总销售额 H3≥200 时，有 3 种可能性，所以还不能确定结果。

对于不确定的结果，继续使用 IF 语句进行判断，用公式"IF(H3<260, "合格", "还不确定")"替代"不确定"，则公式变为"=IF(H3<200, "不合格", IF(H3<260, "合格", "还不确定"))"。因为这个嵌套中的 IF 函数有个前提 H3≥200，所以嵌套中的条件 H3<260 的含义就是 H3≥200 且 H3<260，当 H3<260 条件成立时，表示合格，否则就是 H3≥260，又有 2 种可能性，所以也不能确定结果。

对于这次的不确定，继续使用 IF 语句进行判断，因为有 H3≥260 的前提，所以只需要判断 H3 是否小于 320 即可得出是良好还是优秀。将"还不确定"变为公式"=IF(H3<320, "良好", "优秀")"，则最后的公式变为"=IF(H3<200, "不合格", IF(H3<260, "合格", IF(H3<320, "良好", "优秀")))"，按【Enter】键，可以看到深圳罗湖总店的等级为"合格"。整个推演过程如图 2-58 所示。

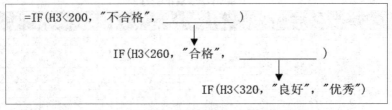

图 2-58　各店铺销售额等级公式推演过程

2. 判断其他店铺总销售额的等级

单击 K3 单元格，鼠标双击单元格右下角绿色实心方块，完成其他店铺总销售额等级的判断，结果如图 2-59 所示。

店铺编号	区域	店铺名称	第一季度销售额（万元）	第二季度销售额（万元）	第三季度销售额（万元）	第四季度销售额（万元）	总销售额	排名	是否合格	等级
			店铺销售情况统计与分析							
08001001	深圳	和美家（罗湖总店）	84	77	46	50	256	17	是	合格
08001002	广州	和美家（白云分店）	106	73	66	70	315	9	是	良好
08001003	广州	和美家（越秀分店）	95	75	77	55	302	13	是	良好
08001004	广州	和美家（天河分店）	112	73	91	77	352	4	是	优秀
08001004	深圳	和美家（光明分店）	106	66	95	78	345	6	是	优秀
08001005	中山	和美家（小榄分店）	89	76	75	54	294	14	是	良好
08001006	珠海	和美家（香湾分店）	117	72	90	35	314	10	是	良好
08001007	中山	和美家（东区分店）	35	30	39	35	139	22	否	不合格
08001008	佛山	和美家（南海分店）	54	46	18	68	186	20	否	不合格
08001009	中山	和美家（古镇分店）	97	64	84	74	319	8	是	良好
08001010	中山	和美家（东区分店）	85	61	45	50	241	18	是	合格
08001011	深圳	和美家（福田分店）	100	74	75	54	303	12	是	良好
08001012	深圳	和美家（龙华分店）	123	71	82	71	347	5	是	优秀
08001013	深圳	和美家（龙岗分店）	128	70	79	98	375	1	是	优秀
08001014	广州	和美家（南沙分店）	101	69	98	88	356	3	是	优秀
08001015	广州	和美家（番禺分店）	132	62	93	82	369	2	是	优秀
08001016	珠海	和美家（狮山分店）	73	63	71	96	303	11	是	良好
08001017	珠海	和美家（斗门分店）	84	67	75	54	280	16	是	良好
08001018	珠海	和美家（拱北分店）	95	63	89	35	282	15	是	良好
08001019	佛山	和美家（禅城分店）	45	78	51	33	207	19	是	合格
08001020	佛山	和美家（三水分区）	49	45	23	49	166	21	否	不合格
08001021	中山	和美家（南头分店）	95	83	74	78	330	7	是	优秀

图 2-59　各店铺总销售额等级

2.5.6　统计店铺总数

通过统计店铺总数来判断营销规模。COUNTA 函数计算区域中非空单元格的个数，因为数据区域中没有空白，所以只要选中任意一列数据，COUNTA 函数就能统计出店铺总数。

1. 选择函数

打开"函数"工作表，单击 C30 单元格，在【公式】选项卡的【函数库】命令组中单击【插入函数】按钮，弹出【插入函数】对话框，在【选择类别】下拉列表中选择【统计】，在下方【选择函数】列表框中单击【COUNTA】函数，单击【确定】按钮，弹出【函数参数】设置对话框。

2. 统计店铺个数

COUNTA 函数将每个参数都纳入到要进行的统计中。单元格区域 C3:C24 中的内容为所有的店铺名称，选择 C3 到 C24 单元格作为 value1 的参数，得到的数字就是店铺的个数(如图 2-60 所示)，单击【确定】按钮，完成店铺总数的计算，结果如图 2-61 所示，总共有 22 个店铺。单击 C30 单元格，可以看到公式为"=COUNTA(C3:C24)"。

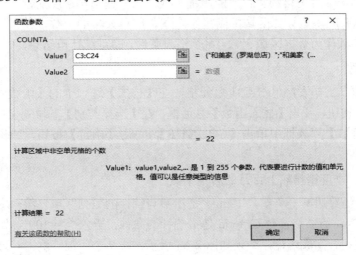

图 2-60　参数设置

店铺编号	区域	店铺名称	第一季度销售额（万元）	第二季度销售额（万元）	第三季度销售额（万元）	第四季度销售额（万元）	总销售额	排名	是否合格	等级
					店铺销售情况统计与分析					
08001001	深圳	和美家（罗湖总店）	84	77	46	50	256	17	是	合格
08001002	广州	和美家（白云分店）	106	73	66	70	315	9	是	良好
08001003	广州	和美家（越秀分店）	95	75	77	55	302	13	是	良好
08001004	广州	和美家（天河分店）	112	73	91	77	352	4	是	优秀
08001004	深圳	和美家（光明分店）	106	66	95	78	345	6	是	优秀
08001005	中山	和美家（小榄分店）	89	76	75	54	294	14	是	良好
08001006	珠海	和美家（香湾分店）	117	72	90	35	314	10	是	良好
08001007	中山	和美家（东区分店）	35	30	39	35	139	22	否	不合格
08001008	佛山	和美家（南海分店）	54	46	18	68	186	20	否	不合格
08001009	中山	和美家（石镇分店）	97	64	84	74	319	8	是	良好
08001010	中山	和美家（东凤分店）	85	61	45	50	241	18	是	合格
08001011	深圳	和美家（福田分店）	100	74	75	54	303	12	是	良好
08001012	深圳	和美家（龙华分店）	123	71	82	71	347	5	是	优秀
08001013	深圳	和美家（龙岗分店）	128	70	79	98	375	1	是	优秀
08001014	广州	和美家（南沙分店）	101	69	98	88	356	3	是	优秀
08001015	广州	和美家（番禺分店）	132	62	93	82	369	2	是	优秀
08001016	珠海	和美家（狮山分店）	73	63	71	96	303	11	是	良好
08001017	珠海	和美家（斗门分店）	84	67	75	54	280	16	是	良好
08001018	珠海	和美家（拱北分店）	95	63	89	35	282	15	是	良好
08001019	佛山	和美家（禅城分店）	45	78	51	33	207	19	是	合格
08001020	佛山	和美家（三水分区）	49	45	23	49	166	21	否	不合格
08001021	中山	和美家（南头分店）	95	83	74	78	330	7	是	优秀
最高销售额			132	83	98	98				
最低销售额			35	30	18	33				
销售额平均值			91	66	70	63				
店铺总数		22								
单季销售额上百万分店数										

图 2-61　店铺总数统计

❖ **小知识**

COUNTA 函数统计非空单元格的个数，单元格内是数字、文本都可以。

COUNT 函数统计非空单元格的个数，但单元格内只能是数字。

2.5.7　统计第一季度销售额上百万的店铺数

2-7　计数

通过统计第一季度销售额上百万的店铺个数，来掌握第一季度的营销情况。COUNTIF 函数计算区域中满足给定条件的单元格的个数，使用第一季度销售额作为数据区域、"≥100" 作为条件，即可统计出结果。

1. 选择函数

打开"函数"工作表，单击 C31 单元格，在【公式】选项卡的【函数库】命令组中单击【插入函数】按钮，弹出【插入函数】对话框，在【选择类别】下拉列表中选择【统计】，在下方【选择函数】列表框中单击【COUNTIF】，单击【确定】按钮，弹出【函数参数】设置对话框。

2. 统计第一季度销售额上百万的店铺个数

COUNTIF 函数的第一个参数 Range 是指参与统计的数据区域，第一季度的销售额数据区域为 D3:D24，第二个参数 Criteria 是指统计的条件，输入"≥100"（如图 2-62 所示），单击【确定】按钮，完成统计，结果如图 2-63 所示，共 9 个店铺。单击 C31 单元格，可以看到公式为"=COUNTIF(D3:D24, "≥100")"。

图 2-62　COUNTIF 参数设置

店铺编号	区域	店铺名称	第一季度 销售额（万元）	第二季度 销售额（万元）	第三季度 销售额（万元）	第四季度 销售额（万元）	总销售 额	排名	是否合 格	等级
08001001	深圳	和美家（罗湖总店）	84	77	46	50	256	17	是	合格
08001002	广州	和美家（白云分店）	106	73	66	70	315	9	是	良好
08001003	广州	和美家（越秀分店）	95	75	77	55	302	13	是	良好
08001004	广州	和美家（天河分店）	112	73	91	77	352	4	是	优秀
08001004	深圳	和美家（光明分店）	106	66	95	78	345	6	是	优秀
08001005	中山	和美家（小榄分店）	89	76	75	54	294	14	是	良好
08001006	珠海	和美家（香湾分店）	117	72	90	35	314	10	是	良好
08001007	中山	和美家（东区分店）	35	30	39	35	139	22	否	不合格
08001008	佛山	和美家（南海分店）	54	46	18	68	186	20	否	不合格
08001009	中山	和美家（古镇分店）	97	64	84	74	319	8	是	良好
08001010	中山	和美家（东凤分店）	85	61	45	50	241	18	是	合格
08001011	深圳	和美家（福田分店）	100	74	75	54	303	12	是	良好
08001012	深圳	和美家（龙华分店）	123	71	82	71	347	5	是	优秀
08001013	深圳	和美家（龙岗分店）	128	70	79	98	375	1	是	优秀
08001014	广州	和美家（南沙分店）	101	69	98	88	356	3	是	优秀
08001015	广州	和美家（番禺分店）	132	62	93	82	369	2	是	优秀
08001016	珠海	和美家（狮山分店）	73	63	71	96	303	11	是	良好
08001017	珠海	和美家（斗门分店）	84	67	75	54	280	16	是	良好
08001018	珠海	和美家（拱北分店）	95	63	89	35	282	15	是	良好
08001019	佛山	和美家（禅城分店）	45	78	51	33	207	19	是	合格
08001020	佛山	和美家（三水分区）	49	45	23	49	166	21	否	不合格
08001021	中山	和美家（南头分店）	95	83	74	78	330	7	是	优秀
最高销售额			132	83	98	98				
最低销售额			35	30	18	33				
销售额平均值			91	66	70	63				
店铺总数		22								
单季销售额上 百万分店数		9								

店铺销售情况统计与分析

图 2-63　第一季度销售额超百万的店铺数统计

任务 2.6　条件格式设置

任务描述

为了使得统计信息显示得更清楚、更直观，尤其是总经理感兴趣的店铺一眼就能被看到，可以为这些店铺设置特殊的格式。

任务分析

（1）突出显示总销售额不合格的店铺。

（2）突出显示总销售额为优秀等级的店铺。

(3) 突出显示总销售额排名在前五的店铺。

(4) 以数据条形式显示所有店铺的总销售额。

 任务实施

2-8　条件格式设置

1. 突出显示总销售额不合格的店铺

在"函数"工作表中，选中 J3:J24 单元格，在【开始】选项卡的【样式】命令组中单击【条件格式】命令(如图 2-64 所示)，选择【突出显示单元格规则】选项，单击【等于】，弹出【等于】对话框，在【为等于以下值的单元格设置格式】下的单元格中输入"否"(如图 2-65 所示)，单击【确定】按钮，完成对总销售额不合格店铺的格式设置，如图 2-69 中的"是否合格"列所示。

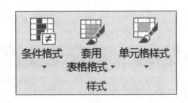

图 2-64　【样式】命令组

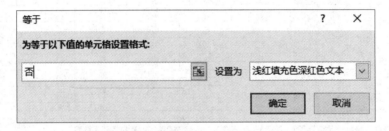

图 2-65　不合格店铺格式设置

2. 突出显示总销售额为优秀等级的店铺

在"函数"工作表中，选中 K3:K24 单元格，在【开始】选项卡的【样式】命令组中单击【条件格式】命令，选择【突出显示单元格规则】选项，单击【等于】，弹出【等于】对话框，在【为等于以下值的单元格设置格式】下的单元格中输入"优秀"，在【设置为】后面的下拉列表中选择【绿填充色深绿色文本】(如图 2-66 所示)，单击【确定】按钮，完成对优秀等级店铺的格式设置，如图 2-69 中的"等级"列所示。

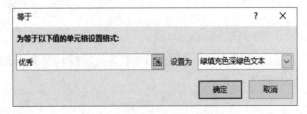

图 2-66　优秀等级店铺格式设置

3. 突出显示总销售额排名在前五的店铺

在"函数"工作表中，选中 I3:I24 单元格，在【开始】选项卡的【样式】命令组中，单击【条件格式】命令，选择【突出显示单元格规则】选项，单击【小于】，弹出如图 2-67 所示的【小于】对话框，在【为小于以下值的单元格设置格式】下的单元格中输入"6"，在【设置为】后面的下拉列表中选择【自定义格式】(如图 2-67 所示)，弹出如图 2-68 所示的【设置单元格格式】对话框，在【字体】选项卡中，将【字形】设置为【加粗倾斜】，将【颜色】设置为红色，单击【确定】按钮，完成单元格格式设置，回到【小于】对话框中，单击【确定】按钮，完成总销售额排名在前五的店铺的格式设置，如图 2-69 中的"排名"列所示。

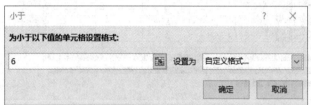

图 2-67　【小于】面板设置

图 2-68　单元格格式设置

4. 以数据条形式显示所有店铺的总销售额

在"函数"工作表中，选中 H3:H24 单元格，在【开始】选项卡的【样式】命令组中，单击【条件格式】命令，选择【数据条】选项，在【渐变填充】组中选择第一行第一列【蓝色数据条】，完成以数据条形式显示总销售额的设置，执行结果如图 2-69 中的"总销售额"列所示。

图 2-69　以数据条形式显示店铺的总销售额

任务 2.7　绘 制 图 表

任务描述

为了更清楚明了地显示统计结果，需要将部分统计结果用图形的方式展示。

任务分析

(1) 绘制各季度各区域销售额总和的对比柱形图。
(2) 绘制各区域第一季度销售额平均值饼图。

2-9　绘制图表

任务实施

数据是企业经营重要的决策依据，但直接使用数据来反映企业的经营状况还是不够直观的，而依据数据绘制图表，就可以使数据显示与分析更加简单与直观。

2.7.1　绘制各季度各区域销售额总和对比的柱形图

基于 2.4.1 小节最终得到的数据，绘制簇状柱形图，具体步骤如下：

(1) 选择数据。选择"数据透视表 1"工作表 A13:E18 区域，如图 2-70 所示。

13	区域	第一季度销售额（万元）	第二季度销售额（万元）	第三季度销售额（万元）	第四季度销售额（万元）
14	广州	545.1	351.84	425	372
15	深圳	540.8	357.58	377	351
16	佛山	148	168.72	92	150
17	中山	401.1	314.1	317	291
18	珠海	369.1	264.58	325	220

图 2-70　选择各季度各区域销售额数据

(2) 绘制簇状柱形图。在【插入】选项卡的【图表】命令组中(如图 2-71 所示)单击 按钮，弹出【插入图表】对话框，看到【推荐的图表】选项卡中，已经有推荐的簇状柱形图(如图 2-72 所示)，单击【确定】按钮，绘制簇状柱形图，效果如图 2-73 所示(可扫图旁二维码看彩图原图，后同)。

图 2-71　【图表】命令组

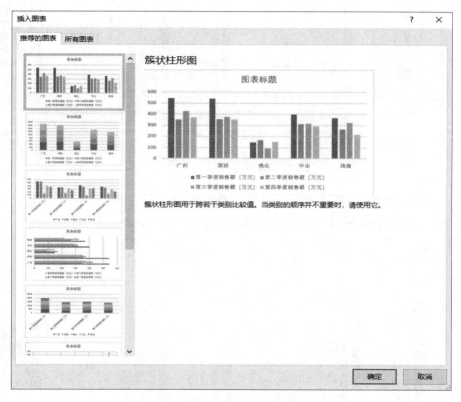

图 2-72　【插入图表】对话框

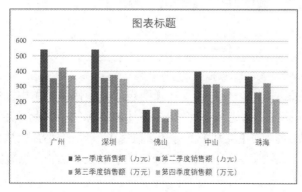

图 2-73　绘制的簇状柱形图

❖ **小知识**

图表包括图表区、绘图区、水平轴、垂直轴、图例、数据系列等组成部分。

如图 2-74 所示，框 1 为图表区，框 2 为绘图区，框 3 为水平(类别)轴，框 4 为垂直(值)轴，框 5 为图例，6 为数据系列。

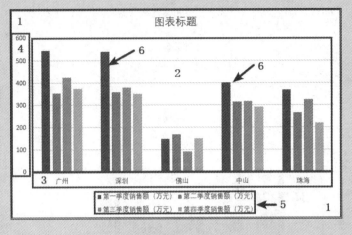

图 2-74　图表界面组成

(3) 添加并设置数据标签。单击图表中任意位置，单击右上角 ➕ 图标，在【图表元素】快捷菜单中勾选【数据标签】前面的复选框，即可添加数据标签。如图 2-75 所示，数据有重叠现象。

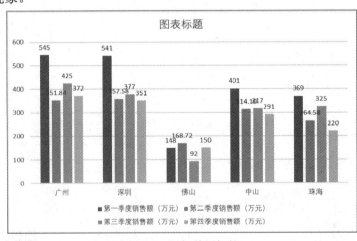

图 2-75　添加数据标签

单击图表中任意位置，单击右上角 ➕ 按钮，在【图表元素】快捷菜单中，单击【数据标签】后面的向左小箭头，选择【更多选项】，弹出【设计数据标签格式】对话框，在【标签选项】选项卡中，单击【数字】，在【类别】下选择【数字】，然后把小数位数调整为"0"(如图 2-76 所示)，单击选中其他数字标签，同样方法设置小数位数为 0，设置完成后的效果如图 2-77 所示。

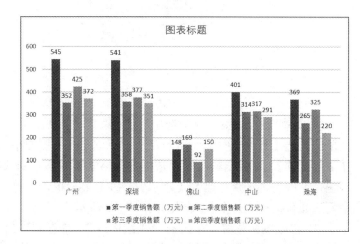

图 2-76　设置数据标签格式　　　　　　图 2-77　修改数据显示位数后的簇状柱形图

(4) 修改图表标题。单击激活图表标题文本框，更改图表标题为"各季度各区域销售情况"，完成后的效果如图 2-78 所示。

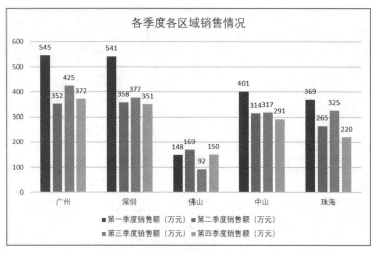

图 2-78　各季度各区域销售情况

2.7.2　绘制各区域第一季度销售额平均值饼图

基于 2.4.2 小节最终得到的数据，绘制各区域第一季度的销售额平均值饼图。

(1) 绘制饼图。选择图 2-44 所示数据，在【插入】选项卡的【图标】命令组中单击 ⌐ 按钮，弹出【插入图表】对话框，切换至【所有图表】选项卡，单击【饼图】选项，单击【确定】按钮，绘制饼图，如图 2-79 所示。

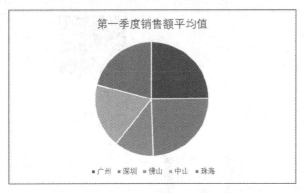

图 2-79　第一季度销售额平均值初始饼图

(2) 添加数据标签。单击选中"绘图区"，单击右上角 <kbd>+</kbd> 图标，在【图表元素】快捷菜单中勾选【数据标签】前面的复选框，单击其右侧的小三角，在弹出的快捷菜单中选择【更多选项】，在弹出的【设置数据标签格式】窗格中的【标签选项】 <kbd>📊</kbd> 选项卡中的【标签包括】中勾选【百分比】、【显示引导线】复选框，去掉【值】复选框，在【标签位置】中勾选【数据标签外】复选框，如图 2-80 所示。

(3) 修改图例位置。单击选中"绘图区"，单击右上角 <kbd>+</kbd> 图标，在【图表元素】快捷菜单中，选中【图例】，单击其右侧的小三角，在弹出的快捷菜单中选择【设置图例格式】命令，弹出【设置图例格式】窗格，在【图例位置】栏中勾选【靠右】，如图 2-81 所示。设置完成后的效果如图 2-82 所示。

图 2-80　设置数据标签格式

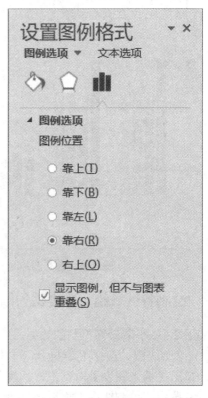

图 2-81　设置图例格式

图 2-82　第一季度销售额平均值饼图

拓展延伸：常见图表类型及适用场景

1. 柱形图——表示比较

柱形图是一种以长方形的长度来表达数据的统计报告图，由一系列高度不等的纵向条纹表示数据分布的情况。

柱形图适合展示二维数据集的分布情况，其中一个轴表示需要对比的分类维度，另一个轴代表相应的数值。柱形图表达简单直观，很容易根据柱子的长短看出值的大小，易于比较各组数据之间的差别，但当数据集过大时柱子会变得非常稠密，因此不适合用于较大数据集的展示。

类似的图表还有条形图、堆积柱形图、分组柱形图等，如图 2-83～图 2-86 所示。

图 2-83　柱形图

2-10　常见图表类型及
适用场景

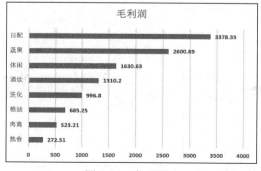

图 2-84　条形图

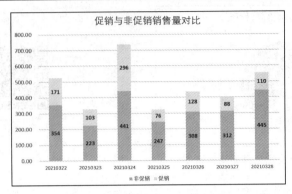

图 2-85　堆积柱形图

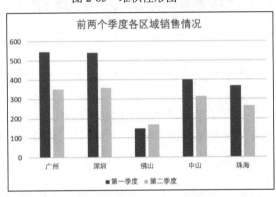

图 2-86　分组柱形图

2. 线图——表达趋势

线图：也叫折线图，将值标注成点，并通过直线将这些点按照某种顺序连接起来形成的图。

线图反映数据在一个有序的因变量上的变化，它的特点是反映事物随类别而变化的趋势，可以清晰展示数据的增减趋势、增减速率、增减规律、峰值等特征。优点是能很好地展示数据沿某个维度的变化趋势，能比较多组数据在同一个维度上的变化趋势，适合展示较大的数据集，但为了显示清晰，每张图上不适合展示太多折线。

类似的图表还有曲线图、多指标折线图、面积图等，如图 2-87～图 2-90 所示。

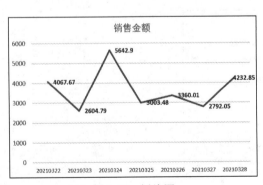

图 2-87　折线图

图 2-88　曲线图

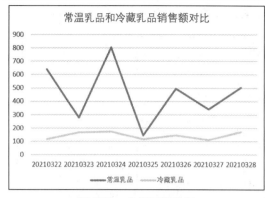

图 2-89 多指标折线图

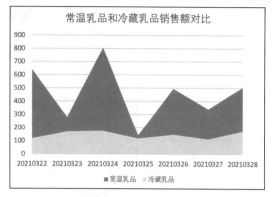

图 2-90 面积图

3. 饼图——表示构成

饼图:以饼状图形显示一个数据系列中各项的大小与各项总和的比例,也称作扇形统计图。

饼图适用于二维数据,即一个分类字段,一个连续数据字段,当用户更关注简单占比时或构成时,适合使用饼图。饼图简单直观,很容易看到组成成分的占比,但不适合较大的数据集(分类)的展示,数据项中不能有负值,比例接近时,人眼很难准确判别。类似的图表还有环形图、三维饼图等,如图 2-91～图 2-93 所示。

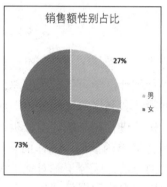

图 2-91 饼图

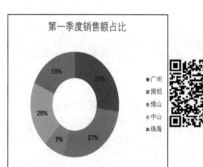

图 2-92 环形图

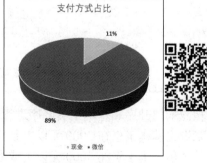

图 2-93 三维饼图

4. 雷达图——表示联系

雷达图又称蜘蛛网图,将多个维度的数据量映射到起始于同一个圆心的坐标轴上,结束于圆周边缘，然后将同一组的点使用线连接起来，如图 2-94 所示。

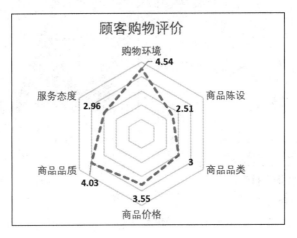

图 2-94　雷达图

　　雷达图适用于展示多维数据集,适合展示某个数据集的多个关键特征和标准值的比对,适合比较多条数据在多个维度上的取值，但这些维度也不能太多，通常为 4~8 个，另外参与比较的记录条数也不宜太多。

小　结

　　本项目通过对销售情况进行排序，学习了基于单个关键词、多个关键词和自定义序列的排序方法；通过对销售信息进行统计，学习了分类汇总；通过筛选感兴趣的店铺销售信息，学习了单条件筛选、多条件筛选和高级筛选的使用，区分了筛选和高级筛选的不同；还学习了如何使用数据透视表，快速进行信息统计与分析；通过对店铺销售数据的统计，不仅学习了 SUM、MAX、MIN 等简单函数的用法，而且学习了 RANK、COUNTIF 等较复杂函数的用法，以及函数嵌套的方法，区分了绝对地址和相对地址；最后又学习了通过条件格式突出显示部分内容，使用图表将数据可视化。

课后技能训练

打开"超市员工工资"工作簿，完成以下任务：
(1) 将表格按照部门升序进行排序。
(2) 按照部门升序和基本工资降序进行排序。
(3) 筛选出基本工资在 3000 元以上且奖励津贴在 300 元以上的员工信息。
(4) 筛选出基本工资在 3000 元以上或者奖励津贴在 300 元以上的员工信息。
(5) 按部门统计员工的奖励津贴总额。
(6) 统计每个部门的员工人数。
(7) 优秀定级，奖励津贴 400 元以上的为优秀，其余为合格。

(8) 计算员工工龄(工号的第 2～5 位为入职年份)，使用 YEAR(TODAY())函数可以获得当前的年份，使用 MID 函数可以截取字符串的一部分。

(9) 计算工龄津贴，工龄 5 年以上的 500 元，3 年以上的 300 元，其余的 100 元。

(10) 计算所有员工的基本工资、住房补贴、伙食补贴、奖励津贴、工龄津贴和总工资的平均值、总和、最大值和最小值，保留整数。

(11) 找到总工资最高的前五名，将其文本设置为红色、加粗。

(12) 将所有优秀员工的评优列设置为绿填充色深绿色文本。

拓展训练

"1+X" 大数据应用开发(Python)职业技能等级证书(初级)考试训练

1. 小王是某单位的会计，现需要统计单位各科室人员的工资情况，按工资从高到低排序，若工资相同，以工龄降序排序。以下最优的操作方法是(   )。

A. 设置排序的主要关键字为"科室"，次要关键字为"工资"，第二次要关键字为"工龄"

B. 设置排序的主要关键字为"工资"，次要关键字为"工龄"，第二次要关键字为"科室"

C. 设置排序的主要关键字为"工龄"，次要关键字为"工资"，第二次要关键字为"科室"

D. 设置排序的主要关键字为"科室"，次要关键字为"工龄"，第二次要关键字为"工资"

2. 如果 Excel 单元格值大于 0，则在本单元格中显示"已完成"；如果单元格值小于 0，则在本单元格中显示"还未开始"；如果单元格等于 0，则在本单元格中显示"正在进行中"，最优的操作方法是(   )。

A. 使用 IF 函数

B. 通过自定义单元格格式，设置数据的显示方式

C. 使用条件格式命令

D. 使用自定义函数

3. 下列关于 Excel 公式形式错误的是(   )。

A. =SUM(B3:E3)*$F$3

B. =SUM(B3:3E)*F3

C. =SUM(B3:$E3)*F3

D. =SUM(B3:E3)*F$3

4. 打开【创建数据透视表】对话框的步骤：_____，在【插入】选项卡的【表格】命令组中，单击【数据透视表】命令，弹出【创建数据透视表】对话框。

5. 使用 Excel 2016 绘制饼图的步骤：选中数据，在【插入】选项卡的_____命令组选择【插入饼图或圆环图】图标，在下拉菜单中选择【二维饼图】选项卡中的【饼图】选项。

6. 在 Excel 中，_____函数可以用来查找一组数中的最大数。

7. 根据单个关键字进行排序的步骤包括(   )。

A. 选择单元格区域

B. 打开【排序】对话框

C. 设置主要关键字

D. 单击【确定】按钮

8. 根据颜色进行筛选的具体操作步骤包括(　　)。

A. 选择【筛选】命令

B. 选择单元格，在工作表中，选择任一非空单元格

C. 选择单元格，在工作表中，选择任意单元格

D. 设置筛选条件并确定。在需要进行筛选的列点击倒三角符号，在下拉菜单中选择
【按颜色筛选】命令

9. 当前单元格是 F4，对 F4 来说输入公式 "=SUM(A4: E4)" 意味着(　　)。

A. 把 A4 和 E4 单元格中的数值求和

B. 把 A4、B4、C4、D4、E4 五个单元格中的数值求和

C. 把 F4 单元格左边所有单元格中的数值求和

D. 把 F4 和 F4 左边所有单元格中的数值求和

10. 下列不是 Excel 函数 MIN(2,5,FALSE)执行结果的是(　　)。

A. 2　　　　　　　B. 3　　　　　　C. −1　　　　　　　D. 0

11. 在 Excel 中，分类汇总前需要先对数据按分类字段进行排序。(　　)

12. 在 Excel 中，图表一旦建立，其标题的字体、字型是不可以改变的。(　　)

13. 对 Excel 数据清单中的数据进行排序，必须先选择排序数据区。(　　)

14. Excel 2016 中，IF 函数属于逻辑函数，只能进行一次逻辑判断。(　　)

15. 请写出两种根据单个关键字进行排序的操作方法。

16. 请写出使用 Excel 2016 在 G2 单元格求 B2:E2 区域的平均值(至少 3 种方法)。

17. 请使用 "水果进货单.xlsx" 输入公式计算每种水果购买金额，并计算总金额。

第·二·篇

项目实战

Excel 数据分析与应用

项目 3　某分店营销现状与数据预处理

项目背景

　　"和美家"连锁超市某分店收集了某周的销售数据，在做数据分析前必须要清楚后续分析包括哪些数据项，并对收集到的数据做一些预处理，使得数据完整、规范、没有内容和逻辑上的错误，方便后续数据处理。

项目演示

　　数据预处理完成后的"和美家"连锁超市某分店一周营业数据如下：

顾客编号	大类编码	大类名称	中类编码	中类名称	小类编码	小类名称	销售日期	销售月份	商品编码	规格型号	商品类型	单位	销售数量	销售金额	商品单价	进价	应售金额	促销	成本金额	毛利润
2372	15	日配	1518	常温乳品	151801	利乐砖纯奶	20210322	202103	DW-1518010018	250ml	一般商品	盒	24	60	3	1.2	72	是	28.8	31.2
2372	15	日配	1505	冷藏乳品	150503	冷藏果粒酸	20210322	202103	DW-1505030098	150g	一般商品	杯	1	3.9	4.9	2	4.9	是	2	1.9
2372	20	粮油	2011	液体调料	201109	白醋	20210322	202103	DW-2011090005	480ml	一般商品	瓶	6	16.2	2.7	2	16.2	否	12	4.2
2372	23	酒饮	2302	纯果汁	230203	纯果汁	20210322	202103	DW-2302030001	1L	一般商品	盒	1	9.9	12.3	4.9	12.3	是	4.9	5
2372	23	酒饮	2316	膏醇	231601	国产省内葡	20210322	202103	DW-2316010005	20支	一般商品	包	40	480	12	4.8	480	否	192	288
2372	23	酒饮	2302	纯果汁	230202	鲜桃汁	20210322	202103	DW-2302020001	1L	一般商品	盒	1	9.9	11.9	4.8	11.9	是	4.8	5.1
2372	30	洗化	3008	洗护家用品	300801	洗发水	20210322	202103	DW-3008010785	750ml	一般商品	瓶	1	43.9	79.9	43.9	79.9	是	43.9	0
1256	10	肉类	1002	牛肉	100203	牛下水	20210328	202103	DW-1002030010	散称	生鲜	千克	0.188	8.27	44	28.6	8.27	否	5.38	2.89
1256	12	蔬果	1201	蔬菜	120102	根茎	20210328	202103	DW-1201020722	散称	生鲜	KG	0.718	14.36	20	11	14.36	否	7.9	6.46
1256	12	蔬果	1201	蔬菜	120104	花果	20210328	202103	DW-1201040004	散称	生鲜	千克	0.516	2.99	5.8	3.2	2.99	否	1.65	1.34
1256	12	蔬果	1203	水果	120305	瓜类	20210328	202103	DW-1203050047	散称	生鲜	KG	1.778	7.08	3.98	1.8	7.08	否	3.2	3.88
1256	12	蔬果	1201	蔬菜	120104	花果	20210328	202103	DW-1201040010	散称	生鲜	千克	0.876	2.26	2.58	1.4	2.26	否	1.23	1.03
1256	12	蔬果	1203	水果	120309	进口水果	20210328	202103	DW-1203090199	散称	生鲜	KG	1.264	88.48	70	31.5	88.48	否	39.82	48.66
1256	12	蔬果	1201	蔬菜	120104	花果	20210328	202103	DW-1201040027	散称	生鲜	千克	0.784	7.81	9.96	5.5	7.81	否	4.31	3.5
1256	12	蔬果	1201	蔬菜	120104	花果	20210328	202103	DW-1201040036	散称	生鲜	千克	0.822	1.48	1.8	1	1.48	否	0.82	0.66
1256	12	蔬果	1203	水果	120302	苹果类	20210328	202103	DW-1203020163	散称	生鲜	KG	1.472	20.02	13.6	6.2	20.02	否	9.13	10.89
1256	12	蔬果	1203	水果	120305	瓜类	20210328	202103	DW-1203050052	散称	生鲜	KG	1.776	21.24	11.96	5.4	21.24	否	9.59	11.65
1256	12	蔬果	1203	水果	120313	其它水果	20210328	202103	DW-1203130449	散称	生鲜	KG	1.172	26.96	23	10.3	26.96	否	12.07	14.89
1256	13	熟食	1302	卤制熟食	130201	卤制酱禽类	20210328	202103	DW-1302010081	散称	联营商品	kg	0.16	12.16	76	30.4	12.16	否	4.86	7.3
1256	13	熟食	1301	凉拌熟食	130101	凉拌素食	20210328	202103	DW-1301010076	散称	联营商品	kg	0.464	9.28	20	8	9.28	否	3.71	5.57
1256	13	熟食	1302	卤制熟食	130201	卤制酱禽类	20210328	202103	DW-1302010082	散称	联营商品	kg	0.498	44.82	90	36	44.82	否	17.93	26.89
1256	13	熟食	1301	凉拌熟食	130105	肉类	20210328	202103	DW-1301010076	散称	联营商品	kg	0.252	5.04	20	18.3	5.04	否	2.02	3.02
1256	15	日配	1501	低温肉制品	150105	肉肠	20210328	202103	DW-1501050012	散称	一般商品	kg	1	17.9	18.3	7.3	18.3	否	7.3	10.6
1256	15	日配	1505	冷藏乳品	150504	冷藏乳酸菌	20210328	202103	DW-1505040050	100ml*5	一般商品	板	2	22	11	4.4	22	否	8.8	13.2
1256	20	粮油	2008	调味料	200805	香辛料	20210328	202103	DW-2008060027	20g	一般商品	袋	1	2.7	2.7	2	2.7	否	2	0.7
1256	20	粮油	2008	调味料	200805	香辛粉	20210328	202103	DW-2008050009	40g	一般商品	瓶	1	11.3	11.3	8.5	11.3	否	8.5	2.8
1256	20	粮油	2008	调味料	200805	香辛料	20210328	202103	DW-2008060026	20g	一般商品	袋	1	3.9	3.9	2.9	3.9	否	2.9	1
1256	20	粮油	2008	调味料	200805	盐/鸡/鲜料	20210328	202103	DW-2008090014	240g	一般商品	袋	1	2.9	2.9	2.2	2.9	否	2.2	0.7
1256	20	粮油	2008	调味料	200805	香辛粉	20210328	202103	DW-2008050022	38g	一般商品	瓶	1	12.9	12.9	9.7	12.9	否	9.7	3.2

思维导图

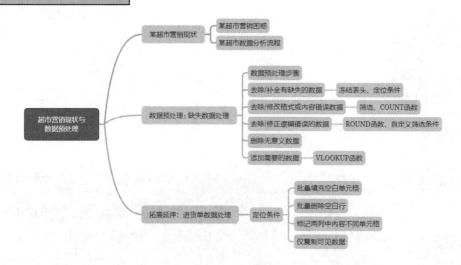

思政聚焦

推荐系统与大数据杀熟

当今时代信息爆炸，如何在庞大的信息库中，尽快找到自己感兴趣的信息，这一需求使得推荐系统应运而生。假如你想看一部电影，但也不知道具体想看什么电影，或许你可以随便找一部电影来尝试，但是很可能是你看了一段之后发现这并不是你想看的电影，于是你再打开另一部电影，不久之后发现这部电影也不是你想要看的，如此几次，或许时间和兴趣已经被耗尽。你也可以咨询你的朋友，但每个人的爱好并不一定相同，他推荐的也不一定是你喜欢的，而且沟通也需要时间。但是现在，当你打开一个电影网站或者 App 的时候，页面上推荐的电影往往就是你最喜欢看的，这是为什么呢？因为这个电影网站或者 App 的内部采用了推荐机制，依据你过往的观看历史、评分以及其他网友的评分帮你筛选和推荐了可能是你最喜欢的电影。

推荐系统可以提高效率，使人们的生活变得更加便利、有趣。推荐系统的使用已经遍布我们的生活，当你打开购物网站，你的主页一定是你最近关注过的、很想买的物品，因为网站会利用用户的历史浏览记录来为用户推荐商品。音乐网站主页的歌曲随便听一首都符合你的喜好，因为音乐网站根据用户的收听记录、收藏记录来分析用户的音乐偏好，从而推荐相同风格、歌手、年代的歌曲。打开购书网站，它会向你推荐与你的购书记录、浏览记录内容和主题密切相关的书籍，甚至在你选好一本书后，还有搭配购买的图书清单推荐，这极大地提高了购买效率，提升了购物体验。

在推荐系统给我们的生活带来极大便利的同时，"大数据杀熟"当选为 2018 年度社会生活类十大流行语。"大数据杀熟"是指同样的商品或服务，老客户看到的价格反而比新客户要贵出许多的现象。

北京市消协的一项调查显示，许多被调查者表示曾被"杀熟"，而网购平台、在线旅游、网约车类移动客户端或网站更是"重灾区"。2020 年 9 月 15 日，央视二套财经频道点名在线旅游平台的大数据"杀熟"现象，报道中提到在线旅游平台针对不同消费特征的旅游者对同一产品或服务在相同条件下设置差异化的价格。2020 年 12 月，网上发布了一篇题为《我被美团会员割了韭菜》的文章。该文章指出，美团外卖存在会员与非会员在同一送餐地址、同一外卖商户订餐，会员配送费高于非会员配送费的情况。12 月 17 日，针对用户反馈的"会员和非会员配送费差异"问题，美团外卖回应称，文中提到的配送费差异与会员身份无关，是定位缓存偏差导致的。

大数据"杀熟"严重侵害消费者权益，明显背离了诚信原则，也是对老客户信赖的一种辜负，引发了商业伦理的扭曲，如果不加以整治，也不利于电商行业的持续健康发展。国家相关部委及各省市相继出台文件和法律来规范"大数据杀熟"问题。

2019 年 10 月 9 日，文化和旅游部公示了《在线旅游经营服务管理暂行规定(征求意见稿)》。针对最受关注的"大数据杀熟"问题，《暂行规定》明确规定，在线旅游经营者不得利用大数据等技术手段，针对不同消费特征的旅游者，对同一产品或服务在相同条件下设置差异化的价格。2021 年 4 月 8 日，广州市市场监管局联合市商务局召开平台"大数据杀熟"专项调研和规范公平竞争市场秩序行政指导会。唯品会、京东、美团等 10 家互联网平台企业的代表签署了《平台企业维护公平竞争市场秩序承诺书》,承诺不利用大数据"杀熟"。2021 年 8 月 20 日,十三届全国人大常委会第三十次会议表决通过《中华人民共和国个人信息保护法》,自 2021 年 11 月 1 日起施行。《中华人民共和国个人信息保护法》第二章第二十四条明确规定:个人信息处理者利用个人信息进行自动化决策,应当保证决策的透明度和结果公平、公正,不得对个人在交易价格等交易条件上实行不合理的差别待遇;通过自动化决策方式向个人进行信息推送、商业营销,应当同时提供不针对其个人特征的选项,或者向个人提供便捷的拒绝方式;通过自动化决策方式作出对个人权益有重大影响的决定,个人有权要求个人信息处理者予以说明,并有权拒绝个人信息处理者仅通过自动化决策的方式作出决定。

"大数据杀熟,无关技术关乎伦理",技术无罪,一个诚信、透明和公平的市场交易环境所对应的市场伦理、技术伦理,都应该是一个成熟、健康的社会所共同追求和呵护的。

思考与讨论:

舍恩伯格曾经说过,大数据是未来,是新的油田、金矿。大数据已经无处不在,包括互联网、医学、物流、城市管理、金融、汽车、零售、餐饮、电信、能源、体育、娱乐、安全和政府在内的,社会各行各业都已经融入了大数据的印迹。

大家关注、搜索和讨论一下,大数据在各个领域都有哪些实际应用的案例呢?

教学要求

知识目标
◎掌握数据预处理的步骤
◎掌握数据预处理每个步骤的处理要点

能力目标
◎能够灵活使用条件定位、筛选等方法找到空值,并进行合理的处理
◎能够灵活使用筛选、函数、定位条件等方法判断数据类型
◎能够对内容的逻辑性进行判断,并正确处理逻辑错误数据
◎能够经过分析,判断数据项是否冗余
◎能够经过分析,判断出需要添加的辅助列
◎能够使用 VLOOKUP 函数添加辅助列

学习重点
◎掌握数据预处理的步骤
◎数据预处理每个步骤的处理要点

学习难点
◎数据预处理每个步骤的处理要点
◎VLOOKUP 函数的使用

任务 3.1　某超市营销现状

任务描述

"和美家"超市某分店，在营销过程中遇到一些困惑，需要针对已有销售数据做一些分析，以便发现问题，提高营销水平。在对数据进行分析之前，需要首先明确已有数据、数据分析目标，并制定数据分析流程。

任务分析

(1) 分析超市营销困惑，确定数据分析目标。
(2) 根据目标和已有数据，确定数据分析流程。

任务实施

3-1　超市营销现状

3.1.1　某超市营销困惑

背景："和美家"连锁超市某分店自 2016 年成立以来，经过几年的发展，超市已遍布珠三角的主要城市，销售业绩在同行中处于领先地位，但随着市场的不断发展，业务量的不断增加，却面临着同行业竞争加剧、销售业绩增长变缓的挑战。

数据：2021 年 3 月 22 日至 3 月 28 日一周的销售数据"0322-0328 销售数据"，包括顾客编号、大类编码、大类名称、中类编码、中类名称、小类编码、小类名称、销售日期、销售月份、商品编码、规格型号、商品类别、单位、销售数量、销售金额、商品单价、促销。

目标：希望通过对本周销售数据的分析，帮助企业掌握本周整体销售情况、各大类商品销售情况和本周顾客消费情况，找出影响超市销售业绩提升的原因，并通过分析找到提高销售业绩的营销策略。

3.1.2　某超市营销数据分析思路

(1) 数据预处理，得到规范化的数据。
(2) 分析销售整体情况，帮助企业掌握每天的销售额、销售量和毛利润。
(3) 分析各大类商品的销售情况，帮助企业掌握各大类商品的销售额、销售量、盈利情况以及促销对商品销售的影响；分析周末和工作日各大类商品的销售情况，掌握各大类商品的销售规律。对于销售额最大的商品大类，获取销售额最大的两个中类，对两个中类的销售额进行分析，尝试通过这两类商品的销售对比，掌握其中热销商品的销售规律，尝试找出销售业绩提升的关键点。
(4) 顾客分析，帮助企业掌握客单价、每天消费的顾客数目、顾客的复购率和促销敏感度，并对消费金额前 10 和消费数量前 10 的顾客分别进行分析，掌握顾客消费规律和偏好，尝试找出影响企业销售业绩增长的原因，以及可能促成企业销售业绩提升的关键点。

(5) 营销策略分析, 在分析各大类商品的销售情况和分析顾客的消费规律基础上, 对商品的销售情况或者顾客的购买情况进行针对性的分析, 提出营销策略供企业参考。

(6) 撰写"超市营销分析"数据周报。

任务 3.2　数据预处理

 任务描述

现有"和美家"超市某分店 2021 年 3 月 22 日—3 月 28 日一周的销售数据, 先对数据做预处理, 将原始数据处理为完整、规范和正确的数据, 以便后续统计分析使用。

 任务分析

(1) 理清数据预处理步骤。

(2) 按照数据预处理步骤处理超市一周的销售数据。

3-2　处理缺失数据

 **任务实施**

3.2.1　数据预处理步骤

数据预处理一般包括以下 5 个步骤。

1. 去除/补全有缺失的数据

缺失值是最常见的数据问题, 一般处理缺失值时, 先对每个字段都计算其缺失值比例, 然后按照缺失比例和字段重要性, 分别制定策略, 对于重要性高的数据尽量补全, 对于重要性低的数据进行简单补充或直接删除。

进行数据补充的方法包括:

(1) 以业务知识或经验推测填充缺失值;

(2) 以同一指标的计算结果(均值、中位数、众数等)填充缺失值;

(3) 以不同指标的计算结果填充缺失值, 例如使用身份证号码计算年龄、性别等。

对不同重要性和缺失率的数据处理方法如图 3-1 所示。

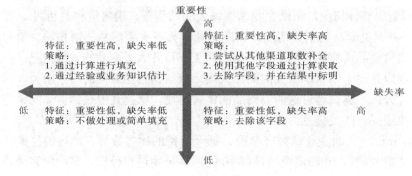

图 3-1　缺失数据处理方法

2. 去除/修改格式或内容有错误的数据

如果数据是由系统日志而来，则通常在格式和内容方面会与原数据的描述一致。如果数据是由人工收集或用户填写而来，则有可能在格式和内容上存在一些问题。简单来说，格式内容问题有以下几类：

(1) 时间、日期、数值和全半角等显示格式不一致。这种问题通常与输入端有关，在整合多来源数据时也有可能遇到，将其处理成一致的某种格式即可。

(2) 内容中有不该存在的字符。某些内容可能只包括一部分字符，比如身份证号是数字+字母，也可能姓名中出现数字符号，身份证号中出现汉字等问题，最典型的就是头、尾和中间的空格。对于这种情况，需要以半自动校验、半人工方式来找出存在的问题，并去除不需要的字符。

(3) 内容与该字段应有内容不符。姓名列写了性别、身份证号列写了手机号等均属这种问题。但该问题的特殊性在于不能简单地以删除来处理，因为有可能是人工填写错误，也有可能是前端没有校验，还有可能是导入数据时部分或全部存在列没有对齐的问题，因此要详细识别问题类型。

3. 去除/修正有逻辑错误的数据

使用简单逻辑推理发现有问题的数据，确保分析内容正确。主要包含以下方法：

(1) 去除不合理值。比如年龄 200 岁、年收入 100 000 万元等，这种数据或者删掉，或者按照缺失值进行处理。

(2) 修正矛盾内容。有些字段是可以互相验证的，如身份证号是 4420001980XXXXXXXX，年龄 18 岁，这时需要根据字段的数据来源，判定哪个字段的信息更为可靠，去除或重构不可靠的字段。

4. 删除无意义的数据

删除与数据分析无关的数据，也就是去重。

5. 添加需要的数据

根据数据分析需要，添加相关数据。

3.2.2 去除/补全有缺失的数据

数据预处理的第一步就是找到所有缺失或者为空的数据项，并依据具体情况补全空白单元格或者删除整条数据。

1. 数据预处理前的准备

(1) 查看表格数据。打开"0322-0328 销售数据"工作簿，如图 3-2 所示。其中共有 17 列数据，包括顾客编号、大类编码、大类名称、中类编码、中类名称、小类编码、小类名称、销售日期、销售月份、商品编码、规格型号、商品类型、单位、销售数量、销售金额、商品单价和促销。单击选中 A1 单元格，按【Ctrl+↓】快捷键，选中 A 列末尾单元格，看到包括标题在内共有 2586 行数据。

顾客编号	大类编码	大类名称	中类编码	中类名称	小类编码	小类名称	销售日期	销售月份	商品编码	规格型号	商品类型	单位	销售数量	销售金额	商品单价	促销
0	12 蔬菜	1201	蔬菜	120109	其它蔬菜	20150105	201501	DW-1201090301		一般商品	袋	8	4	2	否	
2	20 粮油	2014	酱菜类	201401	榨菜	20150101	201501	DW-2014010019	60g	生鲜	袋	2	1	0.5	否	
3	13 熟食	1308	现制中式菜	130803	现制熟类	20210326	202103	DW-1308030035	个	生鲜	个	2	2	1	否	
4	15 日配	1521	蛋类	152101	新鲜蛋品	20210326	202103	DW-1521010005	散称	一般商品	千克	1.78	12.07	6.78	否	
4	20 粮油	2006	五谷杂粮	200601	散称白米	20210325	202103	DW-2006010001	散称	一般商品	千克	3.237	13.6	4.2	否	
13	13 熟食	1301	凉拌熟食	130101	凉拌熟食	20210325	202103	DW-1301010076	kg	联营商品	kg	0.22	4.4	20	否	
13	15 日配	1518	常温乳品	151804	利乐砖酸奶	20210327	202103	DW-1518040045	205ml	一般商品	盒	6	40.2	6.7	否	
13	20 粮油	2006	五谷杂粮	200601	散称白米	20210327	202103	DW-2006010003	散称	一般商品	千克	4.682	26.13	5.58	否	
13	22 休闲	2201	饼干	220112	饼干礼盒	20210327	202103	DW-2201120019	800g	一般商品	盒	1	22.9	22.9	否	
13	22 休闲	2206	即食熟制品	220605	鱼类	20210327	202103	DW-2206050183	100g	一般商品	袋	1	6.9	6.9	否	
13	30 洗化	3013	口腔卫生品	301302	儿童牙膏	20210327	202103	DW-3013020081	40g	一般商品	支	1	6.7	6.7	否	
13	30 洗化	3013	口腔卫生用	301301	成人牙膏	20210327	202103	DW-3013010560	70g	一般商品	支	1	18.9	20.9	否	
13	30 洗化	3016	纸制品	301608	软抽纸巾	20210327	202103	DW-3016080233	130抽×3	一般商品	提	1	9.9	15.9	是	
13	20 粮油	2011	液体调料	201103	凉拌酱油	20210328	202103	DW-2011030016	620ml	一般商品	瓶	1	4.7	4.7	否	
13	23 酒饮	2304	茶饮料	230406	凉茶	20210328	202103	DW-2304060013	450ml	一般商品	瓶	1	3	3	否	
17	20 粮油	2011	液体调料	201102	生抽酱油	20210328	202103	DW-2011020038	160ml	一般商品	瓶	1	4.5	4.5	否	
17	22 休闲	2202	膨化	220205	中式糕点	20210327	202103	DW-2202050054	散称	一般商品	千克	0.172	3.4	25	是	
17	22 休闲	2210	果冻	221004	立袋可吸果	20210327	202103	DW-2210040042	425ml	一般商品	袋	1	3.5	4.5	是	
17	22 休闲	2210	果冻	221005	碎碎冰	20210327	202103	DW-2210050003	78ml	一般商品	支	1	0.8	0.8	否	
17	23 酒饮	2303	果汁饮料	230309	梨汁饮料	20210327	202103	DW-2303090001	200ml	一般商品	瓶	1	3	3	否	
17	23 酒饮	2302	纯净水	230201	纯柳橙汁	20210327	202103	DW-2302010016	200ml	一般商品	瓶	1	3	3	否	
17	30 洗化	3016	纸制品	301610	无芯纸	20210327	202103	DW-3016030107	83g×12卷	一般商品	提	1	9.9	15.9	是	
20	12 蔬菜	1201	蔬菜	120105	鲜调味	20210324	202103	DW-1201050011	散称	生鲜	千克	0.567	3.72	6.56	否	
20	12 蔬菜	1201	蔬菜	120110	叶菜	20210324	202103	DW-1201010025	散称	生鲜	千克	0.331	1.31	3.96	否	
2550	10 肉禽	1004	鸡产品	100402	分割鸡件	20210328	202103	DW-1004020001	散称	生鲜	千克	-0.5	-19	38	否	
2550	10 肉禽	1004	鸡产品	100402	分割鸡件	20210328	202103	DW-1004020001	散称	生鲜	千克	0.5	19	38	否	
21	12 蔬菜	1201	蔬菜	120101	叶菜	20210328	202103	DW-1201010040	散称	生鲜	千克	0.317	1.78	5.6	否	
21	12 蔬菜	1201	蔬菜	120104	花果	20210328	202103	DW-1201010010	散称	生鲜	千克	0.326	0.84	2.58	否	
21	15 日配	1521	蛋类	152101	新鲜蛋品	20210328	202103	DW-1521010005	散称	一般商品	千克	0.776	5.26	6.78	否	

图 3-2　查看原始数据

❖ 小知识

Ctrl+Shift+L：启用筛选；

Ctrl+G：打开定位对话框；

Ctrl+↑：光标定位到当前单元格所在数据区域的第一行；

Ctrl+↓：光标定位到当前单元格所在数据区域的尾行；

Ctrl+Shift+↓：选中光标所在单元格及该列向下的所有数据。

(2) 冻结表头。选中 A1 单元格，单击【视图】选项卡【窗口】命令组中的【冻结窗口】图标，弹出快捷菜单，单击【冻结首行】命令，如图 3-3 所示。再次滑动鼠标，发现表格的标题行(首行)保持固定不动，即使已到表格末尾，仍然可以看到标题行，如图 3-4 所示。

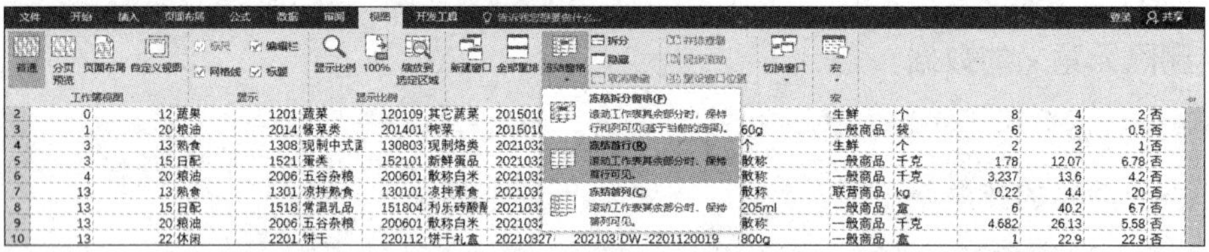

图 3-3　冻结表头

图 3-4　冻结表头效果

2. 去除/补全有缺失的数据

(1) 使用定位条件查找空缺数据。在【开始】选项卡的【编辑】命令组中，单击【查找和选择】图标，在弹出的菜单中单击【定位条件】命令，如图3-5所示。在弹出的【定位条件】对话框中选中【空值】，单击【确定】按钮，如图3-6所示。

图3-5 定位条件

图3-6 选择【定位条件】

(2) 根据具体情况删除/补全数据。可以看到第1279行数据的"销售数量"以及"促销"单元格被选中，如图3-7所示。观察这一行数据，销售销量、销售金额、商品单价、促销四个单元格中有两个单元格为空，无法根据已有数据推断空白单元格的值，所以应该删掉这一行数据。

图3-7 选中空白单元格

由于使用定位条件可以同时找到和选择满足条件的所有单元格，所以本次操作选中的可能不止1279行的这两个单元格，但每个空值的处理方式都需要针对具体的情况做出决定，所以需要重新选中1279行并删除。

(3) 删除本行数据。单击1279行行标签处，看到整个1279行被选中，右键单击该行，在快捷菜单中选择【删除】，如图3-8所示。

		类编码	中类名称	小类编码	小类名称	销售日期	销售月份	商品编码	规格型号	商品类型	单位	销售数量	销售金额	商品单价	促销
			冲调	2106	蜂蜜/面包	210601	蜂蜜	20180325	201501 DW-2106010189	牛魔空版	12g*8	一般		1	9.9
		12	蔬果	1201	蔬菜	120101	叶菜	20210322	202103 DW-1201010021	散称	生鲜	千克	0.296	1.94	6.56 否
		12	蔬果	1201	蔬菜	120104	花果	20210322	202103 DW-1201040042	散称	生鲜	千克	0.366	2.85	7.8 否
		12	蔬果	1201	蔬菜	120106	菌菇类	20210322	202103 DW-1201060010	散称	生鲜	千克	0.162	1.46	9 否
		12	蔬果	1203	水果	120102	根茎	20210322	202103 DW-1201020722	散称	生鲜	KG	0.302	6.04	20 否
		12	蔬果	1203	水果	120304	蕉类	20210322	202103 DW-1203070022	散称	生鲜	KG	1.08	6.44	5.96 否
		12	蔬果	1201	蔬菜	120104	花果	20210322	202103 DW-1201040026	散称	生鲜	千克	0.434	1.98	1.98 否
		15	日配	1505	冷藏乳品	150503	冷藏果粒酸	20210322	202103 DW-1201050012	散称	生鲜	千克	0.086	1.31	3.56 否
		15	日配	1505	冷藏乳品	150503	冷藏果粒酸	20210322	202103 DW-1505030016	260g	一般商品	盒	1	8.9	8.9 否
		22	休闲	2208	口香糖	220802	有糖口香糖	20210322	202103 DW-2208020023	13.5g	一般商品	条	1	2.9	2.9 否
		12	蔬果	1201	蔬菜	120101	叶菜	20210324	202103 DW-1201010004	散称	生鲜	千克	0.298	1.66	5.6 否
		12	蔬果	1203	水果	120305	瓜类	20210324	202103 DW-1203050060	散称	生鲜	KG	1.002	8	7.98 否
		12	蔬果	1201	蔬菜	120104	花果	20210324	202103 DW-1201040026	散称	生鲜	千克	0.46	0.91	1.98 否
		13	熟食	1308	现制中式面	130801	现制蒸类	20210324	202103 DW-1308010192	个	生鲜	个	4	2	0.5 否
		15	日配	1505	冷藏乳品	150504	冷藏乳饮品	20210324	202103 DW-1505040001	100g*8	一般商品	千克	1	8.9	12.9 是
		22	休闲	2202	糕点	220205	中式糕点	20210324	202103 DW-2202050054		一般商品	千克	0.2	3.96	25 是
		22	休闲	2209	巧克力	220904	牛奶巧克力	20210324	202103 DW-2209040039	100g	一般商品	罐	1	15.5	15.5 否

图 3-8　删除 1279 行

（4）寻找下一个空白单元格，并对数据进行处理。按下【Ctrl+G】快捷键，弹出【定位】对话框，如图 3-9 所示。单击【定位条件】按钮，弹出【定位条件】对话框，如图 3-6 所示。选中【空值】，单击【确定】按钮，可以发现第 1879 行与 1279 行情况完全相同，所以也将 1879 行删除即可，如图 3-10 所示。

图 3-9　【定位】对话框

	顾客编号	大类编码	大类名称	中类编码	中类名称	小类编码	小类名称	销售日期	销售月份	商品编码	规格型号	商品类型	单位	销售数量	销售金额	商品单价	促销
1878	1950	22	休闲	2206	即食熟制品	220601	牛肉干	20210328	202103 DW-2206010151		38g	一般商品	装	1	6.9	6.9 否
1879	1978	21	冲调	2106	蜂蜜/面包	210601	蜂蜜	20180327	201503 DW-2106010189		牛魔空版	12g*8	一般		1	9.9
1880	1987	12	蔬果	1201	蔬菜	120104	花果	20210328	202103 DW-1201040035		散称	生鲜	千克	0.336	3.23	9.6 否

图 3-10　第 1879 行数据

（5）继续查找空白单元格，处理数据。按下【Ctrl+G】快捷键，弹出【定位】对话框，如图 3-9 所示。单击【定位条件】按钮，弹出【定位条件】对话框，选中【空值】，单击【确定】按钮，可以发现第 2519 和 2527 行数据都有空值且被选中，如图 3-11 所示。

	B 大类编号	大类名称	中类编码	中类名称	小类编码	小类名称	销售日期	销售月份	商品编码	规格型号	商品类型	单位	销售数量	销售金额	商品单价	促销
2518	22	休闲	2203	膨化点心	220302	袋装薯片	20210328	202103 DW-2203020009	40g	一般商品	装	1	3.3	3.3 否
2519	22	休闲	2201	饼干	220111	膨咪/休闲	20210328	202103 DW-2201110287	42g	一般商品	盒		3.3	5.9	5.9
2520	22	休闲	2203	膨化点心	220399	其他膨化品	20210328	202103 DW-2203990078	120g	一般商品	装	1	5.9	5.9 否
2521	23	酒饮	2309	啤酒	230905	进口黑啤	20210328	202103 DW-2309050028	500ml	联营商品	罐	1	12	12 否
2522	23	酒饮	2301	碳酸饮料	230199	苏打盐汽水	20210328	202103 DW-2301990019	300ml	一般商品	瓶	1	2	2 否
2523	23	酒饮	2307	乳饮料	230701	果味乳饮	20210328	202103 DW-2307010012	1.5L	一般商品	包	1	11.7	11.7 否
2524	23	酒饮	2306	运动机能包	230604	运动饮料	20210328	202103 DW-2306040040	500ml	一般商品	瓶	1	4	4 否
2525	23	酒饮	2304	茶饮料	230401	红茶	20210328	202103 DW-2304010002	500ml	一般商品	瓶	1	4	4 否
2526	23	酒饮	2317	进口饮料	231705	进口饮料	20210328	202103 DW-2317050007	90ml*4	一般商品	瓶	8.9	8.9	8.9 否
2527	30	洗化	3016	纸制品	301606	手帕纸	20210328	202103 DW-3016060052	10包	一般商品	条	1	6.7	6.7
2528	10	肉禽	1001	猪肉	100102	猪下水	20210328	202103 DW-1001020102	散称	生鲜	千克	0.316	7.9	25 否

图 3-11　第 2519 和 2527 行数据

对于第 2519 行数据，很容易看出造成"销售数量"单元格为空的原因是数据错位，所以删除 N2519 单元格,具体操作为:右键单击 N2519 单元格,在弹出的快捷菜单中选择【删除】,弹出【删除】对话框,选择【右侧单元格左移】,如图 3-12 所示。

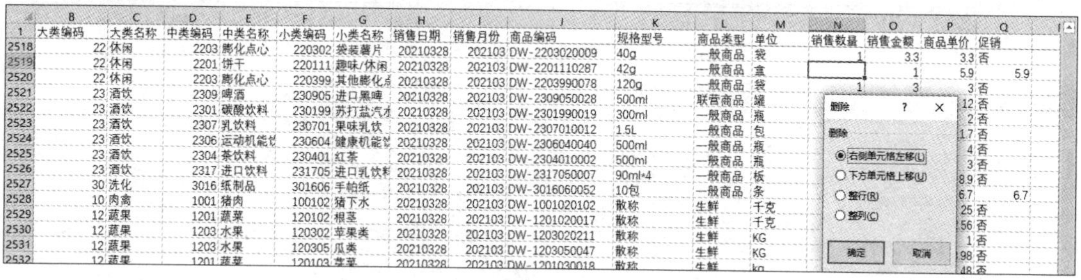

图 3-12　删除 N2519 单元格

因为销售金额等于商品单价乘以销售数量,所以在 Q2519 单元格中输入"否"即可。

第 2527 行数据产生空白单元格的原因与第 2519 行完全相同,所以处理方法也完全相同。完成后的效果如图 3-13 所示。

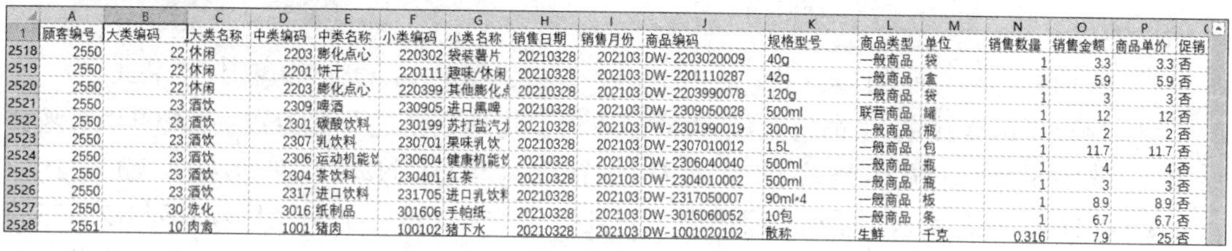

图 3-13　删除 N2527 单元格

(6) 处理剩余空白单元格数据。继续上步操作,按下【Ctrl+G】快捷键,弹出【定位】对话框。单击【定位条件】按钮,弹出【定位条件】对话框。选中【空值】,单击【确定】按钮,弹出【未找到单元格】提示窗口,如图 3-14 所示。至此空白单元格处理完毕。

图 3-14　【未找到单元格】提示窗口

3.2.3　去除/修改格式或内容错误数据

3-3　处理格式或内容错误数据

在确保每个单元格都有数值后,需要检查每个数值的格式是否有误,以及内容是否有明显的错误。

1. 处理格式有错误的数据

数据格式错误的处理主要是检查时间、日期、数字、全半角、空格等。

(1) 检查"销售日期"格式。选中工作表中的任意单元格,单击【数据】选项卡组,在【排序和筛选】命令组中单击【筛选】按钮,所有数据进入筛选状态(按下【Ctrl+Shift+L】快捷键也可进入或者退出筛选状态)。单击销售日期右侧的下拉小三角图标▼,看到枚举的所有销售日期格式一致(如图 3-15 所示),证明"销售日期"列数据没有格式问题。用同样的方法检查"销售月份"列数据格式,确保没有问题,如图 3-16 所示。

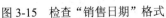

图 3-15　检查"销售日期"格式　　　　　图 3-16　检查"销售月份"格式

(2) 检查"销售数量""销售金额""商品单价"几列数据是否都为数字。COUNT 函数统计区域中包含被统计数字的单元格的个数。单击 N2585 单元格,输入公式"=COUNT(N2:N2584)",按【Enter】键即可看到得到数字 2583,证明销售数量列 N2:N2584 共有 2583 个单元格的内容均为数字。选中 N2585 单元格,使用拖动手柄向右拖动进行快速填充,发现 O2585 和 P2585 单元格中的数据也是 2583,证明 O 列和 P 列的数据也都是数字。

(3) 检查其他类数据列格式。

使用【Ctrl+Shift+L】快捷键进入筛选状态,逐个单击"顾客编号""大类编码""大类名称""促销"等列的数据列表,看到各类数据格式均符合规范。

2. 处理内容有错误的数据

处理内容错误主要是检验内容是否在指定范围内,即逻辑性检查。内容检查主要使用筛选功能查看每个数据项的内容是否有明显的错误。

检查"顾客编号"列,发现顾客编号是 0~2561 的数字,没有明显的内容错误。

检查"大类编码"列,发现大类编码是 10~30 的两位数字,没有明显的错误。

检查"大类名称"列,发现大类名称包括酒饮、粮油、日配、肉禽、蔬菜、熟食、洗化和休闲共 8 类,内容正确。

检查"中类编码"列,发现绝大部分中类编码从 1001 开始到 3017 结束,且中类编码的前两位为大类编码,只有一个中类编码为 0,中类编码为 0 肯定是错误的,如图 3-17 所示。

在图 3-17 中,去掉其他中类编码前的"√",只选择"中类编码"为 0 的一项(如图 3-18 所示),单击【确定】按钮,发现中类编码为 0 的数据只有 1 行,即第 2584 行,如图 3-19 所示。

第 2584 行中类编码为 0,销售数量为 86,销售金额为 4.7 元,商品单价为 4.7 元,销售单价乘以销售数量很明显和销售金额不符,所以直接删掉这行数据即可。

图 3-17　检查"中类编码"

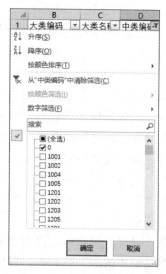

图 3-18　只选择"中类编码"为 0 的一项

图 3-19　"中类编码"为 0 的数据

连按两次【Ctrl+Shift+L】快捷键，检查"中类名称"列数据内容没有问题。

检查"小类编码"列数据，内容均为 6 位长度的数字，其中前 4 位为对应的中类编码，内容没有问题。

检查"销售日期"列数据，本周日期从 2021 年 3 月 22 日到 3 月 28 日，而本周日期数据列中出现 20150101，很显然是错误数据。如图 3-20 所示，去掉其他销售日期前的"√"，只选择销售日期为 20150101 的一项，单击【确定】按钮，看到销售日期为 20150101 的数据有 2 行，即第 2、3 行，如图 3-21 所示。

图 3-20　选择 20150101 数据项

A	B	C	D	E	F	G	H	I	J	K	L	M	N	O	P
顾客编号	大类编码	大类名称	中类编码	中类名称	小类编码	小类名称	销售日期	销售月份	商品编码	规格型号	商品类型	单位	销售数量	销售金额	商品单价
0	12	蔬菜	1201	蔬菜	120109	其它蔬菜	20150101	201501	DW-1201090311	散称	生鲜	个	8	4	2
1	20	粮油	2014	酱菜类	201401	榨菜	20150101	201501	DW-2014010019	60g	一般商品	装	6	3	0.5

图 3-21　销售日期为 20150101 的数据

由于销售日期错误，所以直接将这两条数据删除即可。可以使用【Ctrl+Shift+L】快捷键退出筛选状态，查看此时的数据，包括标题行在内共有 2581 行数据。

检查"销售月份"列数据，仅有 202103 一个数据，没有错误。

检查"商品编码"列数据，所有数据都为"DW-"开头，后面跟一个长度为 10 位的数字，内容规整，没有明显错误。

检查"规格型号"列数据，没有明显错误。

检查"商品类型"列数据，共有三种商品类型，分别是联营商品、生鲜和一般商品，没有内容错误。

检查"单位"列数据，没有明显错误。

检查"销售数量"列数据，发现有负值，可能有错误或是因为退货引起，需要进一步进行逻辑推理和分析，待下节解决。

检查"销售金额"列数据，发现有负值，可能有错误或因退货引起的，待下节对该问题进行探讨。

检查"商品单价"列数据，所有数据均为大于 0 的小数，没有明显错误。

检查"促销"列数据，只有"是"和"否"两种数据，没有明显错误。

3.2.4　去除/修正逻辑错误的数据

在检查每列数据格式上没有错误，内容上没有明显错误后，下一步需要验证数据是否有逻辑错误。使用简单逻辑推理发现问题数据，去除不合理值，修正矛盾内容。

1. 处理销售数量为负值的问题

(1) 查找出现负值的数据。检查"销售数量"列数据，发现几个负值，有可能是错误数据，去掉对其他销售数量的选择，只选择销售数量为负值的选项(如图 3-22 所示)，单击【确定】按钮，得到销售数量为负值的数据有 3 行，即第 25、953、1448 行，如图 3-23 所示。

3-4　去除或修正逻辑错误的数据

图 3-22　检查"销售数量"列数据

1	A 顾客编号	B 大类编码	C 大类名称	D 中类编码	E 中类名称	F 小类编码	G 小类名称	H 销售日期	I 销售月份	J 商品编码	K 规格型号	L 商品类	M 单位	N 销售数量	O 销售金额	P 商品单价
25	2550	10	肉禽	1004	鸡产品	100402	分割鸡件	20210322	202103	DW-1004020001		生鲜	千克	-0.5	-19	38
953	617	22	休闲	2210	果冻	221003	杯装果冻	20210325	202103	DW-2210030036	32g*6	一般商品	杯	-1	-5.9	5.9
1448	1078	23	酒饮	2307	乳饮料	230703	纯味酸乳饮	20210324	202103	DW-2307030003	125ml	一般商品	盒	-4	-8.8	2.2

图 3-23　销售数量为负值数据

(2) 分析负值出现的原因，并逐条处理出现负值的数据。出现负值有可能是数据出现错误，也有可能是因为退货所导致，如果是退货导致，则销售数据中必然有对应的买入数据。下面逐条进行分析。

将图 3-23 所示的数据复制后，创建新的工作表，作为备查数据。

查找第 25 行数据对应的买入数据。以顾客编号 2550、销售数量 0.5 为关键字进行筛选。在"0322-0328 销售数据"工作表中，首先按下【Ctrl+Shift+L】快捷键退出上一筛选状态，然后再按下【Ctrl+Shift+L】快捷键进入新的筛选状态，在顾客编号列中查找编号为"2550"的数据(如图 3-24 所示)，找到顾客编号为 2550 的购物信息，如图 3-25 所示。可以看到第 24 行数据和第 25 行数据除去销售数量和销售金额外其他信息相同，两条数据的销售金额和销售数量的和也分别刚好为 0，由此可以推断出顾客 2550 的购物数量为 -0.5 的这条购物记录是退货记录。

图 3-24　查找编号为 2550 的顾客信息

1	A 顾客编号	B 大类编码	C 大类名称	D 中类编码	E 中类名称	F 小类编码	G 小类名称	H 销售日期	I 销售月份	J 商品编码	K 规格型号	L 商品类	M 单位	N 销售数量	O 销售金额	P 商品单价
24	2550	10	肉禽	1004	鸡产品	100402	分割鸡件	20210322	202103	DW-1004020001	散称	生鲜	千克	0.5	19	38
25	2550	10	肉禽	1004	鸡产品	100402	分割鸡件	20210322	202103	DW-1004020001	散称	生鲜	千克	-0.5	-19	38
2505	2550	15	日配	1518	常温乳品	151803	利乐砖营养	20210328	202103	DW-1518030050	200g	一般商品	盒	2	11	5.5
2506	2550	15	日配	1517	常温肉制品	151701	蔬菜火腿肠	20210328	202103	DW-1517040005	50g*5	一般商品	袋	1	6.9	6.9
2507	2550	15	日配	1517	常温肉制品	151701	猪肉火腿肠	20210328	202103	DW-1517010074	38*10	一般商品	袋	1	10.7	10.7
2508	2550	15	日配	1516	冰品	151603	奶杯	20210328	202103	DW-1516030006	67g	一般商品	杯	1	3	3
2509	2550	15	日配	1510	冷冻水饺	151002	三鲜水饺	20210328	202103	DW-1510020015	720g	一般商品	袋	1	31.7	31.7
2510	2550	20	粮油	2004	即食制品	200401	粉丝米线	20210328	202103	DW-2004010055	100g	一般商品	袋	30	111	3.7
2511	2550	22	休闲	2201	饼干	220102	夹心	20210328	202103	DW-2201020058	130g	一般商品	袋	1	5.5	5.5
2512	2550	22	休闲	2201	饼干	220111	趣味/休闲	20210328	202103	DW-2201110017	49g	一般商品	盒	1	4.3	4.3
2513	2550	22	休闲	2209	巧克力	220901	威化巧克力	20210328	202103	DW-2209010043	90g	一般商品	盒	1	10	10
2514	2550	22	休闲	2207	糖果	220709	玩具糖	20210328	202103	DW-2207090035	12ml*2	一般商品	袋	1	4.5	4.5
2515	2550	22	休闲	2201	饼干	220111	趣味/休闲	20210328	202103	DW-2201110153	70g	一般商品	盒	1	5.7	5.7
2516	2550	22	休闲	2203	膨化点心	220302	袋装薯片	20210328	202103	DW-2203020009	40g	一般商品	袋	1	3.3	3.3
2517	2550	22	休闲	2201	饼干	220111	趣味/休闲	20210328	202103	DW-2201110287	42g	一般商品	袋	1	5.9	5.9
2518	2550	22	休闲	2203	膨化点心	220399	其他膨化点	20210328	202103	DW-2203990078	120g	一般商品	袋	1	3	3
2519	2550	23	酒饮	2309	啤酒	230905	进口黑啤	20210328	202103	DW-2309050028	500ml	联营商品	瓶	1	3	3
2520	2550	23	酒饮	2301	碳酸饮料	230199	苏打盐汽水	20210328	202103	DW-2301990019	300ml	一般商品	瓶	1	2	2
2521	2550	23	酒饮	2307	乳饮料	230701	果味乳饮	20210328	202103	DW-2307010012	1.5L	一般商品	包	1	11.7	11.7
2522	2550	23	酒饮	2306	运动饮料	230604	健康机能饮	20210328	202103	DW-2306040040	500ml	一般商品	瓶	1	4	4
2523	2550	23	酒饮	2304	茶饮料	230401	红茶	20210328	202103	DW-2304010002	500ml	一般商品	瓶	1	4	4
2524	2550	23	酒饮	2317	进口饮料	231705	进口乳饮料	20210328	202103	DW-2317050007	90ml*4	一般商品	板	1	8.9	8.9
2525	2550	30	洗化	3016	纸制品	301606	手帕纸	20210328	202103	DW-3016060052	10包	一般商品	条	1	6.7	6.7

图 3-25　2550 号顾客购物数据

针对退货记录，可以对图 3-25 中第 25 条记录不做处理，因为在进行销售数量和金额的统计时，销售数量和销售金额都会和对应的退货数据相抵消，不会对统计结果造成影响，但如果统计顾客购物次数等信息，就会造成较小的误差，所以本例选择将退货记录和对应的买货记录都删除掉。

选中第 24、25 两行数据，单击右键，选择【删除】，删除这两行数据。

使用相同的方法，查找到用户 617 和 1078 的购物数据分别如图 3-26、图 3-27 所示，删除图 3-26 中第 950、951 行数据，删除图 3-27 中第 1443、1444 行数据。

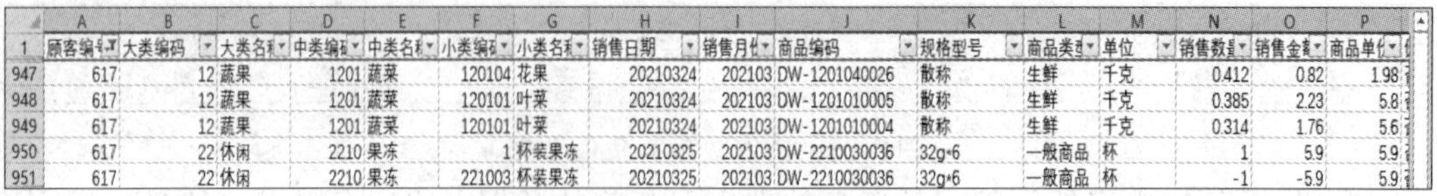

图 3-26   617 号顾客购物数据

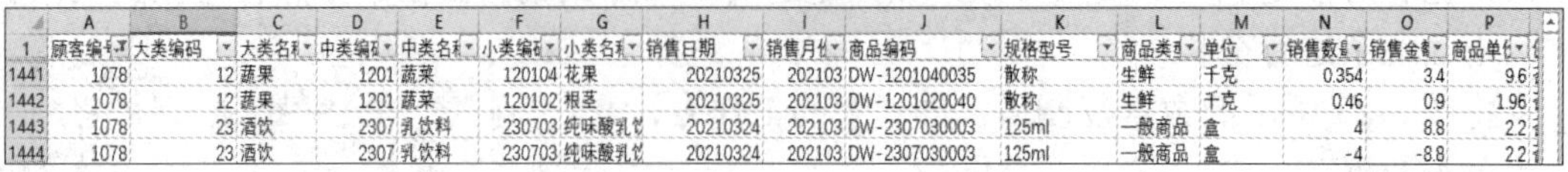

图 3-27   1078 号顾客购物数据

按下【Ctrl+Shift+L】快捷键退出上一筛选状态,再按下【Ctrl+Shift+L】快捷键进入新的筛选状态,此时,包括标题行在内共有 2575 行数据,查看"销售金额"列,发现已无负值数据。

2. 检查"销售数量""销售金额""商品单价""促销"几列数据之间的逻辑关系

如果应售金额=销售数量×商品单价,则应售金额和销售金额之间的关系及相应的数据情况和促销情况如表 3-1 所示。

表 3-1   应售金额、销售金额和促销的关系

可能的情况	数据是否正常	促销情况
应售金额=销售金额	正常	非促销
应售金额>销售金额	正常	促销
应售金额<销售金额	异常	

(1) 新增"应售金额"列。在"促销"列前新增一列,标题为"应售金额",在 Q2 单元格之中输入公式"=ROUND(N2*P2, 2)",使用快速填充法,完成 Q 列其他单元格数据的计算,完成后的数据如图 3-28 所示。

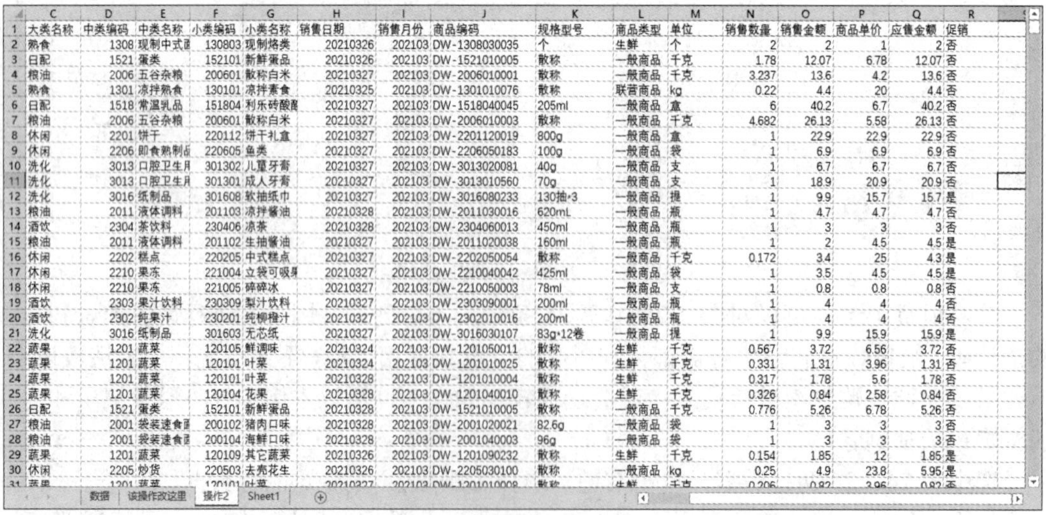

图 3-28   新增"应售金额"列

(2) 增加新列"应售金额-销售金额"。在"促销"列后面新增一列,标题为"应售金

额-销售金额”，在 S2 单元格中输入公式“=Q2-O2”，使用快速填充法，完成 S 列其他单元格数据的计算，完成后的数据如图 3-29 所示。

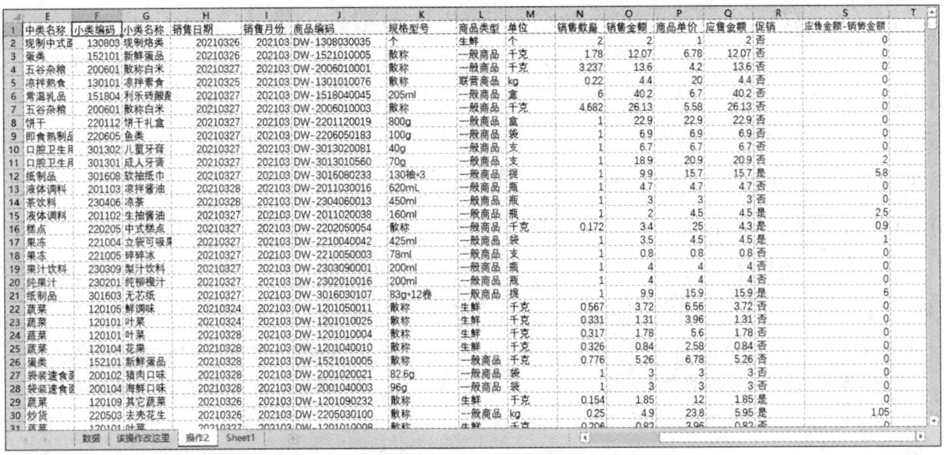

	中类名称	小类编码	小类名称	销售日期	销售月份	商品编码	规格型号	商品类型	单位	销售数量	销售金额	商品单价	应售金额	促销	应售金额-销售金额
2	现制中式面	130803	现制烙类	20210326	202103	DW-1308030035	个	生鲜	个	2	2	1	2	否	0
3	蛋类	152101	新鲜蛋品	20210326	202103	DW-1521010005	散称	一般商品	千克	1.78	12.07	6.78	12.07	否	0
4	五谷杂粮	200601	散称白米	20210327	202103	DW-2006010001	散称	一般商品	千克	3.237	13.6	4.2	13.6	否	0
5	凉拌熟食	130101	凉拌素食	20210325	202103	DW-1301010076	散称	联营商品	kg	0.22	4.4	20	4.4	否	0
6	常温乳品	151804	利乐砖酸奶	20210327	202103	DW-1518040045	205ml	一般商品	盒	6	40.2	6.7	40.2	否	0
7	五谷杂粮	200601	散称白米	20210327	202103	DW-2006010003	散称	一般商品	千克	4.682	26.13	5.58	26.13	否	0
8	饼干	220112	饼干礼盒	20210327	202103	DW-2201120019	800g	一般商品	盒	1	22.9	22.9	22.9	否	0
9	即食熟制品	220605	鱼类	20210327	202103	DW-2206050183	100g	一般商品	袋	1	6.9	6.9	6.9	否	0
10	口腔卫生用	301302	儿童牙膏	20210327	202103	DW-3013020081	40g	一般商品	支	1	6.7	6.7	6.7	否	0
11	口腔卫生用	301301	成人牙膏	20210327	202103	DW-3013010560	70g	一般商品	支	1	18.9	20.9	20.9	否	2
12	纸制品	301608	软抽纸巾	20210327	202103	DW-3016080233	130抽*3	一般商品	提	1	9.9	15.7	15.7	是	5.8
13	液体调料	201103	凉拌酱油	20210328	202103	DW-2011030016	620mL	一般商品	瓶	1	4.7	4.7	4.7	否	0
14	茶饮料	230406	凉茶	20210328	202103	DW-2304060013	450ml	一般商品	瓶	1	3	3	3	否	0
15	液体调料	201102	生抽酱油	20210327	202103	DW-2011020038	160ml	一般商品	瓶	1	2	4.5	4.5	是	2.5
16	糕点	220205	中式糕点	20210327	202103	DW-2202050054	散称	一般商品	千克	0.172	3.4	25	4.3	是	0.9
17	果冻	221004	立袋可吸果	20210327	202103	DW-2210040042	425ml	一般商品	袋	1	3.5	4.5	4.5	是	1
18	果冻	221005	碎碎冰	20210327	202103	DW-2210050003	78ml	一般商品	支	1	0.8	0.8	0.8	否	0
19	果汁饮料	230309	梨汁饮料	20210327	202103	DW-2303090001	200ml	一般商品	瓶	1	4	4	4	否	0
20	纯果汁	230201	纯柳橙汁	20210327	202103	DW-2302010016	200ml	一般商品	瓶	1	4	4	4	否	0
21	纸制品	301603	无芯纸	20210327	202103	DW-3016030107	83g*12卷	一般商品	提	1	9.9	15.9	15.9	是	6
22	蔬菜	120105	鲜调味	20210324	202103	DW-1201050011	散称	生鲜	千克	0.567	3.72	6.56	3.72	否	0
23	蔬菜	120101	叶菜	20210324	202103	DW-1201010025	散称	生鲜	千克	0.331	1.31	3.96	1.31	否	0
24	蔬菜	120101	叶菜	20210328	202103	DW-1201010004	散称	生鲜	千克	0.317	1.78	5.6	1.78	否	0
25	蔬菜	120104	花果	20210328	202103	DW-1201040010	散称	生鲜	千克	0.326	0.84	2.58	0.84	否	0
26	蛋类	152101	新鲜蛋品	20210328	202103	DW-1521010005	散称	一般商品	千克	0.776	5.26	6.78	5.26	否	0
27	袋装速食面	200102	猪肉口味	20210328	202103	DW-2001020021	82.6g	一般商品	袋	1	3	3	3	否	0
28	袋装速食面	200104	海鲜口味	20210328	202103	DW-2001040003	96g	一般商品	袋	1	3	3	3	否	0
29	蔬菜	120109	其它蔬菜	20210326	202103	DW-1201090232	散称	生鲜	千克	0.154	1.85	12	1.85	是	0
30	炒货	220503	去壳花生	20210326	202103	DW-2205030100	散称	一般商品	kg	0.25	4.9	23.8	5.95	是	1.05
31	蔬菜	120101	叶菜	20210327	202103	DW-1201010008	散称	生鲜	千克	0.206	0.82	3.96	0.82	否	0

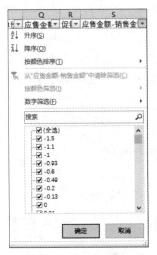

图 3-29　增加新列“应售金额-销售金额”

(3) 检查错误数据。如果“应售金额-销售金额”数据为负值，则不符合一般逻辑，这些数据应当被删除。按【Ctrl+Shift+L】快捷键进入筛选状态，单击“应售金额-销售金额”列后的下拉三角图标，下拉列表如图 3-30 所示，去掉其他列表项的选择，仅选择小于 0 的列表项(如图 3-31 所示)，单击【确定】按钮，得到所有应售金额<销售金额的数据，共 10 条，如图 3-32 所示。

图 3-30　检查错误数据

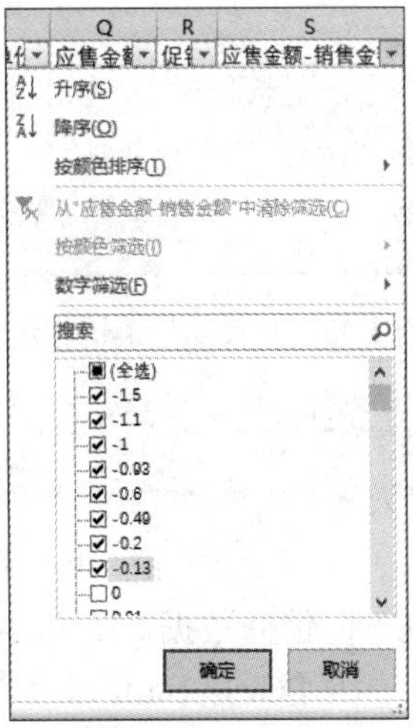

图 3-31　选择小于 0 的列表项

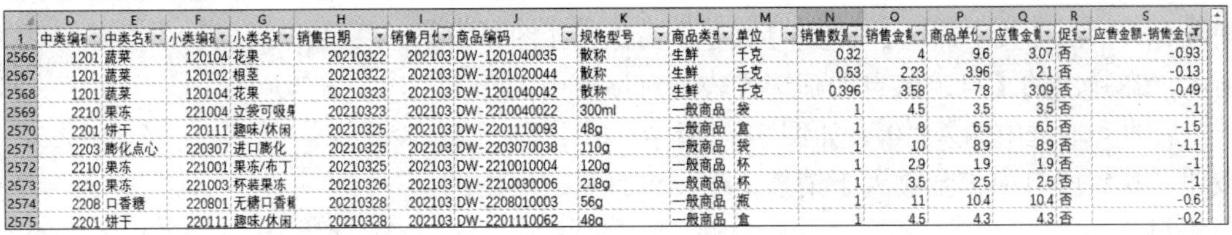

	中类编码	中类名称	小类编码	小类名称	销售日期	销售月份	商品编码	规格型号	商品类型	单位	销售数量	销售金额	商品单价	应售金额	促销	应售金额-销售金
2566	1201	蔬菜	120104	花果	20210322	202103	DW-1201040035	散称	生鲜	千克	0.32	4	9.6	3.07	否	-0.93
2567	1201	蔬菜	120102	根茎	20210322	202103	DW-1201020044	散称	生鲜	千克	0.53	2.23	3.96	2.1	否	-0.13
2568	1201	蔬菜	120104	花果	20210323	202103	DW-1201040042	散称	生鲜	千克	0.396	3.58	7.8	3.09	否	-0.49
2569	2210	果冻	221004	立袋可吸果	20210323	202103	DW-2210040022	300ml	一般商品	袋	1	4.5	3.5	3.5	否	-1
2570	2201	饼干	220111	趣味/休闲	20210325	202103	DW-2201110093	48g	一般商品	盒	1	8	6.5	6.5	否	-1.5
2571	2203	膨化点心	220307	进口膨化	20210325	202103	DW-2203070038	110g	一般商品	袋	1	10	8.9	8.9	否	-1.1
2572	2210	果冻	221001	果冻/布丁	20210325	202103	DW-2210010004	120g	一般商品	杯	1	2.9	1.9	1.9	否	-1
2573	2210	果冻	221003	杯装果冻	20210326	202103	DW-2210030006	218g	一般商品	杯	1	3.5	2.5	2.5	否	-1
2574	2208	口香糖	220801	无糖口香糖	20210328	202103	DW-2208010003	56g	一般商品	瓶	1	11	10.4	10.4	否	-0.6
2575	2201	饼干	220111	趣味/休闲	20210328	202103	DW-2201110062	48g	一般商品	盒	1	4.5	4.3	4.3	否	-0.2

图 3-32　应售金额<销售金额数据

(4) 删除应售金额−销售金额为负值的数据。当应售金额−销售金额为 0 时，说明商品没有被打折促销；当应售金额−销售金额＞0 时，说明商品被打折促销过；当应售金额−销售金额＜0 时是异常数据，需要删除。删除图 3-32 所示数据，按【Ctrl+Shift+L】快捷键退出筛选状态，此时，"0322-0328 销售数据"工作表包含标题行在内共有 2565 行数据。

(5) 查找非促销销售记录。按【Ctrl+Shift+L】快捷键进入筛选状态，单击"应售金额−销售金额"列后的下拉三角图标，去掉其他列表项的选择，仅选择 0 列表项(如图 3-33 所示)，单击【确定】按钮，找到所有没有促销的销售记录。

(6) 查找非促销销售记录中，促销项填错的记录。在上步操作的基础之上，单击"促销"列后的下拉三角图标，去掉其他列表项的选择，仅选择"是"列表项(如图 3-34 所示)，单击【确定】按钮，找到非促销但促销列填了"是"的销售记录，如图 3-35 所示。

图 3-33　查找非促销销售记录

图 3-34　选择促销为"是"的项

图 3-35　非促销但促销列数据填为"是"的记录

(7) 更改促销列数据。将图 3-35 所示数据促销列的值改为"否"。按【Ctrl+Shift+L】快捷键退出筛选状态。

(8) 查找促销销售记录。按【Ctrl+Shift+L】快捷键进入筛选状态，单击"应售金额−销售金额"列后的下拉三角图标，单击【数字筛选】，选择【大于】命令，如图 3-36 所示。在弹出的【自定义自动筛选方式】对话框中的"大于"后的文本框中输入"0"，如图 3-37 所示。单击【确定】按钮，找到所有应售金额大于销售金额，也就是有促销的销售记录。

(9) 查找促销销售记录中，促销项填错的记录。在上

图 3-36　设置筛选条件

步操作的基础之上，单击"促销"列后的下拉三角图标，去掉其他列表项的选择，仅选择"否"列表项，如图 3-38 所示。单击【确定】按钮，找到促销记录但促销列填了"否"的销售记录，共 1 条记录，如图 3-39 所示。

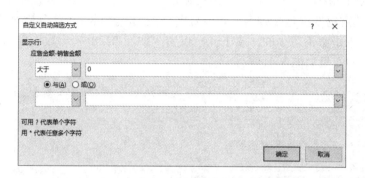

图 3-37　【自定义自动筛选方式】对话框

图 3-38　选择列表项为"否"的项

图 3-39　促销但促销列数据填为"否"的记录

更改促销列数据。将图 3-39 所示数据的促销列的值改为"是"。按【Ctrl+Shift+L】快捷键退出筛选状态，此时，"0322-0328 销售数据"包括标题行在内共有 2565 行数据，如图 3-40 所示。

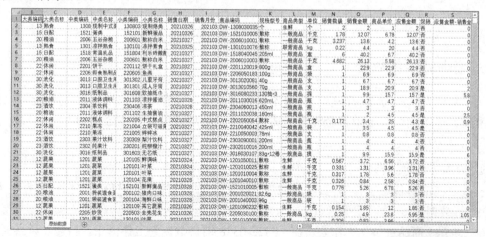

图 3-40　去除/修正逻辑错误的数据

3.2.5　删除无意义数据

当所有数据都格式规整和内容正确后，就可以删除

3-5　删除多余数据添加需要的数据

与后续数据分析无关的数据列，使得后续数据处理的速度更快。删除数据列的时候要非常谨慎，只删除确定不会用到的数据。

3.2.4 节创建的“应售金额-销售金额”列是为了辅助判断促销列的数据是否正确，判断数据有无逻辑错误，在后续分析中不会再被用到，所以直接将“应售金额-销售金额”列删除即可。

后续项目统计分析时，一方面会以商品类别、销售日期为分类标准对销售金额、销售数量、毛利润等进行统计，所以商品类别、销售日期、销售数量、销售金额等数据列是必不可少的；另一方面还会对顾客的购物数据包括顾客是否偏好购买促销商品进行统计分析，所以顾客编号、是否促销等信息也是必不可少的。鉴于此，保留“0322-0328 销售数据”工作表中的剩余数据列，完成后的效果如图 3-41 所示。

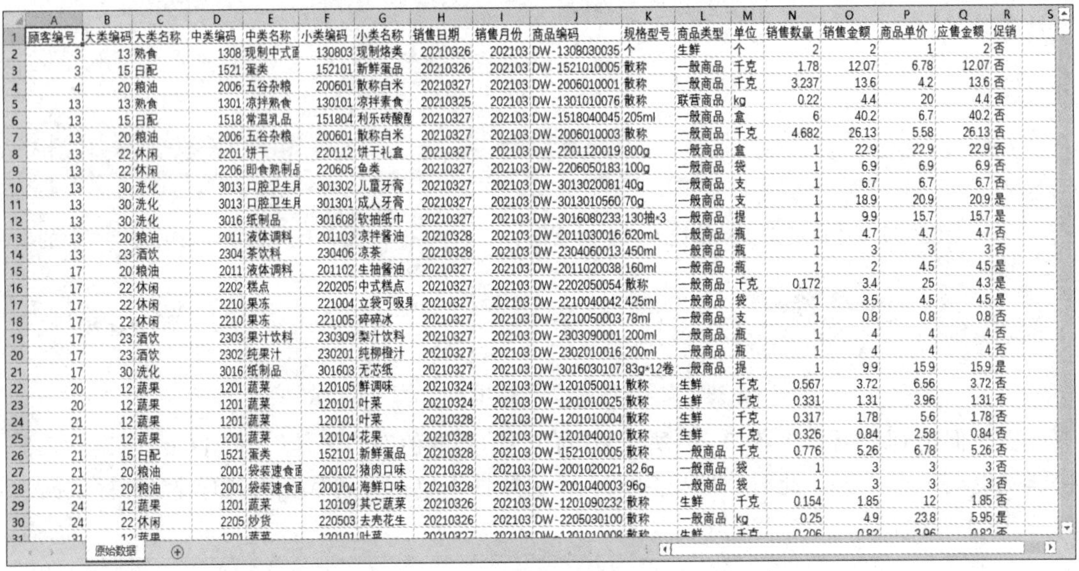

	A	B	C	D	E	F	G	H	I	J	K	L	M	N	O	P	Q	R
1	顾客编号	大类编码	大类名称	中类编码	中类名称	小类编码	小类名称	销售日期	销售月份	商品编码	规格型号	商品类型	单位	销售数量	销售金额	商品单价	应售金额	促销
2	3	13	熟食	1308	现制中式面	130803	现制烙类	20210326	202103	DW-1308030035	个	生鲜	个	2	2	1	2	否
3	3	15	日配	1521	蛋类	152101	新鲜蛋品	20210326	202103	DW-1521010005	散称	一般商品	千克	1.78	12.07	6.78	12.07	否
4	4	20	粮油	2006	五谷杂粮	200601	散称白米	20210327	202103	DW-2006010001	散称	一般商品	千克	3.237	13.6	4.2	13.6	否
5	13	13	熟食	1301	凉拌熟食	130101	凉拌素食	20210325	202103	DW-1301010076	散称	联营商品	kg	0.22	4.4	20	4.4	否
6	13	15	日配	1518	常温乳品	151804	利乐砖酸酪	20210327	202103	DW-1518040045	205ml	一般商品	盒	6	40.2	6.7	40.2	否
7	13	20	粮油	2006	五谷杂粮	200601	散称白米	20210327	202103	DW-2006010003	散称	一般商品	千克	4.682	26.13	5.58	26.13	否
8	13	22	休闲	2201	饼干	220112	饼干礼盒	20210327	202103	DW-2201120019	800g	一般商品	盒	1	22.9	22.9	22.9	否
9	13	22	休闲	2206	即食熟制品	220605	鱼类	20210327	202103	DW-2206050183	100g	一般商品	袋	1	6.9	6.9	6.9	否
10	13	30	洗化	3013	口腔卫生用	301302	儿童牙膏	20210327	202103	DW-3013020081	40g	一般商品	支	1	6.7	6.7	6.7	否
11	13	30	洗化	3013	口腔卫生用	301301	成人牙膏	20210327	202103	DW-3013010560	70g	一般商品	支	1	18.9	20.9	20.9	是
12	13	30	洗化	3016	纸制品	301608	软抽纸巾	20210327	202103	DW-3016080233	130抽×3	一般商品	提	1	9.9	15.7	15.7	是
13	13	20	粮油	2011	液体调料	201103	凉拌酱油	20210328	202103	DW-2011030016	620mL	一般商品	瓶	1	4.7	4.7	4.7	否
14	13	23	酒饮	2304	茶饮料	230406	凉茶	20210328	202103	DW-2304060013	450ml	一般商品	瓶	1	3	3	3	否
15	17	20	粮油	2011	液体调料	201102	生抽酱油	20210327	202103	DW-2011020038	160ml	一般商品	瓶	1	2	4.5	4.5	是
16	17	22	休闲	2202	糕点	220205	中式糕点	20210327	202103	DW-2202050054	散称	一般商品	千克	0.172	3.4	25	4.3	是
17	17	22	休闲	2210	果冻	221004	立袋可吸果	20210327	202103	DW-2210040042	425ml	一般商品	袋	1	3.5	4.5	4.5	是
18	17	22	休闲	2210	果冻	221005	碎碎冰	20210327	202103	DW-2210050003	78ml	一般商品	支	1	0.8	0.8	0.8	否
19	17	23	酒饮	2303	果汁饮料	230309	梨汁饮料	20210327	202103	DW-2303090001	200ml	一般商品	瓶	1	4	4	4	否
20	17	23	酒饮	2302	纯果汁	230201	纯柳橙汁	20210327	202103	DW-2302010016	200ml	一般商品	瓶	1	4	4	4	否
21	17	30	洗化	3016	纸制品	301603	无芯纸	20210327	202103	DW-3016030107	83g*12卷	一般商品	提	1	9.9	15.9	15.9	是
22	20	12	蔬果	1201	蔬菜	120105	鲜调味	20210324	202103	DW-1201050011	散称	生鲜	千克	0.567	3.72	6.56	3.72	否
23	20	12	蔬果	1201	蔬菜	120101	叶菜	20210324	202103	DW-1201010025	散称	生鲜	千克	0.331	1.31	3.96	1.31	否
24	21	12	蔬果	1201	蔬菜	120101	叶菜	20210328	202103	DW-1201010004	散称	生鲜	千克	0.317	1.78	5.6	1.78	否
25	21	12	蔬果	1201	蔬菜	120104	花果	20210328	202103	DW-1201040010	散称	生鲜	千克	0.326	0.84	2.58	0.84	否
26	21	15	日配	1521	蛋类	152101	新鲜蛋品	20210328	202103	DW-1521010005	散称	一般商品	千克	0.776	5.26	6.78	5.26	否
27	21	20	粮油	2001	袋装速食面	200102	猪肉口味	20210328	202103	DW-2001020021	82.6g	一般商品	袋	1	3	3	3	否
28	21	20	粮油	2001	袋装速食面	200104	海鲜口味	20210328	202103	DW-2001040003	96g	一般商品	袋	1	3	3	3	否
29	24	12	蔬果	1201	蔬菜	120109	其它蔬菜	20210326	202103	DW-1201090232	散称	生鲜	千克	0.154	1.85	12	1.85	否
30	24	22	休闲	2205	炒货	220503	去壳花生	20210326	202103	DW-2205030100	散称	一般商品	kg	0.25	4.9	23.8	5.95	是
31	31	12	蔬果	1201	蔬菜	120101	叶菜	20210327	202103	DW-1201010008	散称	生鲜	千克	0.206	0.82	3.96	0.82	否

图 3-41　删除无意义数据

3.2.6　添加需要的数据

为了后续分析的方便与高效，需要添加辅助字段。企业经营数据分析，需要分析营销的毛利润，而毛利润等于销售金额减去成本，所以增加进价、成本金额和毛利润三列，以便辅助后续分析。

1. 添加“进价”列

打开“商品进价”工作簿(如图 3-42 所示)，看到每种商品的进价，包括标题行在内共有 1081 行数据。

(1) 新建“商品进价”工作表。在“0322-0328 销售数据”工作簿中，新建“商品进价”工作表，将“商品进价”工作簿“Sheet1”工作表中的所有数据复制、粘贴到“0322-0328 销售数据”工作簿的“商品进价”工作表中。在“商品进价”工作表中，选中 G1:K1081 数据区域，单击右键，在弹出的快捷菜单中选择【定义名称】命令，弹出【新建名称】对话框，输入名称“商品进价”(如图 3-43 所示)，单击【确定】按钮即可。

	A	B	C	D	E	F	G	H	I	J	K
1	大类编码	大类名称	中类编码	中类名称	小类编码	小类名称	商品编码	规格型号	商品类型	单位	进价
2	10	肉禽	1001	猪肉	100101	鲜猪肉	DW-1001010191	散称	生鲜	千克	19.4
3	10	肉禽	1001	猪肉	100101	鲜猪肉	DW-1001010194	散称	生鲜	千克	19.4
4	10	肉禽	1001	猪肉	100101	鲜猪肉	DW-1001010195	散称	生鲜	千克	18.1
5	10	肉禽	1001	猪肉	100101	鲜猪肉	DW-1001010196	散称	生鲜	千克	18.1
6	10	肉禽	1001	猪肉	100101	鲜猪肉	DW-1001010204	散称	生鲜	千克	16.8
7	10	肉禽	1001	猪肉	100101	鲜猪肉	DW-1001010205	散称	生鲜	千克	12.9
8	10	肉禽	1001	猪肉	100102	猪下水	DW-1001020102	散称	生鲜	千克	16.3
9	10	肉禽	1001	猪肉	100102	猪下水	DW-1001020104	散称	生鲜	千克	20.2
10	10	肉禽	1001	猪肉	100102	猪下水	DW-1001020107	散称	生鲜	kg	26
11	10	肉禽	1001	猪肉	100102	猪下水	DW-1001020108	散称	生鲜	kg	41.6
12	10	肉禽	1001	猪肉	100103	猪肉丝馅片	DW-1001030041	散称	生鲜	千克	19.4
13	10	肉禽	1001	猪肉	100104	猪骨	DW-1001040125	散称	生鲜	千克	27.2
14	10	肉禽	1001	猪肉	100104	猪骨	DW-1001040129	散称	生鲜	千克	10.1
15	10	肉禽	1001	猪肉	100104	猪骨	DW-1001040131	散称	生鲜	千克	15.5
16	10	肉禽	1001	猪肉	100104	猪骨	DW-1001040132	散称	生鲜	千克	22.8
17	10	肉禽	1001	猪肉	100104	猪骨	DW-1001040134	散称	生鲜	千克	12.9
18	10	肉禽	1002	牛肉	100202	熟牛肉	DW-1002020061	散称	生鲜	千克	52
19	10	肉禽	1002	牛肉	100203	牛下水	DW-1002030010	散称	生鲜	千克	28.6
20	10	肉禽	1004	鸡产品	100402	分割鸡件	DW-1004020001	散称	生鲜	千克	23.3
21	10	肉禽	1004	鸡产品	100402	分割鸡件	DW-1004020002	散称	生鲜	千克	12.4
22	10	肉禽	1004	鸡产品	100402	分割鸡件	DW-1004020003	散称	生鲜	千克	11.4
23	10	肉禽	1004	鸡产品	100402	分割鸡件	DW-1004020004	散称	生鲜	千克	11.4
24	10	肉禽	1004	鸡产品	100402	分割鸡件	DW-1004020007	散称	生鲜	千克	16.6
25	10	肉禽	1004	鸡产品	100404	调味鸡肉	DW-1004040019	散称	生鲜	Kg	12.7
26	10	肉禽	1005	鸭产品	100502	分割鸭件	DW-1005020002	散称	生鲜	千克	7.7
27	10	肉禽	1005	鸭产品	100504	加工鸭肉	DW-1005040006	散称	生鲜	Kg	15
28	12	蔬果	1201	蔬菜	120101	叶菜	DW-1201010001	散称	生鲜	千克	3
29	12	蔬果	1201	蔬菜	120101	叶菜	DW-1201010004	散称	生鲜	千克	3
30	12	蔬果	1201	蔬菜	120101	叶菜	DW-1201010005	散称	生鲜	千克	3.2

图 3-42　商品进价

	A	B	C	D	E	F	G	H	I	J	K
1	大类编码	大类名称	中类编码	中类名称	小类编码	小类名称	商品编码	规格型号	商品类型	单位	进价
2	10	肉禽	1001	猪肉	100101	鲜猪肉	DW-1001010191	散称	生鲜	千克	19.4
3	10	肉禽	1001	猪肉	100101	鲜猪肉	DW-1001010194	散称	生鲜	千克	19.4
4	10	肉禽	1001	猪肉	100101	鲜猪肉	DW-1001010195	散称	生鲜	千克	18.1
5	10	肉禽	1001	猪肉	100101	鲜猪肉	DW-1001010196	散称	生鲜	千克	18.1
6	10	肉禽	1001	猪肉	100101	鲜猪肉	DW-1001010204	散称	生鲜	千克	16.8
7	10	肉禽	1001	猪肉	100101	鲜猪肉	DW-1001010205	散称	生鲜	千克	12.9
8	10	肉禽	1001	猪肉	100102	猪下水	DW-1001020102	散称	生鲜	千克	16.3
9	10	肉禽	1001	猪肉	100102	猪下水	DW-1001020104	散称	生鲜	千克	20.2
10	10	肉禽	1001	猪肉	100102	猪下水	DW-1001020107	散称	生鲜	kg	26
11	10	肉禽	1001	猪肉	100102	猪下水	DW-1001020108				41.6
12	10	肉禽	1001	猪肉	100103	猪肉丝馅片	DW-1001				19.4
13	10	肉禽	1001	猪肉	100104	猪骨	DW-1001				27.2
14	10	肉禽	1001	猪肉	100104	猪骨	DW-1001				10.1
15	10	肉禽	1001	猪肉	100104	猪骨	DW-1001				15.5
16	10	肉禽	1001	猪肉	100104	猪骨	DW-1001				22.8
17	10	肉禽	1001	猪肉	100104	猪骨	DW-1001				12.9
18	10	肉禽	1002	牛肉	100202	熟牛肉	DW-1002				52
19	10	肉禽	1002	牛肉	100203	牛下水	DW-1002				28.6
20	10	肉禽	1004	鸡产品	100402	分割鸡件	DW-1004				23.3
21	10	肉禽	1004	鸡产品	100402	分割鸡件	DW-1004				12.4
22	10	肉禽	1004	鸡产品	100402	分割鸡件	DW-1004				11.4
23	10	肉禽	1004	鸡产品	100402	分割鸡件	DW-1004020004	散称	生鲜	千克	11.4
24	10	肉禽	1004	鸡产品	100402	分割鸡件	DW-1004020007	散称	生鲜	千克	16.6
25	10	肉禽	1004	鸡产品	100404	调味鸡肉	DW-1004040019	散称	生鲜	Kg	12.7
26	10	肉禽	1005	鸭产品	100502	分割鸭件	DW-1005020002	散称	生鲜	千克	7.7
27	10	肉禽	1005	鸭产品	100504	加工鸭肉	DW-1005040006	散称	生鲜	Kg	15
28	12	蔬果	1201	蔬菜	120101	叶菜	DW-1201010001	散称	生鲜	千克	3
29	12	蔬果	1201	蔬菜	120101	叶菜	DW-1201010004	散称	生鲜	千克	3
30	12	蔬果	1201	蔬菜	120101	叶菜	DW-1201010005	散称	生鲜	千克	3.2

新建名称对话框：
名称(N)：商品进价
范围(S)：工作簿
备注(O)：
引用位置(R)：=商品进价!$G$1:$K$1081
确定　取消

图 3-43　新建名称

（2）新建"进价"列，选择 VLOOKUP 函数。打开"0322-0328 销售数据"工作表，在"应售金额"前插入一个新列，设置标题为"进价"，单击选中 Q2 单元格，在【公式】

选项卡的【函数库】命令组中单击【插入函数】按钮，弹出【插入函数】对话框，在类别之中选择【查找与引用】，在选择函数中选择【VLOOKUP】(如图 3-44 所示)，单击【确定】按钮，弹出【函数参数】对话框。

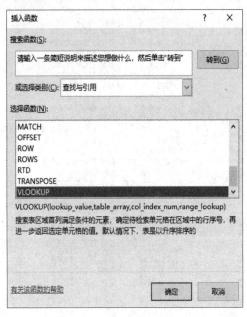

图 3-44　选择 VLOOKUP 函数

(3) 使用 VLOOKUP 函数查找商品编码为 DW-1308030035 的进价。在第 1 个参数 Lookup_value 之后输入 J2，表明使用商品编码来找对应的商品进价；在第 2 个参数 Table_array 中输入"商品进价"，表明在刚才自定义的名称为"商品进价"的区域内进行查找；在 Col_index_num 中输入 5，表明在自定义区域"商品进价"的第 5 列来查找进价；在 Range_lookup 后输入 FALSE，表明查找时精确匹配(如图 3-45 所示)，单击【确定】按钮，看到 Q2 单元格中查到了该商品的进价为 0.4。

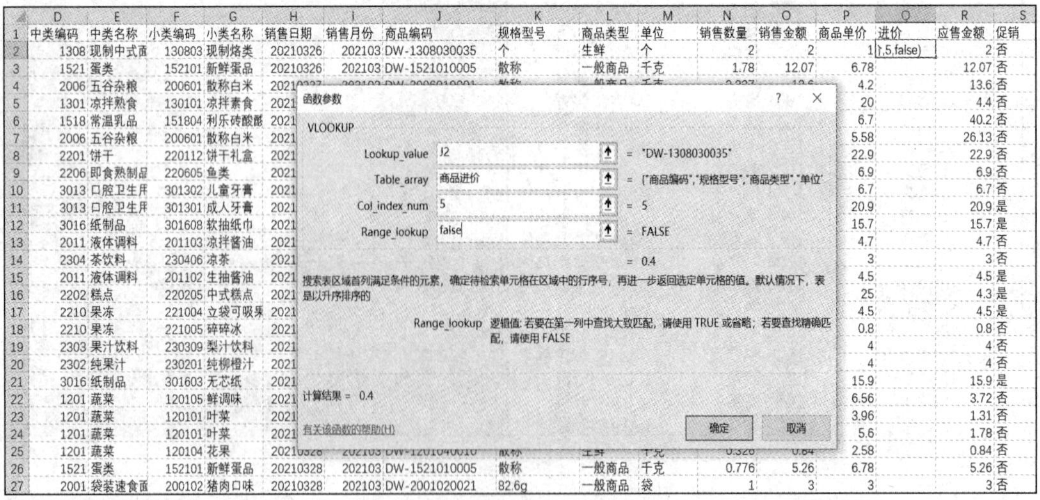

图 3-45　VLOOKUP 参数设置

(4) 查找其他商品进价。单击选中 Q2 单元格，鼠标放到单元格右下角的绿色小方块上，当鼠标变成黑色十字时，双击鼠标即可完成其他商品的进价查找，效果如图 3-46 所示。

	D	E	F	G	H	I	J	K	L	M	N	O	P	Q	R	S
1	中类编码	中类名称	小类编码	小类名称	销售日期	销售月份	商品编码	规格型号	商品类型	单位	销售数量	销售金额	商品单价	进价	应售金额	促销
2	1308	现制中式面	130803	现制烧卖	20210326	202103	DW-1308030035		生鲜	个	1			0.4	2	否
3	1521	蛋类	152101	新鲜蛋品	20210326	202103	DW-1521010005	散称	一般商品	千克	1.78	12.07	6.78	2.7	12.07	否
4	2006	五谷杂粮	200601	散称白米	20210327	202103	DW-2006010001	散称	一般商品	千克	3.237	13.6	4.2	3.2	13.6	否
5	1301	凉拌熟食	130101	凉拌素食	20210325	202103	DW-1301010076	散称	联营商品	kg	0.22	4.4	20	8	4.4	否
6	1518	常温乳品	151804	利乐砖酸酸	20210327	202103	DW-1518040045	205ml	一般商品	盒	6	40.2	6.7	2.7	40.2	否
7	2006	五谷杂粮	200601	散称白米	20210327	202103	DW-2006010003	散称	一般商品	千克	4.682	26.13	5.58	4.2	26.13	否
8	2201	饼干	220112	饼干礼盒	20210327	202103	DW-2201120019	800g	一般商品	盒	1	22.9	22.9	11.5	22.9	否
9	2206	即食熟制品	220605	鱼类	20210327	202103	DW-2206050043	100g	一般商品	袋	1	6.9	6.9	3.5	6.9	否
10	3013	口腔卫生用	301302	儿童牙膏	20210327	202103	DW-3013020081	40g	一般商品	支	1	6.7	6.7	3.7	6.7	否
11	3013	口腔卫生用	301301	成人牙膏	20210327	202103	DW-3013010560	70g	一般商品	支	1	18.9	20.9	11.5	20.9	是
12	3016	纸制品	301608	软抽纸巾	20210327	202103	DW-3016080233	130抽*3	一般商品	提	1	9.9	15.7	8.6	15.7	是
13	2011	液体调料	201103	凉拌酱油	20210328	202103	DW-2011030016	620ml	一般商品	瓶	1	4.7	4.7	3.5	4.7	否
14	2304	茶饮料	230406	凉茶	20210327	202103	DW-2304060013	450ml	一般商品	瓶	1	3	3	1.2	3	否
15	2011	液体调料	201102	生抽酱油	20210327	202103	DW-2011020038	160ml	一般商品	瓶	1	4.5	4.5	3.4	4.5	是
16	2202	糕点	220205	中式糕点	20210327	202103	DW-2202050054	散称	一般商品	千克	0.172	3.4	25	12.5	4.3	是
17	2210	果冻	221004	立袋可吸果	20210327	202103	DW-2210040042	425ml	一般商品	袋	1	3.5	4.5	2.3	4.5	否
18	2210	果冻	221005	碎碎冰	20210327	202103	DW-2210050003	78ml	一般商品	支	1	0.8	0.8	0.4	0.8	否
19	2303	果汁饮料	230309	梨汁饮料	20210328	202103	DW-2303090001	200ml	一般商品	瓶	1	4	4	1.6	4	否
20	2302	纯果汁	230204	橙汁橙汁	20210328	202103	DW-2302010016	200ml	一般商品	瓶	1	4	4	1.6	4	否
21	3016	纸制品	301603	无芯纸	20210327	202103	DW-3016030107	83g*12卷	一般商品	提	1	9.9	15.9	8.7	15.9	是
22	1201	蔬菜	120105	鲜调味	20210324	202103	DW-1201050011	散称	生鲜	千克	0.567	3.72	6.56	3.6	3.72	否
23	1201	蔬菜	120101	叶菜	20210324	202103	DW-1201010025	散称	生鲜	千克	0.331	1.31	3.96	2.2	1.31	否
24	1201	蔬菜	120101	叶菜	20210328	202103	DW-1201010004	散称	生鲜	千克	0.317	1.78	5.6	3.4	1.78	否
25	1201	蔬菜	120104	花果	20210324	202103	DW-1201040010	散称	生鲜	千克	0.326	0.84	2.58	1.4	0.84	否
26	1521	蛋类	152101	新鲜蛋品	20210328	202103	DW-1521010005	散称	一般商品	千克	0.776	5.26	6.78	2.7	5.26	否
27	2001	袋装速食首	200102	猪肉口味	20210328	202103	DW-2001020021	82.6g	一般商品	袋	1	3	3	2.3	3	否

图 3-46　查询商品进价

❖ **小知识——VLOOKUP 函数**

函数定义：VLOOKUP(lookup_value, able_array, col_index_num, [range_lookup])。

函数功能：VLOOKUP 函数的实质就是在 table_array 区域，通过 lookup_value 去找目标值，这个值来源于第 col_index_num 列，使用 range_lookup 匹配方法。其参数说明如下：

3-6　进货单数据处理

参数名称	参数含义	常见取值	关键点
lookup_value	查找关键字	单元格地址	
table_array	查找区域	区域	查找的关键字必须在这个区域的第一列
col_index_num	要查找的列	大于1的整数	目标内容在区域的这个列
range_lookup	匹配方式	FALSE(精确匹配)	

本例中，在自定义的"商品进价"区域，使用商品编码 DW-1518010018，查找对应的进价 1.2。首先定义查找区域"商品进价"，这个区域必须包括商品编码和进价，且商品编码必须在区域的第一列，所以"商品进价"对应区域为"商品进价"工作表 G1:K1081。接着在 VLOOKUP 函数的参数设置中，Lookup_value(查找关键字)是 J2 即 DW-1518010018，Table_array(查找区域)是区域"商品进价"即"商品进价"工作表 G1:K1081 区域，Col_index_num(要查找的列)查找的进价列在自定义的"商品进价"区域的第 5 列，所以这里的取值为 5；最后，Range_lookup(匹配方式)表示在"商品进价"区域的第一列查找 J2(DW-1518010018)时，必须精确匹配。

2. 添加"成本金额"列

在"促销"列后，插入"成本金额"列。在 T1 单元格中，输入"成本金额"，因为成本金额＝进价×销售数量，所以在 T2 单元格中输入公式"=ROUND(N2*Q2,2)"，可以得到

T2 单元格的成本金额为 28.8。使用快速填充方法，计算其他销售数据的成本金额，完成后的效果如图 3-47 所示。

	F	G	H	I	J	K	L	M	N	O	P	Q	R	S	T
1	小类编码	小类名称	销售日期	销售月份	商品编码	规格型号	商品类型	单位	销售数量	销售金额	商品单价	进价	应售金额	促销	成本金额
2	130803	现制烤类	20210326	202103	DW-1308030035	个	生鲜	个	2	2	1	0.4	2	否	0.8
3	152101	新鲜蛋品	20210326	202103	DW-1521010005	散称	一般商品	千克	1.78	12.07	6.78	2.7	12.07	否	4.81
4	200601	散称白米	20210327	202103	DW-2006010001	散称	一般商品	千克	3.237	13.6	4.2	3.2	13.6	否	10.36
5	130101	凉拌素食	20210325	202103	DW-1301010076	联营商品	kg	0.22	4.4	20	8	4.4	否	1.76
6	151804	利乐砖酸醇	20210327	202103	DW-1518040045	205ml	一般商品	盒	6	40.2	6.7	2.7	40.2	否	16.2
7	200601	散称白米	20210327	202103	DW-2006010003	散称	一般商品	千克	4.682	26.13	5.58	4.2	26.13	否	19.66
8	220112	饼干礼盒	20210327	202103	DW-2201120019	800g	一般商品	盒	1	22.9	22.9	11.5	22.9	否	11.5
9	220605	鱼类	20210327	202103	DW-2206050183	100g	一般商品	袋	1	6.9	6.9	3.5	6.9	否	3.5
10	301302	儿童牙膏	20210327	202103	DW-3013020081	40g	一般商品	支	1	6.7	6.7	3.7	6.7	否	3.7
11	301301	成人牙膏	20210327	202103	DW-3013010560	70g	一般商品	支	1	18.9	20.9	11.5	20.9	是	11.5
12	301608	软抽纸巾	20210327	202103	DW-3016080233	130抽*3	一般商品	提	1	9.9	15.7	8.6	15.7	是	8.6
13	201103	凉拌酱油	20210328	202103	DW-2011030016	620mL	一般商品	瓶	1	4.7	4.7	3.5	4.7	否	3.5
14	230406	凉茶	20210328	202103	DW-2304060013	450ml	一般商品	瓶	1	3	3	1.2	3	否	1.2
15	201102	生抽酱油	20210328	202103	DW-2011020038	160ml	一般商品	瓶	1	2	4.5	3.4	4.5	是	3.4
16	220205	中式糕点	20210328	202103	DW-2202050054	散称	一般商品	千克	0.172	3.4	25	12.5	4.3	是	2.15
17	221004	立袋可吸果	20210327	202103	DW-2210040042	425ml	一般商品	袋	1	3.5	4.5	2.3	4.5	是	2.3
18	221005	碎碎冰	20210327	202103	DW-2210050003	78ml	一般商品	支	1	0.8	0.8	0.4	0.8	否	0.4
19	230309	梨汁饮料	20210327	202103	DW-2303090001	200ml	一般商品	瓶	1	4	4	1.6	4	否	1.6
20	230201	纯柳橙汁	20210327	202103	DW-2302010016	200ml	一般商品	瓶	1	4	4	1.6	4	否	1.6
21	301603	无芯纸	20210328	202103	DW-3016030107	83g*12卷	一般商品	提	1	9.9	15.9	8.7	15.9	是	8.7
22	120105	鲜调味	20210324	202103	DW-1201050011	散称	生鲜	千克	0.567	3.72	6.56	3.6	3.72	否	2.04
23	120101	叶菜	20210324	202103	DW-1201010025	散称	生鲜	千克	0.331	1.31	3.96	2.2	1.31	否	0.73
24	120101	叶菜	20210328	202103	DW-1201010004	散称	生鲜	千克	0.317	1.78	5.6	3	1.78	否	0.95
25	120104	花果	20210328	202103	DW-1201040010	散称	生鲜	千克	0.326	0.84	2.58	1.4	0.84	否	0.46
26	152101	新鲜蛋品	20210328	202103	DW-1521010005	散称	一般商品	千克	0.776	5.26	6.78	2.7	5.26	否	2.1

图 3-47　添加"成本金额"列

3. 添加"毛利润"列

在"成本金额"列后，插入"毛利润"列。在 U1 单元格中，输入"毛利润"，因为毛利润=销售金额-成本金额，所以在 U2 单元格中输入公式"=O2-T2"，可以得到 U2 单元格的毛利润为 1.2。使用快速填充方法，计算其他销售数据的毛利润，完成后的效果如图 3-48 所示。

	F	G	H	I	J	K	L	M	N	O	P	Q	R	S	T	U
1	小类编码	小类名称	销售日期	销售月份	商品编码	规格型号	商品类型	单位	销售数量	销售金额	商品单价	进价	应售金额	促销	成本金额	毛利润
2	130803	现制烤类	20210326	202103	DW-1308030035	个	生鲜	个	2	2	1	0.4	2	否	0.8	1.2
3	152101	新鲜蛋品	20210326	202103	DW-1521010005	散称	一般商品	千克	1.78	12.07	6.78	2.7	12.07	否	4.81	7.26
4	200601	散称白米	20210327	202103	DW-2006010001	散称	一般商品	千克	3.237	13.6	4.2	3.2	13.6	否	10.36	3.24
5	130101	凉拌素食	20210325	202103	DW-1301010076	联营商品	kg	0.22	4.4	20	8	4.4	否	1.76	2.64
6	151804	利乐砖酸醇	20210327	202103	DW-1518040045	205ml	一般商品	盒	6	40.2	6.7	2.7	40.2	否	16.2	24
7	200601	散称白米	20210327	202103	DW-2006010003	散称	一般商品	千克	4.682	26.13	5.58	4.2	26.13	否	19.66	6.47
8	220112	饼干礼盒	20210327	202103	DW-2201120019	800g	一般商品	盒	1	22.9	22.9	11.5	22.9	否	11.5	11.4
9	220605	鱼类	20210327	202103	DW-2206050183	100g	一般商品	袋	1	6.9	6.9	3.5	6.9	否	3.5	3.4
10	301302	儿童牙膏	20210327	202103	DW-3013020081	40g	一般商品	支	1	6.7	6.7	3.7	6.7	否	3.7	3
11	301301	成人牙膏	20210327	202103	DW-3013010560	70g	一般商品	支	1	18.9	20.9	11.5	20.9	是	11.5	7.4
12	301608	软抽纸巾	20210327	202103	DW-3016080233	130抽*3	一般商品	提	1	9.9	15.7	8.6	15.7	是	8.6	1.3
13	201103	凉拌酱油	20210328	202103	DW-2011030016	620mL	一般商品	瓶	1	4.7	4.7	3.5	4.7	否	3.5	1.2
14	230406	凉茶	20210328	202103	DW-2304060013	450ml	一般商品	瓶	1	3	3	1.2	3	否	1.2	1.8
15	201102	生抽酱油	20210328	202103	DW-2011020038	160ml	一般商品	瓶	1	2	4.5	3.4	4.5	是	3.4	-1.4
16	220205	中式糕点	20210328	202103	DW-2202050054	散称	一般商品	千克	0.172	3.4	25	12.5	4.3	是	2.15	1.25
17	221004	立袋可吸果	20210327	202103	DW-2210040042	425ml	一般商品	袋	1	3.5	4.5	2.3	4.5	是	2.3	1.2
18	221005	碎碎冰	20210327	202103	DW-2210050003	78ml	一般商品	支	1	0.8	0.8	0.4	0.8	否	0.4	0.4
19	230309	梨汁饮料	20210327	202103	DW-2303090001	200ml	一般商品	瓶	1	4	4	1.6	4	否	1.6	2.4
20	230201	纯柳橙汁	20210327	202103	DW-2302010016	200ml	一般商品	瓶	1	4	4	1.6	4	否	1.6	2.4
21	301603	无芯纸	20210328	202103	DW-3016030107	83g*12卷	一般商品	提	1	9.9	15.9	8.7	15.9	是	8.7	1.2
22	120105	鲜调味	20210324	202103	DW-1201050011	散称	生鲜	千克	0.567	3.72	6.56	3.6	3.72	否	2.04	1.68
23	120101	叶菜	20210324	202103	DW-1201010025	散称	生鲜	千克	0.331	1.31	3.96	2.2	1.31	否	0.73	0.58
24	120101	叶菜	20210328	202103	DW-1201010004	散称	生鲜	千克	0.317	1.78	5.6	3	1.78	否	0.95	0.83
25	120104	花果	20210328	202103	DW-1201040010	散称	生鲜	千克	0.326	0.84	2.58	1.4	0.84	否	0.46	0.38
26	152101	新鲜蛋品	20210328	202103	DW-1521010005	散称	一般商品	千克	0.776	5.26	6.78	2.7	5.26	否	2.1	3.16
27	200102	猪肉口味	20210328	202103	DW-2001020021	82.6g	一般商品	袋	1	3	3	2.3	3	否	2.3	0.7

图 3-48　添加"毛利润"列

最后，将"原始数据"工作表重命名为"0322-0328 销售数据"，将"0322-0328 原始销售数据.xlsx"重命名为"0322-0328 销售数据.xlsx"。

注意：如果检查毛利润列的数据，发现毛利润列中有 37 条数据是负值，且这些商品都是促销类商品，这是符合实际情况的，超市有时候会亏本出售少量商品。

拓展延伸：进货单数据处理

"和美家"超市员工于 3 月 25 日早上新进了一批货，但是进货单填写得不规范，首先需要将填写不规范的进货单规范化，然后比较出"是否付款"和"是否收货"两列数据的差异，以便及时付款或跟进批发商发货，最后生成一个简约版的进货单提交给经理查看。

使用 Excel 查找和定位功能组中的定位条件可以实现本任务，分为以下几个步骤：

(1) 取消合并单元格，填充空白单元格。

(2) 删除空白行。

(3) 对比两列数据，标记出内容不同的单元格。

(4) 隐藏列，仅复制可见列的数据。

1. 取消合并单元格，填充空白单元格

(1) 取消单元格合并。打开"0325 进货单"工作簿，选中 A2:A16 数据区域，单击【开始】选项卡下【对齐方式】命令组中【合并后居中】图标 合并后居中 ▾ 后的下拉三角图标，选择【取消单元格合并】命令。

(2) 按【Ctrl+G】组合键，弹出【定位】对话框，单击【定位条件】按钮，弹出【定位条件】对话框，选择【空值】，单击【确定】按钮。可见 A 列中的空数据单元格被选中，在编辑栏输入公式"=A2"，如图 3-49 所示。

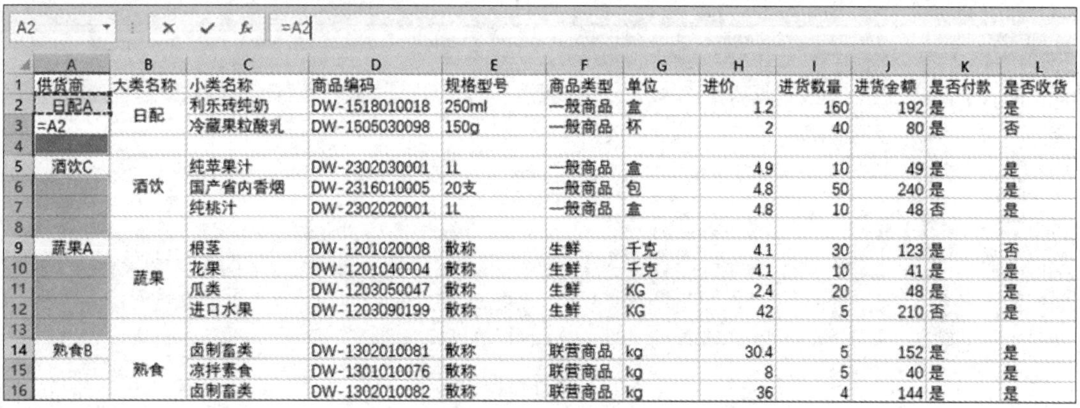

图 3-49　输入公式

按【Ctrl+Enter】组合键，完成了 A2:A16 单元格中空白单元格的填充，如图 3-50 所示。

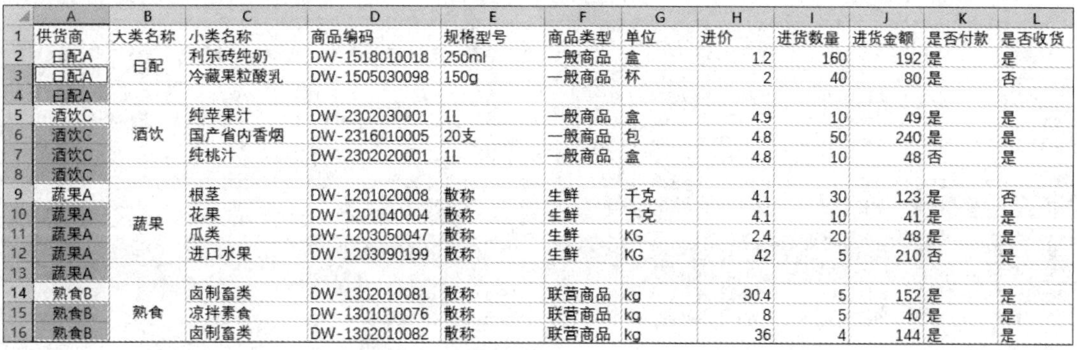

图 3-50　填充 A2:A16 中空白单元格

使用同样的方法完成 B2:B16 单元格的取消合并单元格和单元格内容填充，完成后的效果如图 3-51 所示。

	A	B	C	D	E	F	G	H	I	J	K	L
1	供货商	大类名称	小类名称	商品编码	规格型号	商品类型	单位	进价	进货数量	进货金额	是否付款	是否收货
2	日配A	日配	利乐砖纯奶	DW-1518010018	250ml	一般商品	盒	1.2	160	192	是	是
3	日配A	日配	冷藏果粒酸乳	DW-1505030098	150g	一般商品	杯	2	40	80	是	否
4	日配C	日配										
5	酒饮C	酒饮	纯苹果汁	DW-2302030001	1L	一般商品	盒	4.9	10	49	是	是
6	酒饮C	酒饮	国产省内香烟	DW-2316010005	20支	一般商品	包	4.8	50	240	是	是
7	酒饮C	酒饮	纯桃汁	DW-2302020001	1L	一般商品	盒	4.8	10	48	否	是
8	酒饮C	酒饮										
9	蔬果A	蔬果	根茎	DW-1201020008	散称	生鲜	千克	4.1	30	123	是	否
10	蔬果A	蔬果	花果	DW-1201040004	散称	生鲜	千克	4.1	10	41	是	是
11	蔬果A	蔬果	瓜类	DW-1203050047	散称	生鲜	KG	2.4	20	48	是	是
12	蔬果A	蔬果	进口水果	DW-1203090199	散称	生鲜	KG	42	5	210	否	是
13	蔬果A	蔬果										
14	熟食B	熟食	卤制畜类	DW-1302010081	散称	联营商品	kg	30.4	5	152	是	是
15	熟食B	熟食	凉拌素食	DW-1301010076	散称	联营商品	kg	8	5	40	是	是
16	熟食B	熟食	卤制畜类	DW-1302010082	散称	联营商品	kg	36	4	144	是	是

图 3-51　填充 B2:B16 中空白单元格

2. 删除空白行

(1) 选择空白单元格。单击选中数据区域任意单元格，按【Ctrl+G】组合键，弹出【定位】对话框，单击【定位条件】按钮，弹出【定位条件】对话框，选择【空值】，单击【确定】按钮，此时所有空白单元格被选中，如图 3-52 所示。

	A	B	C	D	E	F	G	H	I	J	K	L
1	供货商	大类名称	小类名称	商品编码	规格型号	商品类型	单位	进价	进货数量	进货金额	是否付款	是否收货
2	日配A	日配	利乐砖纯奶	DW-1518010018	250ml	一般商品	盒	1.2	160	192	是	是
3	日配A	日配	冷藏果粒酸乳	DW-1505030098	150g	一般商品	杯	2	40	80	是	否
4	日配C	日配										
5	酒饮C	酒饮	纯苹果汁	DW-2302030001	1L	一般商品	盒	4.9	10	49	是	是
6	酒饮C	酒饮	国产省内香烟	DW-2316010005	20支	一般商品	包	4.8	50	240	是	是
7	酒饮C	酒饮	纯桃汁	DW-2302020001	1L	一般商品	盒	4.8	10	48	否	是
8	酒饮C	酒饮										
9	蔬果A	蔬果	根茎	DW-1201020008	散称	生鲜	千克	4.1	30	123	是	否
10	蔬果A	蔬果	花果	DW-1201040004	散称	生鲜	千克	4.1	10	41	是	是
11	蔬果A	蔬果	瓜类	DW-1203050047	散称	生鲜	KG	2.4	20	48	是	是
12	蔬果A	蔬果	进口水果	DW-1203090199	散称	生鲜	KG	42	5	210	否	是
13	蔬果A	蔬果										
14	熟食B	熟食	卤制畜类	DW-1302010081	散称	联营商品	kg	30.4	5	152	是	是
15	熟食B	熟食	凉拌素食	DW-1301010076	散称	联营商品	kg	8	5	40	是	是
16	熟食B	熟食	卤制畜类	DW-1302010082	散称	联营商品	kg	36	4	144	是	是

图 3-52　选择空白单元格

(2) 删除无意义的行。右键单击任意空白单元格，在弹出的快捷菜单中选择【删除】，弹出【删除】对话框，选择【整行】，单击【确定】按钮，所有无意义的行被删除，完成后的效果如图 3-53 所示。

	A	B	C	D	E	F	G	H	I	J	K	L
1	供货商	大类名称	小类名称	商品编码	规格型号	商品类型	单位	进价	进货数量	进货金额	是否付款	是否收货
2	日配A	日配	利乐砖纯奶	DW-1518010018	250ml	一般商品	盒	1.2	160	192	是	是
3	日配A	日配	冷藏果粒酸乳	DW-1505030098	150g	一般商品	杯	2	40	80	是	否
4	酒饮C	酒饮	纯苹果汁	DW-2302030001	1L	一般商品	盒	4.9	10	49	是	是
5	酒饮C	酒饮	国产省内香烟	DW-2316010005	20支	一般商品	包	4.8	50	240	是	是
6	酒饮C	酒饮	纯桃汁	DW-2302020001	1L	一般商品	盒	4.8	10	48	否	是
7	蔬果A	蔬果	根茎	DW-1201020008	散称	生鲜	千克	4.1	30	123	是	否
8	蔬果A	蔬果	花果	DW-1201040004	散称	生鲜	千克	4.1	10	41	是	是
9	蔬果A	蔬果	瓜类	DW-1203050047	散称	生鲜	KG	2.4	20	48	是	是
10	蔬果A	蔬果	进口水果	DW-1203090199	散称	生鲜	KG	42	5	210	否	是
11	熟食B	熟食	卤制畜类	DW-1302010081	散称	联营商品	kg	30.4	5	152	是	是
12	熟食B	熟食	凉拌素食	DW-1301010076	散称	联营商品	kg	8	5	40	是	是
13	熟食B	熟食	卤制畜类	DW-1302010082	散称	联营商品	kg	36	4	144	是	是

图 3-53　删除无意义行

3. 对比两列数据，标记出内容不同的单元格

(1) 选中内容不同的单元格。选中 K2:L13 数据区域，按【Ctrl+G】组合键，弹出【定位】对话框，单击【定位条件】按钮，弹出【定位条件】对话框，选择【行内容差异单元

格】，单击【确定】按钮，此时，L 列数据中与 K 列同行但数据不同的单元格处于被选中状态，如图 3-54 所示。

	A	B	C	D	E	F	G	H	I	J	K	L
1	供货商	大类名称	小类名称	商品编码	规格型号	商品类型	单位	进价	进货数量	进货金额	是否付款	是否收货
2	日配A	日配	利乐砖纯奶	DW-1518010018	250ml	一般商品	盒	1.2	160	192	是	是
3	日配A	日配	冷藏果粒酸乳	DW-1505030098	150g	一般商品	杯	2	40	80	是	否
4	酒饮C	酒饮	纯苹果汁	DW-2302030001	1L	一般商品	盒	4.9	10	49	是	是
5	酒饮C	酒饮	国产省内香烟	DW-2316010005	20支	一般商品	包	4.8	50	240	是	是
6	酒饮C	酒饮	纯桃汁	DW-2302020001	1L	一般商品	盒	4.8	10	48	否	是
7	蔬果A	蔬果	根茎	DW-1201020008	散称	生鲜	千克	4.1	30	123	是	否
8	蔬果A	蔬果	花果	DW-1201040004	散称	生鲜	千克	4.1	10	41	是	是
9	蔬果A	蔬果	瓜类	DW-1203050047	散称	生鲜	KG	2.4	20	48	是	是
10	蔬果A	蔬果	进口水果	DW-1203090199	散称	生鲜	KG	42	5	210	否	是
11	熟食B	熟食	卤制畜类	DW-1302010081	散称	联营商品	kg	30.4	5	152	是	是
12	熟食B	熟食	凉拌素食	DW-1301010076	散称	联营商品	kg	8	5	40	是	是
13	熟食B	熟食	卤制畜类	DW-1302010082	散称	联营商品	kg	36	4	144	是	是

图 3-54　选中内容不同单元格

(2) 填充背景颜色。单击【开始】选项卡，在【字体】命令组中单击【填充颜色】图标 🖊▾ ，给被选中区域填充黄色背景，如图 3-55 所示。

	A	B	C	D	E	F	G	H	I	J	K	L
1	供货商	大类名称	小类名称	商品编码	规格型号	商品类型	单位	进价	进货数量	进货金额	是否付款	是否收货
2	日配A	日配	利乐砖纯奶	DW-1518010018	250ml	一般商品	盒	1.2	160	192	是	是
3	日配A	日配	冷藏果粒酸乳	DW-1505030098	150g	一般商品	杯	2	40	80	是	否
4	酒饮C	酒饮	纯苹果汁	DW-2302030001	1L	一般商品	盒	4.9	10	49	是	是
5	酒饮C	酒饮	国产省内香烟	DW-2316010005	20支	一般商品	包	4.8	50	240	是	是
6	酒饮C	酒饮	纯桃汁	DW-2302020001	1L	一般商品	盒	4.8	10	48	否	是
7	蔬果A	蔬果	根茎	DW-1201020008	散称	生鲜	千克	4.1	30	123	是	否
8	蔬果A	蔬果	花果	DW-1201040004	散称	生鲜	千克	4.1	10	41	是	是
9	蔬果A	蔬果	瓜类	DW-1203050047	散称	生鲜	KG	2.4	20	48	是	是
10	蔬果A	蔬果	进口水果	DW-1203090199	散称	生鲜	KG	42	5	210	否	是
11	熟食B	熟食	卤制畜类	DW-1302010081	散称	联营商品	kg	30.4	5	152	是	是
12	熟食B	熟食	凉拌素食	DW-1301010076	散称	联营商品	kg	8	5	40	是	是
13	熟食B	熟食	卤制畜类	DW-1302010082	散称	联营商品	kg	36	4	144	是	是

图 3-55　填充背景颜色

4. 隐藏列，仅复制可见列的数据

(1) 隐藏。选择 B、E、F、G 列数据，单击右键，在弹出的快捷菜单中选择【隐藏】，将这几列数据隐藏掉，完成后的数据如图 3-56 所示(A 和 C、D 和 H 之间有两条竖线，表明两列之间有隐藏的数据)。

	A	C	D	H	I	J	K	L
1	供货商	小类名称	商品编码	进价	进货数量	进货金额	是否付款	是否收货
2	日配A	利乐砖纯奶	DW-1518010018	1.2	160	192	是	是
3	日配A	冷藏果粒酸乳	DW-1505030098	2	40	80	是	否
4	酒饮C	纯苹果汁	DW-2302030001	4.9	10	49	是	是
5	酒饮C	国产省内香烟	DW-2316010005	4.8	50	240	是	是
6	酒饮C	纯桃汁	DW-2302020001	4.8	10	48	否	是
7	蔬果A	根茎	DW-1201020008	4.1	30	123	是	否
8	蔬果A	花果	DW-1201040004	4.1	10	41	是	是
9	蔬果A	瓜类	DW-1203050047	2.4	20	48	是	是
10	蔬果A	进口水果	DW-1203090199	42	5	210	否	是
11	熟食B	卤制畜类	DW-1302010081	30.4	5	152	是	是
12	熟食B	凉拌素食	DW-1301010076	8	5	40	是	是
13	熟食B	卤制畜类	DW-1302010082	36	4	144	是	是

图 3-56　隐藏列

(2) 复制可见数据。选中如图 3-56 所示的 A~L 列的数据，按【Ctrl+G】组合键，弹出【定位】对话框，单击【定位条件】按钮，弹出【定位条件】对话框，选择【可见单元格】，单击【确定】按钮，此时只选中了可见单元格，按【Ctrl+C】进行复制。

(3) 粘贴可见数据。新建一个工作簿，命名为"0325 进货单—精简"，在"Sheet1"工作表中单击右键，选择【粘贴】，看到只有可见数据被粘贴了进去，如图 3-57 所示。

	A	B	C	D	E	F	G	H
1	供货商	小类名称	商品编码	进价	进货数量	进货金额	是否付款	是否收货
2	日配A	利乐砖纯如	DW-15180	1.2	160	192	是	是
3	日配A	冷藏果粒酸	DW-15050	2	40	80	是	否
4	酒饮C	纯苹果汁	DW-23020	4.9	10	49	是	是
5	酒饮C	国产省内	DW-23160	4.8	50	240	是	是
6	酒饮C	纯桃汁	DW-23020	4.8	10	48	否	是
7	蔬果A	根茎	DW-12010	4.1	30	123	是	否
8	蔬果A	花果	DW-12010	4.1	10	41	是	是
9	蔬果A	瓜类	DW-12030	2.4	20	48	是	是
10	蔬果A	进口水果	DW-12030	42	5	210	否	是
11	熟食B	卤制畜类	DW-13020	30.4	5	152	是	是
12	熟食B	凉拌素食	DW-13010	8	5	40	是	是
13	熟食B	卤制畜类	DW-13020	36	4	144	是	是

图 3-57　复制可见数据

小　结

在进行数据分析之前必须进行数据预处理，得到完整、规范和正确的数据。本项目先说明数据预处理的步骤，随后对"0322-3028 原始销售数据"进行了数据预处理，展示了数据预处理的流程，同时学习了冻结表头、定位条件、VLOOKUP 函数、批量填充空白单元格、标记内容不同单元格等新技术，巩固了筛选、COUNT、ROUND 等函数的使用方法，为后续数据分析打下了基础。

课后技能训练

某自动售货机企业是国内具有一定知名度和美誉度的连锁企业，现有 2021 年 5 月 24 日到 2021 年 5 月 30 日一周内售货机原始销售数据"本周原始销售数据"，使用数据预处理的方法处理原始数据。要求如下：

(1) 处理完成后的工作表包括区域、售货机 ID、购买日期、客户 ID、支付方式、商品类别、商品 ID、商品名称、购买数量、成本价、销售单价和消费金额共 12 列。

(2) 将工作表重命名为"本周销售数据"。

拓展训练

"1+X"大数据应用开发(Python)职业技能等级证书(初级)考试训练

1. 使用 Excel 2016 统计工作表 A 列缺失值的个数，在编辑框中输入的公式应为
_____。

2. 在 Excel 2016 中，工作表 A 列数据中存在较多缺失值，下列可以删除 A 列的操作是(　　)。

A. 选中 A 列，按键盘的【Delete】键

B. 选中 A 列，单击鼠标右键，选择【删除】

C. 选中 A 列，选择【开始】选项卡的【单元格】功能组中的【删除】

D. 选中 A 列，选择【开始】选项卡的【编辑】功能组中的【删除】

3. 下列关于在 Excel 2016 中筛选掉的记录说法正确的是(　　)。

A. 永远丢失了　　　　　　　　　　B. 不打印

C. 可以恢复　　　　　　　　　　　D. 不显示

4. 毛利率是毛利与销售收入(或营业收入)的占比，其中毛利是商品单价和与商品对应的成本之间的差额。(　　)

项目 4　销售情况整体分析

项目背景

　　"和美家"连锁超市某分店收集了某周的销售数据，为了掌握店铺的整体营销水平，现在需要对销售情况进行整体分析，以便发现销售问题，提升店铺销售和盈利水平。

项目 4——项目演示

项目演示

　　"和美家"连锁超市某分店一周的整体销售情况如下：

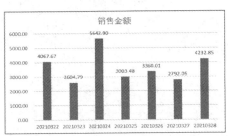

销售金额

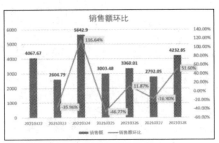

销售额环比

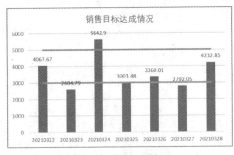

销售额目标达成情况

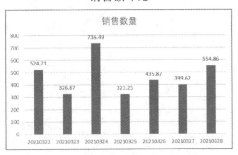

销售数量

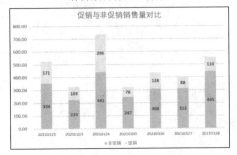

促销与非促销销售量对比

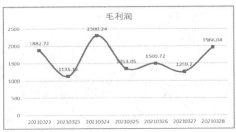

毛利润

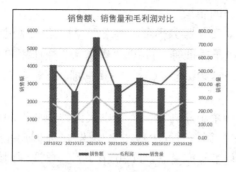

销售额、销售量和毛利润对比

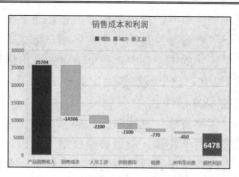

销售成本和利润

思维导图

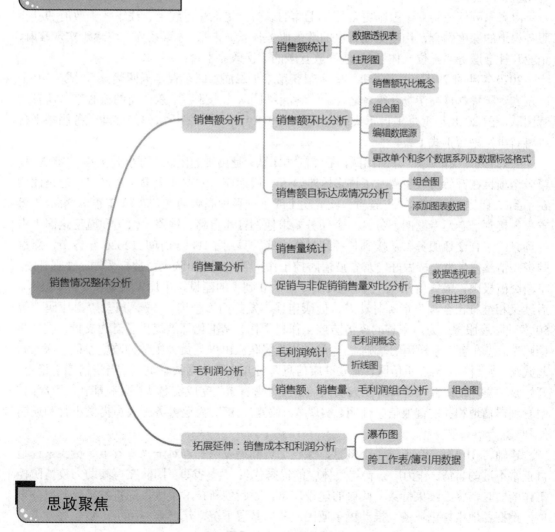

思政聚焦

大数据团队——"粤省事"团队

2021 年 5 月 21 日，"粤省事"移动政务服务平台正式上线三周年。该平台是全国首个集成民生服务的微信小程序，曾创下多个全国第一的纪录。

"粤省事"是第一个实名用户破亿的省级移动政务服务平台，签发了全国第一张出生医学证明的电子证照，在全国率先推出居民身份电子凭证等。目前，"粤省事"注册用户突破 1.2 亿，已上线高频民生服务 1750 项，其中 1256 项服务实现了"零跑动"，业务量累计超过 88.9 亿件。

"粤省事"紧跟时代大势和个性化需求，用一个个新功能，为"以人民为中心"的建设理念写下注脚。新冠肺炎疫情发生后，"粤省事"第一时间上线"粤康码"，为群众在广东省内自由出行提供疫情防控通行证，全面支持复工复产复学。2020 年 7 月，粤澳两地政府、中央驻粤有关部门通力协作、奋力攻坚，仅用 10 天时间就完成了粤澳健康码的互转互认，分阶段全面支撑澳门与内地人员有序恢复正常往来，"粤省事"成为全国首个实现跨境转码互认的健康码平台。

"粤系列"还将继续鼓励更多社会主体的参与，更加注重线上、线下各类政府和社会服务渠道的深度融合，构建泛在普惠的政务服务体系。未来，"粤系列"将逐步实现政府、企业和社会服务"三位一体"，打造开放互融的数字政府平台。

2020 年 4 月 29 日，"粤省事"团队荣获第二十二届"广东青年五四奖章"，成为 10 个广东省青年集体最高荣誉获得者之一。"粤省事"团队作为数字广东公司的核心产品研发运营团队，于 2018 年 1 月 1 日正式组建成立，2018 年 5 月，依托微信的移动政务服务平台"粤省事"平台正式上线。

"粤省事"团队是战斗的团队，是爱国的团队，是英雄的团队。万事开头难，"粤省事"第一个项目在开始阶段也遇到了许多困难，五一假期前后才调通了第一个接口，但是此后在不到二十天的时间内，"粤省事"就成功上线了一百项高频功能。2019 年春运期间，"粤省事"接到了春运专题的任务，这个任务要求他们打通自驾、铁路、汽运和航空这四大出行场景，聚合交通服务。从接到任务到最终上线，只用了 11 天时间。2020 年春节，新冠肺炎疫情暴发，为支持做好广东省疫情防控工作，"粤省事"团队全员放弃假期，通宵开发，不断突破极限，最终用 96 个小时完成了专区从 0 到 1 的建设，平均 1 天发布 1.5 个版本。后续又相继推出全国疫情实时动态、健康申报、发热门诊查询、入粤登记、"粤康码"等50 多项防疫服务，为广东省的疫情防控工作科学化、精准化开展提供了有力支撑。在"粤康码"信息在全广东通用的基础上，"粤省事"团队派出以党员为主体的攻坚小队，深入湖北武汉、荆州等疫情严重地区，建立健康信息跨省互认和数据共享机制。当疫情趋于稳定，开始复工复产的时候，返粤务工人员只需打开"粤省事"完成实名认证，就能在"粤康码"中看到户籍地相关的健康信息证明，实现"一码走广东"，为返粤务工人员提供出行和返岗便利。

连轴转 10 天、20 天、一个多月，深夜加班到凌晨两三点对于"粤省事"员工来说是再正常不过的事情。作为广东青年集体中的优秀代表，"粤省事"团队在持续助力疫情防控工作的同时，将继续秉持数字政府的建设理念，不断创新技术手段，深耕省级政务服务事项，挖掘各地市特色业务，推动更多便民服务向基层下沉，让群众办事少跑腿、好办事、不添堵，更好地共享"互联网+政务服务"的发展成果。

不得不说，在 21 世纪没有硝烟的战场中，广大的信息技术从业者，面对时代和国家以及人民的需求，"不忘初心、牢记使命"，勇于承担重任，不但需要创新性解决各种难题，更要和时间赛跑，不计个人得失，加班加点、吃苦耐劳、精益求精、突破极限，体现了当代中国青年赤诚的爱国之心，和"黄沙百战穿金甲，不破楼兰终不还"的敬业精神，具有强烈的责任感、使命感、主人翁意识和集体主义精神，不愧为 21 世纪的大国工匠。

思考和讨论：

"粤省事"团队表现出的职业精神都有哪些呢？还有哪些像"粤省事"这样的大数据团队呢？对于大数据行业的每个岗位，这些精神是否都是必需的呢？

教学要求

知识目标

◎理解销售额、销售量、毛利润等概念
◎理解环比的概念，了解同比的概念
◎理解目标达成率概念

能力目标

◎能够灵活应用组合图、瀑布图显示数据
◎能够灵活调整图表中数据系列、数据源、分类项目等，正确绘制图表
◎能够跨工作表引用单元格数据
◎能够对图表的数据、背景、文字等整体或单独设置格式

学习重点

◎销售额、销售量、毛利润、环比、目标达成率等概念及计算
◎组合图的绘制
◎调整图表中数据系列、数据源、分类项目等，正确绘制图表

学习难点

◎组合图的绘制
◎调整图表中数据系列、数据源、分类项目等，正确绘制图表

任务 4.1　销售额分析

任务描述

对 3 月 22 日至 3 月 28 日一周内每天的销售额进行统计分析。

任务分析

(1) 统计每日销售额。

(2) 分析销售额环比。

(3) 分析销售额目标达成情况。

 任务实施

4.1.1　销售额统计

4-1　销售额统计

1. 统计每日销售额

(1) 新建数据透视表。打开"0322-0328 销售数据"工作簿，选择"0322-0328 销售数据"工作表，单击数据区域内任一单元格，在【插入】选项卡的【表格】命令组中，单击【数据透视表】图标，弹出【创建数据透视表】对话框(如图 4-1 所示)，选中【选择放置数据透视表的位置】中的新工作表，单击【确定】按钮，创建新工作表。

图 4-1　创建数据透视表

(2) 设置数据透视表字段。在新工作表中的【数据透视表字段】设置面板中，将"销售日期"拖动到【行】位置，将"求和项：销售金额"拖动到【值】位置，得到数据透视表，将新工作表重命名为"01-1 销售额"，完成后的效果如图 4-2 所示。

行标签	求和项:销售金额
20210322	4067.67
20210323	2604.79
20210324	5642.9
20210325	3003.48
20210326	3360.01
20210327	2792.06
20210328	4232.85
总计	25703.75

图 4-2　每日销售额数据透视表

(3) 格式化表格。选择图 4-2 每日销售额数据透视表中 A3:B10 数据区域，按【Ctrl+C】

复制后，选中 A13 单元格，单击右键，选择 📋₁₂₃ 命令，仅粘贴数据的值。选中 A13:B20 区域，套用表格格式【表样式中等深浅 2】。确保 A13:B20 区域处于选中状态，在【数据】选项卡的【排序和筛选】组中，去掉对【筛选】命令的选择，修改表头标题分别为"销售日期""销售金额"。再次选中 A13:B20 区域，在【开始】选项卡的【对齐方式】命令组中，单击 ≡ 按钮，将数据居中对齐；在【开始】选项卡的【单元格】命令组中，单击【格式】命令旁边的下拉三角图标，选择【行高】命令，在行高对话框中输入 20，单击【确定】按钮，完成后的效果如图 4-3 所示。

销售日期	销售金额
20210322	4067.67
20210323	2604.79
20210324	5642.9
20210325	3003.48
20210326	3360.01
20210327	2792.05
20210328	4232.85

图 4-3　每日销售额

2. 绘制每日销售额柱形图

(1) 绘制柱形图。选择图 4-3 所示数据，在【插入】选项卡的【图表】命令组中单击 按钮，弹出【插入图表】对话框(如图 4-4 所示)，由于当前推荐的图表可以满足要求，所以单击【确定】按钮，绘制柱形图，如图 4-5 所示。

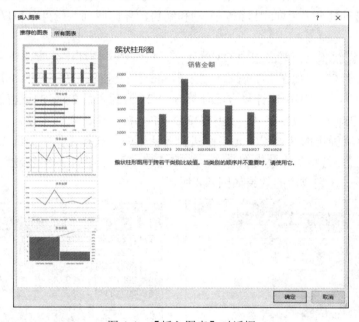

图 4-4　【插入图表】对话框

(2) 添加数据标签。单击选中"绘图区"，单击右上角的 ➕ 图标，在【图表元素】快捷菜单中选中【数据标签】前面的复选框即可，完成后的图表效果如图 4-6 所示。

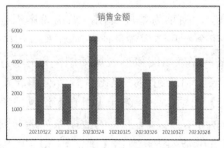

图 4-5　本周销售额柱形图

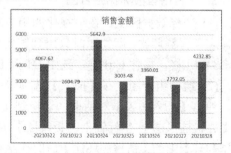

图 4-6　给本周销售额柱形图设置数据标签

4.1.2　销售额环比分析

环比是指某一期的数据和上期数据进行比较所得的趋势百分比，通过观察数据的增减变化情况，得出本期数据比上期数据的增长率。对于成长性较强或业务受季节影响较小的公司，其收入或销售费用的数据常常使用环比指标进行分析，若 A 代表本期销售额，B 代表上期销售额，C 代表该商品的环比增长率，则商品销售额的环比公式如下：

$$C = \frac{A-B}{B} \times 100\%$$

按照采用的基期不同，环比可分为日环比、周环比、月环比和年环比。本小节使用日环比计算销售额环比，即计算某天销售额相对于前一天的环比。

1. 计算销售额环比

(1) 新建销售额环比工作表。新建"01-2 销售额环比"工作表，将"01-1 销售额"工作表中的数据拷贝过来，新增昨日销售金额和销售额环比两列，拷贝 B2:B7 单元格数据到C3:C8。

(2) 计算销售额环比。单击选中 D3 单元格，按照销售额环比公式，在 D3 单元格中输入公式"=(B3-C3)/C3"（如图 4-7 所示），按【Enter】键进行计算，得到 3 月 23 日的销售额环比为 −0.359636，使用快速计算方法计算 3 月 24 日到 3 月 28 日的销售额环比。

(3) 设置销售额环比数字格式。选中 D2:D8 单元格，单击鼠标右键，单击【设置单元格格式】命令，在弹出的【设置单元格格式】对话框中，选择【数字】选项卡的【分类】选项的【百分比】，将小数位数设置为 2，单击【确定】，得到本周销售额环比数据，根据需要调整表格格式，完成后的效果如图 4-8 所示。

	A	B	C	D	E
1	销售日期	销售金额	昨日销售金额	销售额环比	
2	20210322	4067.67			
3	20210323	2604.79	4067.67	=(B3-C3)/C3	
4	20210324	5642.9	2604.79		
5	20210325	3003.48	5642.9		
6	20210326	3360.01	3003.48		
7	20210327	2792.05	3360.01		
8	20210328	4232.85	2792.05		
9					

图 4-7　销售额环比计算

	A	B	C	D
1	销售日期	销售金额	昨日销售金额	销售额环比
2	20210322	4067.67		
3	20210323	2604.79	4067.67	-35.96%
4	20210324	5642.9	2604.79	116.64%
5	20210325	3003.48	5642.9	-46.77%
6	20210326	3360.01	3003.48	11.87%
7	20210327	2792.05	3360.01	-16.90%
8	20210328	4232.85	2792.05	51.60%

图 4-8　本周每日销售额环比

2. 绘制销售额环比组合图

(1) 选择数据区域。在可视化的销售额环比图中，横轴为本周日期，纵轴为本周销售金额和销售额环比，即绘图时只用到销售日期、销售金额和销售额环比三列数据。选中 A1到 B8 单元格，按住 Ctrl 键，选中 D1 到 D8 单元格，完成后的数据区域如图 4-9 所示。

(2) 绘制组合图。在【插入】选项卡中的【图表】命令组中，单击查看所有图表命令，弹出【插入图表】对话框，切换到【所有图表】选项卡中，选择【组合】选项的第 2个【簇状柱形图-次坐标轴上的折线图】(如图 4-10 所示)，选项【为您的数据系列选择图表类型和轴】中的【销售额环比】后的次坐标轴的复选框被勾中，单击【确定】，得到的图表如图 4-11 所示。

	A	B	C	D
1	销售日期	销售金额	昨日销售金额	销售额环比
2	20210322	4067.67		
3	20210323	2604.79	4067.67	-35.96%
4	20210324	5642.9	2604.79	116.64%
5	20210325	3003.48	5642.9	-46.77%
6	20210326	3360.01	3003.48	11.87%
7	20210327	2792.05	3360.01	-16.90%
8	20210328	4232.85	2792.05	51.60%

4-2 销售额环比

图 4-9 销售额环比图表数据选择

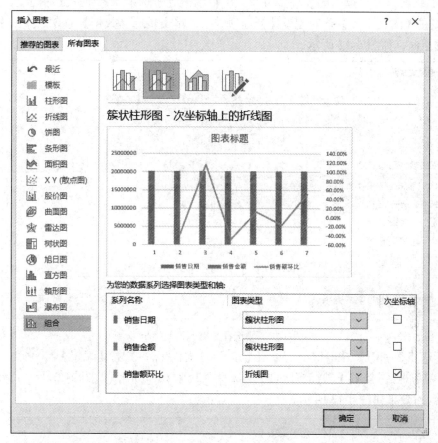

图 4-10 【插入图表】对话框

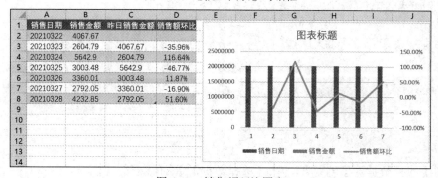

图 4-11 销售额环比图表

❖ **小知识**

　　因为销售金额在 2000~6000 区间内，所以以 1000 为单位，而销售额环比的数据区间为 -50%~150%，故以 10% 即 0.1 为单位，两者如果绘制在同一个坐标系中，则销售额环比数字太小，基本看不到，所以要分别为销售金额和销售额环比设置坐标轴。这里以销售金额作为主坐标轴，以 1000 为单位，以销售额环比作为次坐标轴，以 10% 为单位。

　　(3) 编辑数据源。单击图表任意位置，使得图表处于选中状态(四周边框上出现 8 个空心圆圈)，在【图表工具】下的【设计】选项卡下，单击【选择数据】命令，弹出【选择数据源】对话框，如图 4-12 所示。

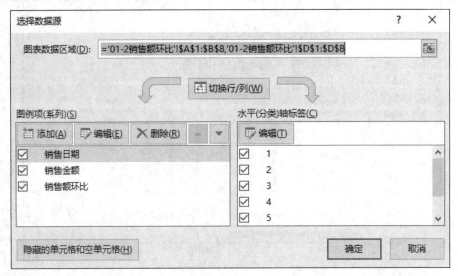

图 4-12　【选择数据源】对话框

　　在【选择数据源】对话框中，单击【水平(分类)轴标签】的【编辑】 按钮，弹出【轴标签】对话框，在【轴标签区域】下选择 A2 到 A8 单元格(如图 4-13 所示)，单击【确定】，得到的效果如图 4-13 所示。

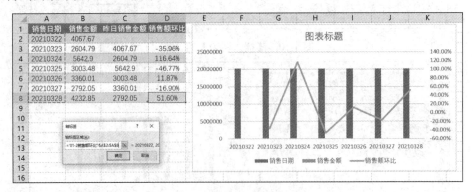

图 4-13　【轴标签】设置

　　回到【选择数据源】对话框，在【选择数据源】对话框的【图例项(系列)】中，选中【销售日期】，单击【删除】 命令，完成后的【选择数据源】对话框及图表如图 4-14

所示。

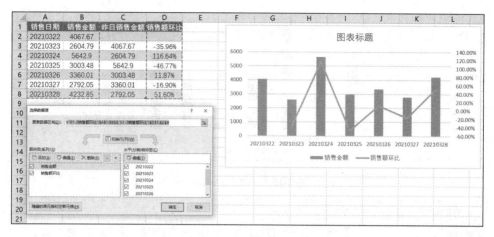

图 4-14   完成数据源设置

(4) 调整数据系列配色方案。单击任意柱形数据系列，选中所有柱形图数据系列(每个数据系列的四角都出现空心小圆圈)，单击鼠标右键，选择【填充】，单击【主题颜色】的【蓝色】，可以看到所有柱形数据系列填充为蓝色，如图 4-15 所示。

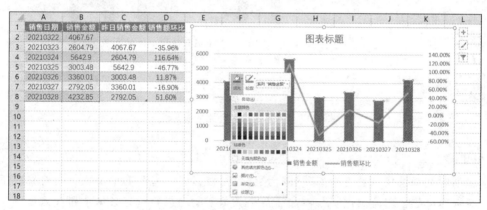

图 4-15   调整柱形数据系列填充色

用同样的方法，单击折线上的任意位置，选中整条折线(折线上的每个关键数据点都出现空心小圆圈)，单击右键，在弹出的快捷菜单中，选择【轮廓】，单击【主题颜色】的【橙色】，可以看到折线被填充为橙色。

(5) 添加数据标签。单击选中"绘图区"，单击右上角的 ✚ 按钮在【图表元素】快捷菜单中勾选【数据标签】前面的复选框，完成后的图表效果如图 4-16 所示。

(6) 设置销售额环比数据标签填充色。单击任意一个销售额环比数据标签，可以看到所有的销售额环比数据标签都处于选中状态，右键单击任意一个数据标签，在弹出的快捷菜单中选择【填充】，单击【主题颜色】的【绿色】，可以看到所有销售额环比数据标签被填充为绿色，如图 4-17 所示。

两次单击数据标签−35.96%，可以看到只有−35.96%数据标签处于被选中状态(数据标签轮廓出现 4 个空心圆圈)，此时单击右键选择【填充】，选择【红色】，将该数据标签填充为红色，用同样的操作方法，将其他两个为负值的数据标签背景也设置为红色。

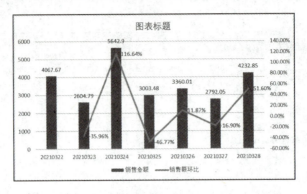

图 4-16　添加数据标签

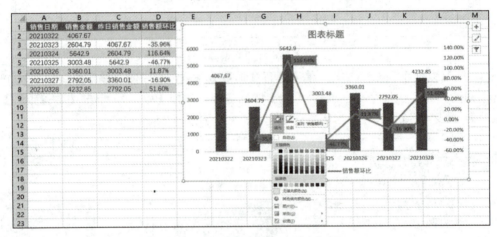

图 4-17　填充销售额环比所有标签

❖ **小知识**

　　我们对数据系列、数据标签等进行操作的时候，首先需要选中要操作的对象。下面以销售额环比组合图为例说明如何选择某个数据列所对应的所有数据系列或只选择其中的某个单独数据系列。

　　• 选中某列数据对应的所有数据系列(选中所有柱形数据序列)。单击任意一个柱形图即可选中所有柱形图，选中的所有数据系列都有 4 个空心小圆圈，如图 4-18 所示。

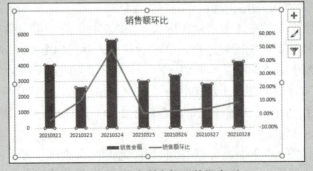

图 4-18　选中所有柱形数据序列

• 选中某个单元格对应的数据系列(选中第一个柱形数据序列)。

单击任意一个柱形图即可选中所有柱形图系列，再次单击其中一个柱形图，则只有这个数据系列被选中，被选中的数据系列四角处有空心圆圈，如图 4-19 所示。

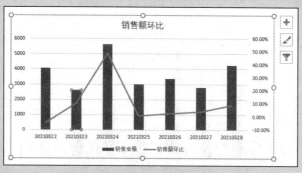

图 4-19　选中第一个柱形数据系列

(7) 设置图表标题。将图表标题修改为"销售额环比"，完成后的效果如图 4-20 所示。

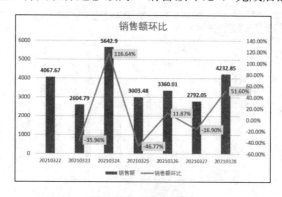

图 4-20　销售额环比

4.1.3　销售额目标达成情况分析

该店铺制定了每日销售额的基本目标为 3000 和理想目标为 5000，绘制图表展示本周销售额完成情况。

(1) 复制工作表。将"01-1 销售额"工作表复制一份，重命名为"01-3 目标达成情况"，删除多余数据，则"01-3 目标达成情况"工作表的内容如图 4-21 所示。

(2) 添加数据。因为销售额目标达成情况图表中要添加基本目标和理想目标两条线，所以要在数据中增加相关内容。在原有数据的基础上增加基本目标和理想目标两列，并分别填充数字 3000、5000，完成后的效果如图 4-22 所示，可以看到添加了两列数据后，图表也随之发生了变化。

(3) 修改图表类型。如图 4-22 所示，基本目标和理想目标数据系列也以柱形图的形式呈现，为了使得展示效果更加明显，我们把这两个数据系列更改为使用折线图来呈现。单击选中任意一个基本目标的数据系列，则所有基本目标数据系列全部被选中。在【图表工具】下的【设计】标签下，单击 【更改图表类型】命令，弹出【更改图表类型】对话框，将【基本目标】和【理想目标】的图表类型修改为【折线图】(如图 4-23 所示), 单击【确定】按钮后, 图表效果如图 4-24 所示。

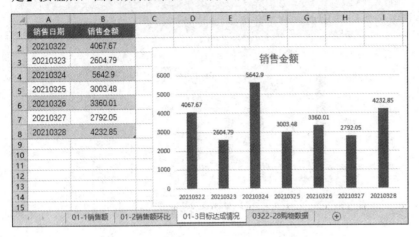

图 4-21　"01-3 目标达成情况"工作表

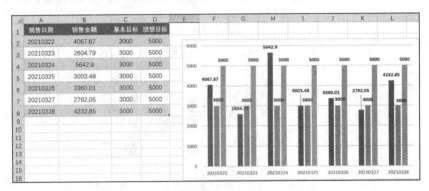

图 4-22　添加数据后效果

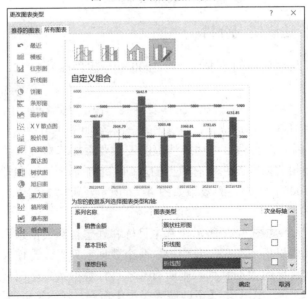

图 4-23　更改图表类型

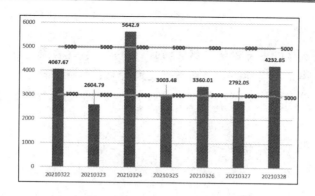

图 4-24　创建销售目标达成情况图表

（4）去除多余数据标签。单击选中橙色直线，单击图表右上角的 + 按钮，在【图表元素】快捷菜单中去掉勾选【数据标签】，即可去掉橙色线条上的数据标签；用同样的方法去掉灰色直线上的数据标签。完成后如图 4-25 所示。

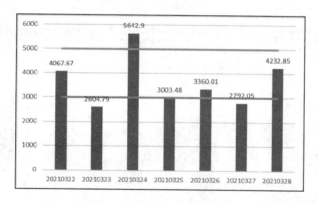

图 4-25　去掉多余数据标签

（5）更改折线颜色，添加图表标题。右键单击灰色直线，在弹出的快捷菜单中，选择【轮廓】，单击【主题颜色】中的【绿色】，可以看到直线变为绿色。单击图表区任意位置，图表处于选中状态，然后单击图表右上角的 + 按钮，在【图表元素】快捷菜单中勾选【图表标题】，可以看到 Excel 为图表添加了默认标题"图表标题"，将图表标题修改为"销售目标达成情况"，如图 4-26 所示。

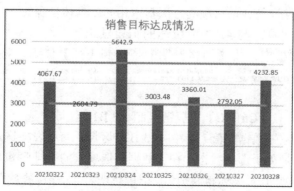

图 4-26　销售目标达成情况

❖ **小知识**

表示销售额达成情况也可以使用销售额目标达成率，这样表达更精确。

销售目标达成率是指实际的销售额与制定的目标销售额的比值。销售目标达成率越高，表示经营绩效越高；达成率越低，表示经营绩效越低。销售目标达成率的计算公式如下：

$$销售目标达到率 = \frac{实际销售额}{目标销售额} \times 100\%$$

任务 4.2　销售量分析

 任务描述

计算 3 月 22 日至 3 月 28 日一周内每天的销售量，并使用柱形图形象化表达。

 任务分析

(1) 统计每日销售量。
(2) 对比分析促销和非促销的销售量。

 任务实施

4-4　销售量统计

4.2.1　销售量统计

超市商品不仅种类繁多，而且每种商品的单位也不尽相同，通过查看数据可知，日配、酒饮、洗化等类别商品的单位通常为瓶、袋、个等，数量均为整数，而蔬果、肉禽等类别商品的单位通常为千克，数量多为小数，为了便于计算，统计时不考虑商品单位。

1. 统计每日销售量

统计销售量的方法和统计销售额的方法基本相同。具体步骤如下：

(1) 统计每日销售量。与 4.1.1 节所述的销售额统计方法基本相同，只是在【数据透视表字段设置】面板中，将【销售日期】拖动到【行】位置，将【销售数量】拖动到【值】位置，得到的数据透视表如图 4-27 所示，将新建的工作表重命名为"02-1 销售量"。

(2) 格式化表格。按【Ctrl+C】快捷键复制 A3:B10 区域，选中 A13 单元格，单击右键，选择 命令，仅粘贴数据的值。选中 A13:B20 区域，套用表格格式【表样式中等深浅 2】，确保 A13:B20 区域处于选中状态，在【数据】选项卡的【排序和筛选】组中，去掉对【筛选】命令的选择，修改表头标题分别为"销售日期"和"销售数量"。再次选中 A13:B20 区域，在【开始】选项卡的【对齐方式】命令组中，单击 ≡ 按钮，将数据居中对齐；在【开始】选项卡的【单元格】命令组中，单击【格式】命令旁边的下拉三角按钮，选择【行高】命令，在行高对话框中输入 20，单击【确定】按钮，完成表格格式设置。

（3）设置数据格式。选中 B14:B20 数据，单击鼠标右键，选择【设置单元格格式】命令，在弹出的【设置单元格格式】对话框中选择【数字】选项卡，在【分类】中，单击【数值】，并将【小数位数】设置为 2，单击【确定】，完成后的效果如图 4-28 所示。

图 4-27 每日销售量数据透视表

销售日期	销售数量
20210322	524.71
20210323	326.87
20210324	736.49
20210325	323.25
20210326	435.87
20210327	399.62
20210328	554.86

图 4-28 每日销售量数据

2. 绘制每日销售量柱形图

选择图 4-28 所示的数据，按照 4.1.1 节所述的绘制每日销售额柱形图的方法，完成本节图形的绘制，效果如图 4-29 所示。

图 4-29 本周销售量柱形图

4.2.2 促销与非促销销售量对比分析

通过促销和非促销商品销售量的对比，初步掌握促销在商品销售中所起的作用。

1. 统计促销和非促销商品每日销量

(1) 新建数据透视表。选择"0322-0328 销售数据"工作表，单击数据区域内任一单元格，在【插入】选项卡的【表格】命令组中，单击【数据透视表】图标，弹出【创建数据透视表】对话框，选择【放置数据透视表的位置】为新工作表，单击【确定】按钮，创建新工作表。

(2) 设置数据透视表字段。在新工作表中的【数据透视表字段设置】面板中，将【销售日期】拖动到【行】位置，将【促销】拖动到【列】位置，将【销售数量】拖动到【值】位置，完成后的效果如图 4-30 所示，将新建的工作表重命名为"02-2 促销与非促销"。

(3) 格式化表格。选择 A4:C11 数据区域，按【Ctrl+C】复制后，选中 A14 单元格，单击右键，选择 📋 命令，仅粘贴数据的值。选中 A14:C21 数据区域，套用表格格式【表样式中等深浅 2】；在【数据】选项卡的【排序和筛选】组中，去掉对【筛选】命令的选择，修改表头标题分别为"非促销"和"促销"。再次选中 A14:C21 数据区域，在【开始】选项卡的【对齐方式】命令组中，单击 ☰ 按钮，将数据居中对齐；在【开始】选项卡的【单元格】命令组中，单击【格式】命令旁边的下拉三角图标，选择【行高】命令，在行高对话框中输入 20，单击【确定】按钮。

(4) 设置数字格式。选中 B15:C21 单元格，单击鼠标右键，单击【设置单元格格式】命令，在弹出的【设置单元格格式】对话框的【数字】选项卡中选中【数值】，小数位数设置为 2，单击【确定】，得到促销与非促销商品的销售数量统计数据，如图 4-31 所示。

图 4-30 数据透视表设置

4-5 促销与非促销销售量对比

销售日期	非促销	促销
20210322	354.15	170.56
20210323	223.43	103.43
20210324	440.54	295.95
20210325	246.99	76.26
20210326	307.97	127.90
20210327	311.67	87.95
20210328	445.07	109.79

图 4-31 促销与非促销商品
销售数量

2. 绘制每日促销与非促销商品的销售量图表

(1) 绘制堆积柱形图。选择图 4-31 所示数据，在【插入】选项卡的【图表】命令组中单击 按钮，弹出【插入图表】对话框，单击【所有图表】选项卡，选择【柱形图】，选择【堆积柱形图】(可选三种堆积柱形图中的第二种，如图 4-32 所示)，单击【确定】按钮，完成堆积柱形图的绘制，如图 4-33 所示。

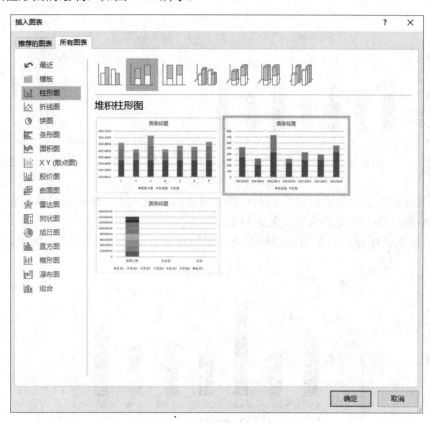

图 4-32　【插入图表】对话框

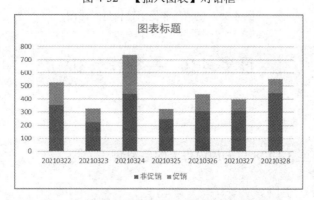

图 4-33　每日促销与非促销商品的销售量图表

(2) 添加数据标签并设置数据格式。单击选中"绘图区"，单击右上角的 按钮，在【图表元素】快捷菜单中单击【数据标签】命令，可见【数据标签】命令前面的复选框处于选中状态，【数据标签】命令后出现向左小三角按钮。单击这个小三角按钮，选择【更多选项】，弹出【设计数据标签格式】对话框。在【设计数据标签格式】对话框的【标签选项】选项卡中，单击【数字】，在【类别】下选择【数字】，然后把小数位数调整为"0"(如图 4-34 所示)，可以看到，默认选中的以蓝色柱形表示的非促销数据被修改成了整数。

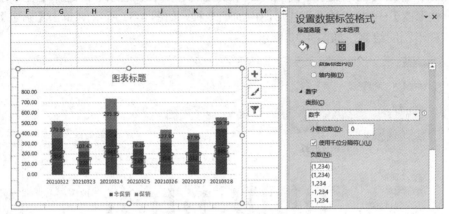

图 4-34　添加数据标签

单击图表中任意一个以橙色柱形表示的促销数据标签，选中所有促销数据标签，重复上步设置小数位数，将促销数据设置为整数。

(3) 更改图表标题。将图表标题修改为"促销与非促销销售量对比"，如图 4-35 所示。

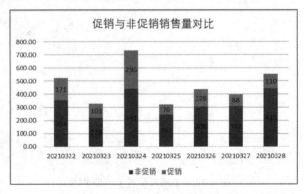

图 4-35　促销与非促销销售量对比图

任务 4.3　毛利润分析

任务描述

分析 3 月 22 日至 3 月 28 日一周内每天的毛利润。

任务分析

(1) 统计每日毛利润。
(2) 进行销售额、销售量和毛利润的组合分析。

　任务实施

4.3.1　毛利润统计

4-6　毛利润统计

毛利润是企业商品销售收入减去商品原进价后的余额，又称为商品进销差价。因其尚未减去商品流通费和税金，还不是净利润，故称为毛利润。计算公式如下：

毛利润＝销售金额－成本金额

1. 统计每日毛利润

(1) 新建数据透视表。选择"0322-0328 销售数据"工作表，单击数据区域内任一单元格，在【插入】选项卡的【表格】命令组中，单击【数据透视表】图标，弹出【创建数据透视表】对话框，选择【放置数据透视表的位置】为新工作表，单击【确定】按钮，创建新工作表。

(2) 设置数据透视表字段。在新工作表中的【数据透视表字段设置】面板中，将【销售日期】拖动到【行】位置，将【毛利润】拖动到【值】位置，如图 4-36 所示，将新建的工作表重命名为"03-1 毛利润"。

(3) 格式化表格。选择图 4-36 中 A3:B10 数据区域，将数值复制到 A13:B20 区域，套用表格格式【表样式中等深浅 2】，去掉表头的筛选状态，修改表头标题为"销售日期""毛利润"，设置内容居中显示，设置行高为 20，完成后的效果如图 4-37 所示。

图 4-36　数据透视表设置

销售日期	毛利润
20210322	1882.72
20210323	1135.15
20210324	2300.24
20210325	1353.05
20210326	1500.72
20210327	1259.7
20210328	1966.04

图 4-37　每日毛利润

2. 绘制每日毛利润折线图

(1) 绘制折线图。选择 A13:B20 数据区域，在【插入】选项卡的【图表】命令组中单击 ⊞ 按钮，弹出【插入图表】对话框，选择【所有图表】选项卡，选择【折线图】，

选择【折线图】的第二种(如图 4-38 所示)，单击【确定】按钮，绘制折线图，如图 4-39 所示。

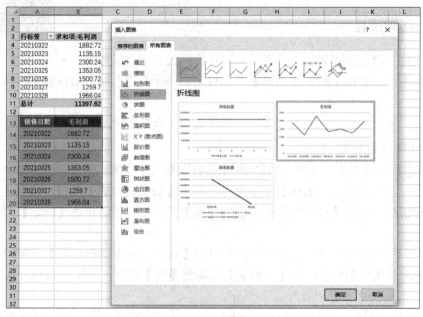

图 4-38　【插入图表】对话框

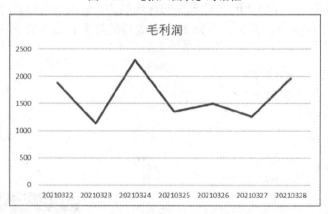

图 4-39　本周毛利润折线图

(2) 添加数据标签。单击选中"绘图区"，单击右上角的 ✚ 按钮，在【图表元素】快捷菜单中勾选【数据标签】前面的复选框，为折线图添加数据标签。

(3) 将折线变为平滑曲线。右键单击折线，选择【设置数据系列格式】命令，弹出【设置数据系列格式】对话框，选择【填充与线条】◇选项卡，选择【线条】～线条，在面板最末端选中【平滑线】选项前面的复选框，如图 4-40 所示，将折线设置为平滑的曲线。

(4) 添加数据点标记。在【填充与线条】◇选项卡中，切换到【标记】～标记，单击【数据标记选项】◢数据标记选项，选中【内置】(如图 4-41 所示)，为数据点添加标记，完成后的效果如图 4-42 所示。

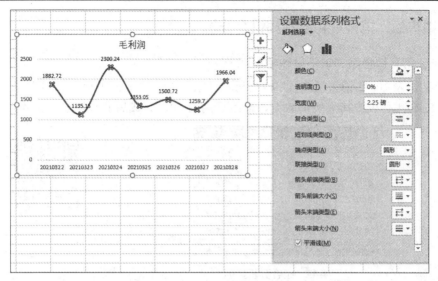

图 4-40　平滑线设置

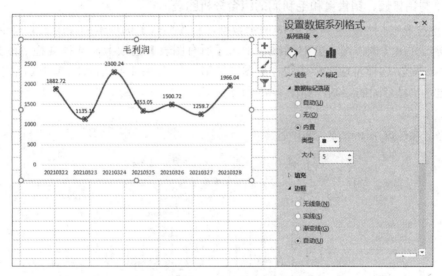

图 4-41　数据标记设置

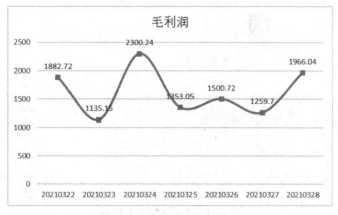

图 4-42　本周毛利润折线图

4.3.2   销售额、销售量和毛利润组合分析

1. 统计每日销售额、销售量和毛利润

新建工作表"03-2 销售额-销售量-毛利润对比"，从"01-1 销售额""02-1 销售量""03-1 毛利润"三个工作表中拷贝所需数据，修改行高为 20，完成后的数据表如图 4-43 所示。

销售日期	销售金额	销售数量	毛利润
20210322	4067.67	524.71	1882.72
20210323	2604.79	326.87	1135.15
20210324	5642.9	736.49	2300.24
20210325	3003.48	323.25	1353.05
20210326	3360.01	435.87	1500.72
20210327	2792.05	399.62	1259.7
20210328	4232.85	554.86	1966.04

4-7   组合分析

图 4-43   组合分析数据

2. 绘制销售额、销售量和毛利润的组合分析图表

(1) 选择基础图形。选择图 4-43 所示数据，在【插入】选项卡的【图表】命令组中单击 按钮，弹出【插入图表】对话框，单击【所有图表】选项卡，选择【柱形图】，选择【簇状柱形图】，选择可选三种簇状柱形图中的第二种(如图 4-44 所示)，单击【确定】按钮，完成基础簇状柱形图的绘制，如图 4-45 所示。

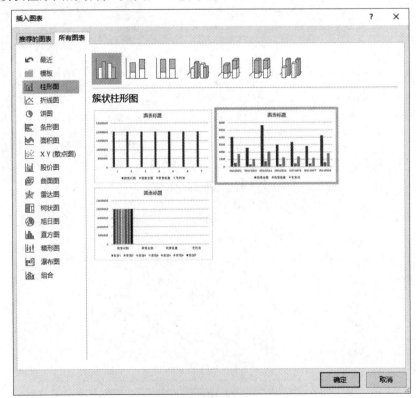

图 4-44   【插入图表】设置

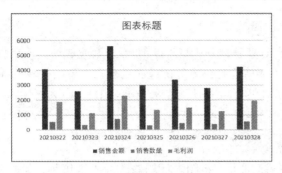

图 4-45　基础簇状柱形图

❖ **小解释**

　　本节最终目的是绘制组合图，在选择基础图形步骤中，本应选择组合图，但是几种备选的组合图均不能正常识别横轴，与目标相差较大，如果选择组合图，后续需要修改数据源，逻辑复杂、步骤繁多。一个问题有多种解决方案，经过尝试发现如果选择簇状柱形图，不仅不会出现数据源错误问题，反而会减少操作步骤和解决问题的难度，所以选择绘制簇状柱形图。

　　(2) 更改图表类型。单击图表区任意位置，选中图表，在【图表工具】下的【设计】标签下，单击 【更改图表类型】命令，弹出【更改图表类型】对话框，选择【所有图表】选项卡，选择【组合】，将【销售数量】更改为【折线图】，并勾选【次坐标轴】复选框，将【毛利润】更改为【折线图】(如图 4-46 所示)，单击【确定】按钮。

图 4-46　【更改图表类型】设置

❖ **小解释**

因为销售金额和毛利润都是金钱的数量，而且都是以 1000 为数量级的，而销售数量表达的是物品的数量，而且是以 100 为单位的，为了使得表达效果更清晰，我们将销售金额和毛利润设置在主坐标轴上，而将销售数量设置在次坐标轴上。

将销售金额绘制为柱形图，毛利润和销售数量绘制为折线图，使得毛利润和销售数量与销售金额产生交点，这样更便于分析毛利润和销售数量与销售金额的关系。

(3) 修改图表标题。在上个步骤的基础上，将图表标题修改为"销售额、销售量、毛利润对比"，完成后的图表效果如图 4-47 所示。

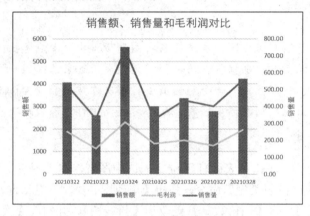

图 4-47　销售额、销售量和毛利润对比

拓展延伸：销售成本和利润分析

"和美家"超市某分店老板给出了店铺经营的一些基本成本数据，希望结合销售情况通过分析得到本周的最终利润数据，并绘制精美图表予以展示。

瀑布图也可以称为阶梯图或桥图，由麦肯锡顾问公司独创，因为形似瀑布流水而得名。瀑布图具有自上而下的流畅效果，在企业的经营分析和财务分析中使用较多，用以表示企业成本的构成、变化等情况。

1. 统计销售成本和利润数据

(1) 计算每周成本。打开"每月固定成本"工作簿，增加"每周成本"列，单击 C2 单元格，输入公式"=B2/4"，按【Enter】键，得到人员工资的每周成本，使用快速计算方法得到其他项目的每周成本。这里简单地用每月成本除以 4 得到每周成本。完成后的效果如图 4-48 所示。

	A	B	C
1	项目	金额	每周成本
2	人员工资	8800	2200
3	房租费用	6000	1500
4	税费	3080	770
5	水电等杂费	1800	450

图 4-48　每周成本

4-8　销售成本和利润分析

(2) 新建工作表，填充已有数据。打开"0322-0328 销售数据"工作簿，新建"拓展"工作表，创建产品销售收入、销售成本、人员工资、房租费用、税费、水电等各项杂费的列标题。将上个步骤计算得到的每周成本对应的数值粘贴到"拓展"工作表的对应列。

(3) 引用销售额总和。打开"拓展"工作表，单击 B2 单元格，输入"="，单击"01-1 销售额"工作表标签，跳转到"01-1 销售额"工作表中，单击 B11 单元格(本周销售额总和)，单击【Enter】键，此时可见 B2 单元格的数值为 25703.75，单击选中 B2 单元格，可见公式为 "='01-1 销售额'!B11"。

(4) 计算销售成本。销售成本=销售额总和-毛利润总和，在"拓展"工作表中，单击 B3 单元格，输入"="，单击"03-1 毛利润"工作表标签，跳转到"03-1 毛利润"工作表中，单击 B11 单元格(本周毛利润总和)，单击【Enter】键，此时可见 B3 单元格的数值为 11397.62，单击选中 B3 单元格，可见公式为"='03-1 毛利润'!B11"。修改公式为"=B2-'03-1 毛利润'!B11"，得到销售成本为 14306.13。

(5) 设置数据格式。选中 B2:B3 单元格，设置单元格格式为显示整数，完成后的效果如图 4-49 所示。

(6) 已有数据处理，计算最终利润。在销售成本、人员工资、房租费用、税费、水电等五项数据前添加"-"号，变成与原来数字绝对值相等的负数。单击 B8 单元格，输入公式"=SUM(B2:B7)"，按【Enter】键，得到最终利润是 6478。

(7) 修正最终利润数据，格式化表格。这里要注意瀑布图的数据结构，除了产品销售收入为正值外，其他数据结构都是负值，所以我们也将最终利润改成负值。按前节所讲述的方法格式化表格，完成后的销售成本和利润数据如图 4-50 所示。

	A	B
1	项目	金额
2	产品销售收入	25703.75
3	销售成本	14306.13
4	人员工资	2200
5	房租费用	1500
6	税费	770
7	水电等杂费	450
8	最终利润	

图 4-49　创建"拓展"工作表

项目	金额
产品销售收入	25704
销售成本	-14306
人员工资	-2200
房租费用	-1500
税费	-770
水电等杂费	-450
最终利润	-6478

图 4-50　销售成本和利润数据

2. 绘制销售成本和利润分析瀑布图

(1) 创建瀑布图。选中图 4-50 所示数据，在【插入】选项卡中的【图表】命令组中，单击查看所有图表的 ⌐ 命令，弹出【插入图表】对话框，切换到【所有图表】选项卡中，选择【瀑布图】，单击【确定】，适当将图表调大，得到如图 4-51 所示的图表。

(2) 设置最终利润数据系列的格式。将最终利润数据系列的填充和轮廓都改为绿色。删除图 4-51 中最终利润的数据标签-6478。在【插入】选项卡中的【文本】命令组中，单击【文本框】命令 ⬚文本框。单击 Excel 工作表的任意空白位置，出现一个文本框 ⬚，在文本框中输入数字 6478，将文本框中的数字设置为白色、加粗和 14 号字，并且将文本框移动到最终利润数据系列之上，完成后的效果如图 4-52 所示。

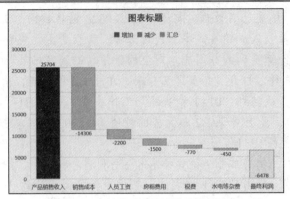

图 4-51　销售成本和利润的瀑布图

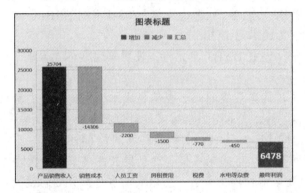

图 4-52　修改最终利润数据的显示格式

❖ **小解释**

　　因为图 4-50 中最突出显示的应该就是最终利润，而且实际情况是店铺的最终利润为正值，所以这里将最终利润数据系列修改为与其他支出项数据系列对比鲜明的颜色，将数据标签格式也修改为醒目的颜色和大小。

　　(3) 设置图表区域的背景及标题。单击选中图表区域的任意位置，利用单击右键所弹出的快捷菜单中的【填充】命令，把图表区域的背景设置为"灰色-15%"。修改图表标题为"销售成本和利润"，将标题文本加粗。完成后的效果如图 4-53 所示。

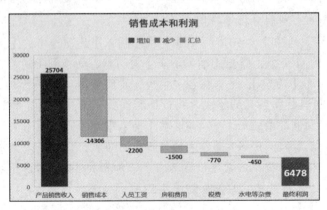

图 4-53　销售成本和利润

将"0322-0328 销售数据.xlsx"重命名为"销售情况整体分析结果.xlsx"。

小　结

本项目对销售情况做了整体分析,首先对销售额进行了分析,统计了每天的销售额,以天为单位计算了销售额的环比,分析了销售额的目标达成情况;接着对销售量进行了分析,统计了每天的销售量,将每天促销和非促销商品的销售量进行了比较;然后对毛利润进行了分析,统计了每天的毛利润,绘制了销售额、毛利润和销售量三者的组合图,发现三者具有正相关的关系;最后又对销售成本和利润进行了分析。学习了数据透视表、柱形图、堆积柱形图、组合图和瀑布图的绘制方法。

课后技能训练

1. 某自动售货机企业是国内具有一定知名度和名誉度的连锁企业,现需要利用"本周销售数据"工作簿统计分析 2021 年 5 月 24 日到 2021 年 5 月 30 日一周内售货机的整体销售情况并绘制图表,图表类型自选。

(1) 统计每日销售额并绘制图表,工作表命名为"01 每日销售额"。

(2) 统计每日销售额环比(相比前一天销售额环比)并绘制图表,工作表命名为"02 每日销售额环比"。

(3) 统计每日销售量并绘制图表,工作表命名为"03 每日销售数量"。

(4) 统计每日销售毛利润并绘制图表,工作表命名为"04 每日毛利润"。

(5) 统计每日销售额、销售量和毛利润的关系并绘制图表,工作表命名为"05 每日销售额、销售量、毛利润组合图"。

(6) 将"本周销售数据"工作簿重命名为"自动售货机销售情况整体分析结果"。

2. 某自动售货机企业统计了去年每个月的销售数据以及今年前五个月的销售数据,利用"2020-2021 销售情况"工作簿,计算销售额同比,并绘制可视化图表,最后将工作簿重命名为"自动售货机销售额同比分析结果"。

同比增速即指同比增长率,一般是指和去年同期相比较的增长率。若 A 代表本期销售额,B 代表去年同期销售额,C 代表该商品的同比增长率,则商品销售额的同比增长率公式如下:

$$C = \frac{A-B}{B} \times 100\%$$

按采用的基期不同,同比可分为周同比、月同比和年同比等。本次使用周同比计算销售额同比。

拓展训练

"1+X"大数据应用开发(Python)职业技能等级证书(初级)考试训练

1. 设置单元格格式，将单元格"26"设置保存两位小数的具体步骤为(　　)。

A. 选中单元格，选择【设置单元格格式】命令，弹出【设置单元格格式】对话框，在【数字】选项卡下的【分类】框中，选择【数值】，单击【确定】

B. 选中单元格，选择【数值】，在【小数位数】右侧输入"2"，单击【确定】

C. 选中单元格，选择【设置单元格格式】命令，弹出【设置单元格格式】对话框，在【数字】选项卡下的【分类】框中，选择【数值】，在【小数位数】右侧输入"2"，单击【确定】

D. 以上都不对

2. 绘制商品的每日销售额和环比值的簇状柱形图和折线图的组合图，具体步骤不包括(　　)。

A. 选择数据所在单元格区域，打开【插入图表】对话框

B. 创建空白数据透视表

C. 选择组合图，绘制组合图

D. 修改图表元素

3. 在现实生活中_____可以用来衡量一个企业在实际生产或经营过程中的获利能力，同时也能够体现一家企业主营业务的盈利空间和变化趋势，核算企业经营成果和价格制订是否合理的依据。

4. 商品的_____是指企业在一定时期内实际促销出去的产品数量，是大多数企业在商品销售分析时常选的分析指标之一。

5. 环比由于采用基期的不同可分为(　　)。

A. 日环比　　　　B. 周环比　　　　C. 月环比　　　　D. 年环比

6. 下列关于 Excel 的说法不正确的是(　　)。

A. Excel 将工作簿的每一张工作表分别作为一个文件夹保存

B. Excel 允许一个工作簿中可包含多个工作表

C. Excel 的图表必须与生成该图表的有关数据处于同一张工作表上

D. Excel 工作表的名称由文件名决定

7. 在【订单信息】工作表中，调整单元格区域 B 列到 H 列的列宽为"12.75"，具体的操作步骤包括(　　)。

A. 选择单元格区域　　　　　　　　B. 打开【列宽】对话框

C. 设置列宽为"12.75 磅"　　　　　D. 设置行高为"28 磅"

8. 某企业的自动便利店销售数据存在【9 月自助便利店销售业绩】工作簿中，为了统计每个店铺的营业总额和订单个数，需要将各店铺的营业总额打印出来，请分别用多种分类汇总方法对【9 月自助便利店销售业绩】工作表进行分类汇总。

(1) 使用简单分类汇总方法统计各店铺的营业总额。

(2) 使用高级分类汇总方法统计各店铺的订单个数。

(3) 使用分页汇总方法统计各店铺的营业总额，并将汇总结果分页显示。

9. 某餐饮企业是国内具有一定知名度、美誉度、多品牌、立体化的大型餐饮连锁企业。现需要利用【餐饮数据 1】工作簿分析 2018 年 8 月 22 日至 8 月 28 日一周时间内所有菜品的销售额环比。请计算菜品销售额的环比，并绘制簇状柱形图和折线图分析菜品销售额的环比。

项目 5　商品分析

项目背景

　　"和美家"连锁超市某分店收集了某周的销售数据，现在想对每种大类商品的销售情况做统计与对比分析，以便发现销售规律，提升店铺销售和盈利水平。

5-1　商品分析简介

项目 5——项目演示

项目演示

　　"和美家"连锁超市某分店某周各大类商品销售情况如下：

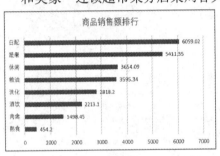

商品销售额排行

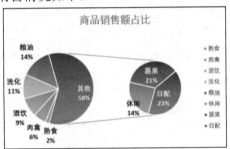

商品销售额占比

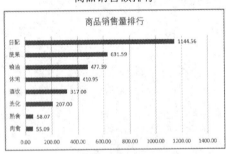

商品销售量排行

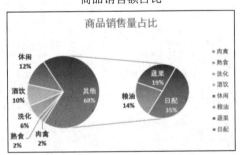

商品销售量占比

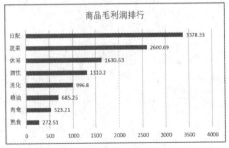

商品毛利润排行

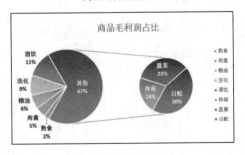

商品毛利润占比

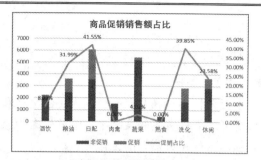

商品促销销售额占比

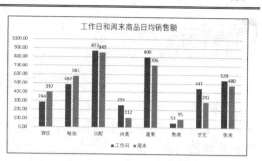

工作日和周末商品日均销售额

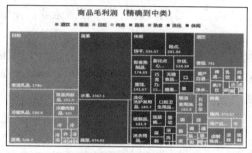

商品毛利润(精确到中类)

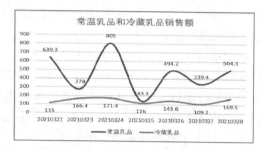

常温乳品和冷藏乳品销售额

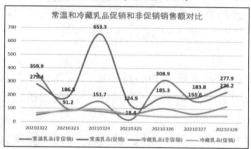

常温和冷藏乳品促销和非促销销售额对比

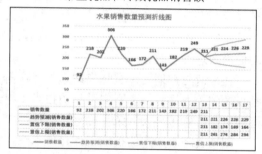

水果销售数量预测折线图

思维导图

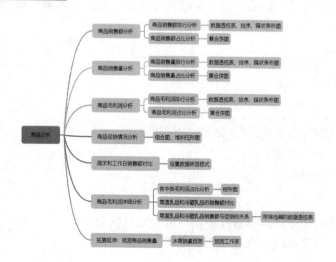

思政聚焦

大数据抗疫专家——贾晓丰

2020 年春节前夕武汉暴发了新冠肺炎疫情，随后疫情迅速传播，给全国人民的生产和生活带来极大的影响。作为北京市大数据中心数据管理部负责人的贾晓丰，临危受命带领数据管理部同事，完成了许多看似不可能的"紧急、困难和重要"的工作。

在抗疫初级阶段，为了配合公安部门排查密切接触人员，他们相继协调了民政、交通、卫生、规划、住房、社保等 10 余个政府部门，以及滴滴、美团、京东等互联网企业，完成了上亿条数据的汇聚共享。

抗疫持续进行，2020 年 3 月 1 日北京"健康宝"小程序上线。该小程序主要提供市民健康状态查询，为疫情期间的复工复产、交通出行、旅游住宿、居民生活和出入社区提供安全保障，所以一经上线，访问量巨大。为了使"健康宝"更顺畅地运行，贾晓丰同志带领技术团队连续 12 天通宵作战，每天睡眠不到两个小时，最终将并发处理能力提高了近 30 倍，解决了查看效率较低的问题。

为了能够为不同社会群体提供更多个性化服务，例如国外入境人员、复工复产人员、环境通勤人员、商务差旅人员、社区服务人员、老幼群体等，贾晓丰同志带领团队完成了"健康宝"后台 50 余次迭代研发。截至 2020 年 8 月，累计为 3800 余万人提供了 16 亿次的健康状态查询服务。

在疫情防控期间，贾晓丰同志冲锋在前、勇于承担重任，利用精湛的大数据技术为首都疫情防控大局提供了坚实可靠的技术支撑。2020 年 9 月 8 日，贾晓丰获评"全国抗击新冠肺炎疫情先进个人"荣誉称号。

回顾贾晓丰同志的抗疫工作，他那深厚的技术功底、对行业深入的认知、对祖国和人民强烈的责任感和无比的热爱，以及在压力面前勇于担当、勇于探索的精神值得每一个大数据人学习。

思考与讨论：

你还知道哪些大数据工作者以及他们的先进事迹？他们身上具有哪些优秀的品质和精神值得我们学习呢？

教学要求

知识目标

◎理解商品分析与销售情况整体分析的区别

◎理解排行分析的概念

◎理解占比分析的概念

能力目标

◎能够综合使用排序、数据透视表、筛选等完成数据统计

◎能够使用带筛选器的数据透视表完成数据分析

◎能够灵活运用条形图、饼图、折线图、树状图完成数据展示

◎能够根据以往数据完成未来数据的预测

学习重点

◎使用带筛选器的数据透视表完成数据分析

◎树状图数据的组织和绘制

◎运用条形图、饼图、折线图、树状图完成数据展示

学习难点

◎树状图数据的组织

◎根据以往数据完成未来数据的预测

任务 5.1　商品销售额分析

 任务描述

对 3 月 22 日至 3 月 28 日一周内各大类商品的销售额进行分析。

 任务分析

(1) 商品销售额排行分析。

(2) 商品销售额占比分析。

5-2　商品销售额分析

 任务实施

5.1.1　商品销售额排行分析

1. 统计每种大类商品的销售额

(1) 新建数据透视表。打开"0322-0328 销售数据"工作簿，选择"0322-0328 销售数据"工作表，单击数据区域内任一单元格，在【插入】选项卡的【表格】命令组中单击【数据透视表】图标，弹出【创建数据透视表】对话框，选择【放置数据透视表的位置】为新工作表，单击【确定】按钮，创建新工作表，在新工作表的【数据透视表字段】设置面板中，将【大类名称】拖动到【行】位置，将【销售金额】拖动到【值】位置(如图5-1 所示)，将新建的工作表重命名为"01 各大类商品销售额"。

图 5-1　各大类商品销售额数据透视表

(2) 各大类销售额排序。单击数据透视表的【求和项：销售金额】列数据区(B4:B11)

任意单元格，单击【数据】选项卡的【排序和筛选】命令组中的【升序】图标 ，将所有数据按销售金额升序排列。完成后的效果如图 5-2 所示。

(3) 格式化表格。选择图 5-2 中 A3:B11 数据区域，按【Ctrl+C】快捷键复制后，选中 A13 单元格，单击右键，选择 命令，仅粘贴数据的值。选中 A13:B21 区域，套用表格格式【表样式中等深浅 2】，确保 A13:B21 区域处于选中状态，在【数据】选项卡的【排序和筛选】组中去掉对【筛选】命令的选择，修改表头标题分别为"大类名称""销售金额"。再次选中 A13:B21 区域，在【开始】选项卡的【对齐方式】命令组中，单击 按钮，将数据居中对齐。确保 A13:B21 区域被选中，在【开始】选项卡的【单元格】命令组中单击【格式】命令旁边的下拉三角按钮，选择【行高】命令，在行高对话框中输入 20，单击【确定】按钮，完成后的效果如图 5-3 所示。

行标签	求和项:销售金额
熟食	454.2
肉禽	1498.45
酒饮	2213.1
洗化	2818.2
粮油	3595.34
休闲	3654.09
蔬果	5411.35
日配	6059.02
总计	25703.75

图 5-2 各大类商品销售额数据透视表

大类名称	销售金额
熟食	454.2
肉禽	1498.45
酒饮	2213.1
洗化	2818.2
粮油	3595.34
休闲	3654.09
蔬果	5411.35
日配	6059.02

图 5-3 各大类商品销售额

2. 绘制各大类商品销售额排行条形图

(1) 绘制条形图。选择图 5-3 所示数据，在【插入】选项卡的【图表】命令组中单击 按钮，弹出【插入图表】对话框，可查看推荐的图表和所有图表(如图 5-4 所示)，选择推荐的图表中的第二个——簇状条形图，单击【确定】按钮，绘制簇状条形图，如图 5-5 所示。

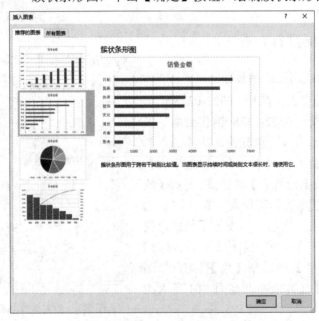

图 5-4 【插入图表】对话框

(2) 添加数据标签，修改图表标题为"商品销售额排行"。单击选中"绘图区"，再单击右上角的 ![+] 按钮，在【图表元素】快捷菜单中勾选【数据标签】前面的复选框，完成后的图表效果如图 5-6 所示。

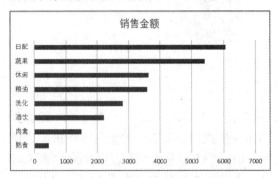 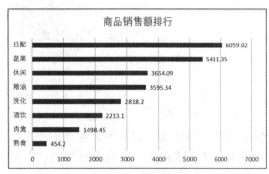

图 5-5　各大类商品销售额排行条形图　　　　图 5-6　添加数据标签

由图 5-6 可知，本周销售额最大的是日配，达到 6059.02 元，接下来是蔬果 5411.35 元，休闲和粮油分别为 3654.09 元和 3595.34 元，洗化和酒饮分别是 2818.2 元和 2213.1 元，肉禽为 1498.45 元，熟食只有 454.2 元。

5.1.2　商品销售额占比分析

本节要利用 5.1.1 节统计得到的数据绘制各大类商品销售额占比的饼图。

(1) 绘制复合饼图。选择图 5-3 所示数据，在【插入】选项卡的【图表】命令组中单击 ![] 按钮，弹出【插入图表】对话框，切换到【所有图表】选项卡，选择【饼图】中的【复合饼图】(如图 5-7 所示)，单击【确定】按钮，绘制复合饼图，如图 5-8 所示。

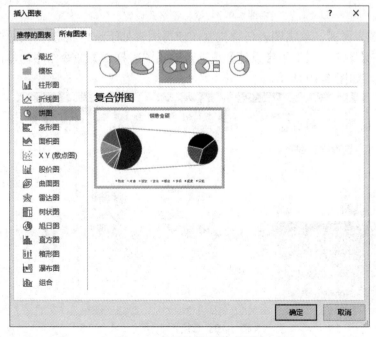

图 5-7　【插入图表】对话框

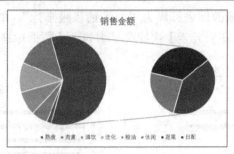

图 5-8 商品销售额复合饼图

(2) 添加数据标签。单击选中"绘图区"，再单击右上角的 ➕ 按钮，在【图表元素】快捷菜单中勾选【数据标签】前面的复选框，单击【数据标签】右侧的小三角按钮，选择【更多选项】弹出【设置数据标签格式】对话框，切换到【标签选项】选项卡 📊，去掉对【值】复选框的选择，勾选【类别名称】、【百分比】复选框，效果如图 5-9 所示。

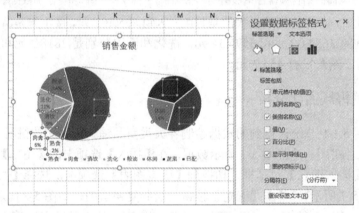

图 5-9 数据标签格式设置

(3) 套用图表样式。单击图表任意位置，使得图表处于选中状态(四周边框上出现 8 个空心圆圈)，在【图表工具】下【设计】选项卡的【图表样式】命令组中，单击样式 6 图标套用图表样式，如图 5-10 所示。

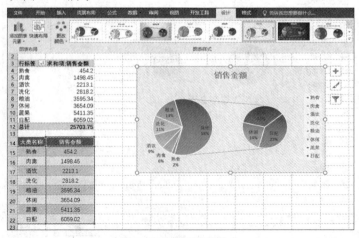

图 5-10 套用图表样式

(4) 个性化美化图表，修改图表标题。为了与其他图表保持风格一致，将图表背景的底纹去掉，即修改图表区的填充色为"自动"。因为蔬果的数据标签文字颜色和背景差别较小，所以为了让文字显示得更加清晰，将【蔬果 21%】数据标签文字更改为白色。修改图表标题为"商品销售额占比"。完成后的效果如图 5-11 所示。

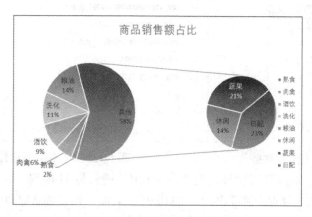

图 5-11　商品销售额占比

由图 5-11 可知，在周销售额占比中，日配占比最多为 23%，其次是蔬果为 21%，休闲和粮油均为 14%，洗化为 11%，酒饮为 9%，肉禽和熟食占比很低，分别为 6% 和 2%。

任务 5.2　商品销售量分析

 任务描述

对 3 月 22 日至 3 月 28 日一周内各大类商品的销售量进行分析，要求有数据有图表。

 任务分析

(1) 商品销售量排行分析。
(2) 商品销售量占比分析。

 任务实施

5-3　商品销售量分析

5.2.1　商品销售量排行分析

统计商品销售量排行的方法和 5.1.1 节中统计商品销售额排行的步骤大致相同，不同的是在新建数据透视表之后，在【数据透视表字段】设置面板中，将【大类名称】拖动到【行】位置，将【销售数量】拖动到【值】位置，将透视表按照得到的销售量从小到大排序，将新建的工作表重命名为"02 各大类商品销售量"，将销售数量保留到小数点后两位。

完成之后的各大类商品销售量排行数据和图表如图 5-12、图 5-13 所示。

大类名称	销售数量
肉禽	55.09
熟食	58.07
洗化	207.00
酒饮	317.00
休闲	410.95
粮油	477.39
蔬果	631.59
日配	1144.56

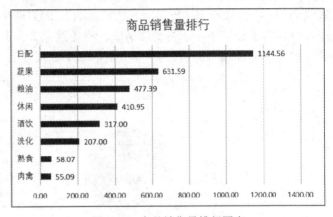

图 5-12 商品销售量排行数据   图 5-13 商品销售量排行图表

由图 5-13 可知，本周销售量最大的商品是日配，销量为 1144.56 元，接着是蔬果 631.59 元，粮油和休闲次之，分别为 477.39 元和 410.95 元，酒饮销量为 317.00 元，洗化为 207.00 元，熟食和肉禽销量最低，分别为 58.07 元和 55.09 元。

5.2.2　商品销售量占比分析

利用图 5-12 所示数据，使用 5.1.2 节中的方法绘制复合饼图，如图 5-14 所示。

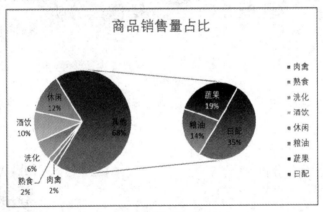

图 5-14 商品销售量占比

由图 5-14 可知，商品销售量占比最大的是日配，占到 35%，其次是蔬果和粮油，分别占 19% 和 14%，这三类一共占到 68%。接下来是休闲和酒饮，分别占 12% 和 10%，洗化占 6%，熟食和肉禽都只占 2%。

任务 5.3　商品毛利润分析

 任务描述

对 3 月 22 日至 3 月 28 日一周内各大类商品的毛利润进行分析，要求有数据有图表。

任务分析

(1) 商品毛利润排行分析。
(2) 商品毛利润占比分析。

5-4 商品毛利润分析

任务实施

5.3.1 商品毛利润排行分析

1. 统计商品毛利润

(1) 新建数据透视表，统计各大类商品的毛利润排行。统计商品毛利润排行的方法和 5.1.1 节中统计商品销售额排行的步骤大致相同，不同的是在新建数据透视表之后，在【数据透视表字段设置】面板中，将【大类名称】拖动到【行】位置，将【毛利润】拖动到【值】位置，将新建的工作表重命名为 "03 各大类商品毛利润"。完成后的效果如图 5-15 所示。

(2) 各大类毛利润排序。按照 5.1.1 节中所讲述的方法，将透视表按照毛利润从小到大排序。

(3) 格式化表格。方法与 5.1.1 节中所讲述的完全相同。完成后的效果如图 5-16 所示。

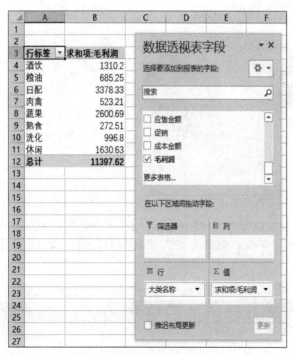

图 5-15 商品毛利润数据透视表

大类名称	毛利润
熟食	272.51
肉禽	523.21
粮油	685.25
洗化	996.8
酒饮	1310.2
休闲	1630.63
蔬果	2600.69
日配	3378.33

图 5-16 商品毛利润排行数据

2. 绘制各大类商品毛利润排行的条形图

方法与 5.1.1 节中所讲述的相同。完成之后的效果如图 5-17 所示。

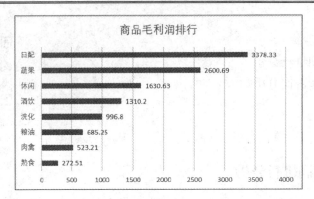

图 5-17　商品毛利润排行图表

由图 5-17 可知，毛利润最高的商品是日配，达到 3378.33 元，接着是蔬果、休闲和酒饮，分别为 2600.69 元、1630.63 元、1310.2 元，洗化和粮油以及肉禽分别是 996.8 元、685.25 元、523.21 元，最低的是熟食，只有 272.51 元。

5.3.2　商品毛利润占比分析

利用图 5-16 所示的数据，使用 5.1.2 节所述方法绘制复合饼图，如图 5-18 所示。

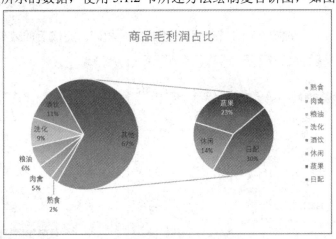

图 5-18　商品毛利润占比

由图 5-18 可知，毛利润占比最大的是日配，占 30%，接着是蔬果和休闲，分别占 23% 和 14%，这三者共占 67%。酒饮占 11%，洗化、粮油分别占 9% 和 6%，肉禽和熟食分别占 5% 和 2%。

任务 5.4　商品促销情况分析

 任务描述

统计各大类商品销售额中促销销售额的占比，要求有数据有图表。

任务分析

(1) 统计各大类商品促销商品和非促销商品的销售额。
(2) 统计促销商品的销售金额在总销售额中的占比。

 任务实施

5-5 商品促销情况分析

1. 统计各大类商品的促销情况数据

使用数据透视表统计各大类商品促销和非促销商品的销售额，然后计算各大类商品中促销商品的销售额占比。

(1) 新建数据透视表。选择"20210322-0328 销售数据"工作表，单击数据区域内任一单元格，在【插入】选项卡的【表格】命令组中，单击【数据透视表】图标，弹出【创建数据透视表】对话框，选择【放置数据透视表的位置】为新工作表，单击【确定】按钮，创建新工作表。在新工作表中的【数据透视表字段】设置面板中，将【大类名称】拖动到【行】位置，将【促销】拖动到【列】位置，将【销售金额】拖动到【值】位置(如图 5-19 所示)，将新建的工作表重命名为"04-各大类商品促销情况"。

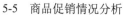

图 5-19 【数据透视表字段】设置

(2) 计算促销销售额占比。选择 A4:C12 数据区域，复制后，选中 A15 单元格，单击鼠标右键，选择 📋 命令，仅粘贴数据的值。修改标题行为"大类名称""非促销""促销"，在 D15 单元格中输入"促销占比"。单击选中 C16 单元格，输入公式"=C16/(B16+C16)"，按【Enter】键进行计算，得到酒饮的促销销售额占比为"0.082192"。使用快速计算方法，填充其他大类商品促销销售额占比。

(3) 设置促销销售额占比数字格式。选中 D16:D23 区域数据，单击鼠标右键，再单击【设置单元格格式】命令，在弹出的【设置单元格格式】对话框的【数字】选项卡中选中

【百分比】，小数位数设置为 2，单击【确定】按钮，得到促销销售额占比数据如图 5-20 所示。

(4) 格式化表格。选择图 5-20 数据区域，套用表格格式【表样式中等深浅 2】，去掉表头的筛选状态，修改表头标题为"大类名称""非促销""促销""促销占比"，数据居中对齐，行高设置为 20，完成后的效果如图 5-21 所示。

15	大类名称	非促销	促销	促销占比
16	酒饮	2031.2	181.9	8.22%
17	粮油	2445.2	1150.14	31.99%
18	日配	3541.72	2517.3	41.55%
19	肉禽	1498.45		0.00%
20	蔬果	5194.04	217.31	4.02%
21	熟食	454.2		0.00%
22	洗化	1695.1	1123.1	39.85%
23	休闲	2792.39	861.7	23.58%

图 5-20　各大类商品促销情况数据-1

大类名称	非促销	促销	促销占比
酒饮	2031.2	181.9	8.22%
粮油	2445.2	1150.14	31.99%
日配	3541.72	2517.3	41.55%
肉禽	1498.45		0.00%
蔬果	5194.04	217.31	4.02%
熟食	454.2		0.00%
洗化	1695.1	1123.1	39.85%
休闲	2792.39	861.7	23.58%

图 5-21　各大类商品促销情况数据-2

2. 绘制各大类商品促销情况统计图表

(1) 绘制组合图。选择图 5-21 所示的数据，在【插入】选项卡的【图表】命令组中单击 按钮，弹出【插入图表】对话框，可查看推荐的图表和所有图表(如图 5-22 所示)，因为当前推荐的图表离目标图表很接近，所以直接单击【确定】按钮，绘制组合图，如图 5-23 所示。

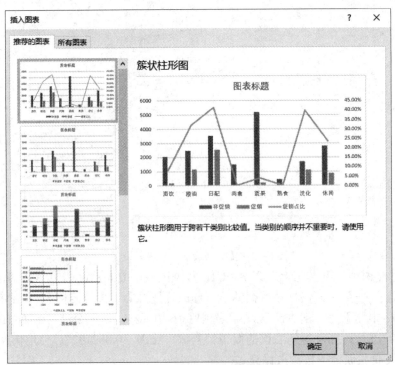

图 5-22　【插入图表】对话框

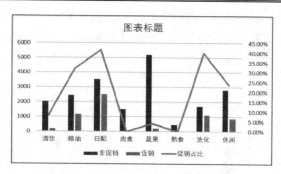

图 5-23   各大类商品促销情况组合图-1

(3) 修改图表类型。为了使得表达效果更明显，我们把柱形图改为堆积柱形图，单击图表区任意位置，选中图表，在【图表工具】的【设计】标签下单击【更改图表类型】命令，弹出【更改图表类型】对话框，将【非促销】和【促销】的图表类型修改为【堆积柱形图】(如图 5-24 所示)，单击【确定】按钮，完成后的效果如图 5-25 所示。

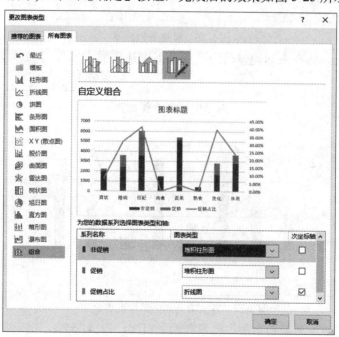

图 5-24   【更改图表类型】对话框

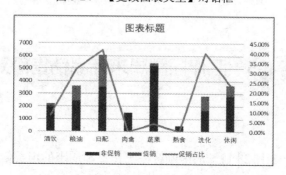

图 5-25   各大类商品促销情况组合图-2

(2) 添加数据标签。单击选中"绘图区",单击右上角的 ➕ 按钮,在【图表元素】快捷菜单中勾选【数据标签】前面的复选框,单击【数据标签】右侧的小三角按钮,选择【上方】,如图 5-26 所示。

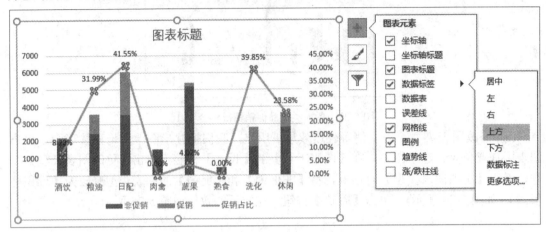

图 5-26　添加数据标签

(3) 修改标题。将图表标题修改为"商品促销销售额占比",完成后的图表如图 5-27 所示。

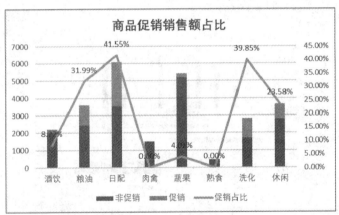

图 5-27　各大类商品促销情况组合图-3

由图 5-27 可知,促销销售额占比最高的是日配,占 41.55%,接着是洗化和粮油,分别占 39.85%和 31.99%,休闲占 23.58%,酒饮和蔬果分别占 8.22%和 4.02%,熟食和肉禽没有促销。

任务 5.5　工作日和周末商品销售额对比

 任务描述

分析 3 月 22 日至 3 月 28 日一周内顾客在工作日和周末的消费偏好。

任务分析

统计工作日和周末各大类商品的销售额并绘制可视化图表。

 任务实施

5-6　工作日和周末商品
销售额对比

1. 统计各大类商品在工作日和周末的日均销售额

使用数据透视表统计各大类商品每天的销售额,然后计算工作日和周末商品的销售额。

(1) 新建数据透视表。选择"20210322-0328 销售数据"工作表,单击数据区域内任一单元格,在【插入】选项卡的【表格】命令组中单击【数据透视表】图标,弹出【创建数据透视表】对话框,选择【放置数据透视表的位置】为新工作表,单击【确定】按钮,创建新工作表。在新工作表的【数据透视表字段】设置面板中,将【大类名称】拖动到【行】位置,将【销售日期】拖动到【列】位置,将【销售金额】拖动到【值】位置(如图 5-28 所示),将新建的工作表重命名为"05-各大类商品工作日和周末日均销售额"。

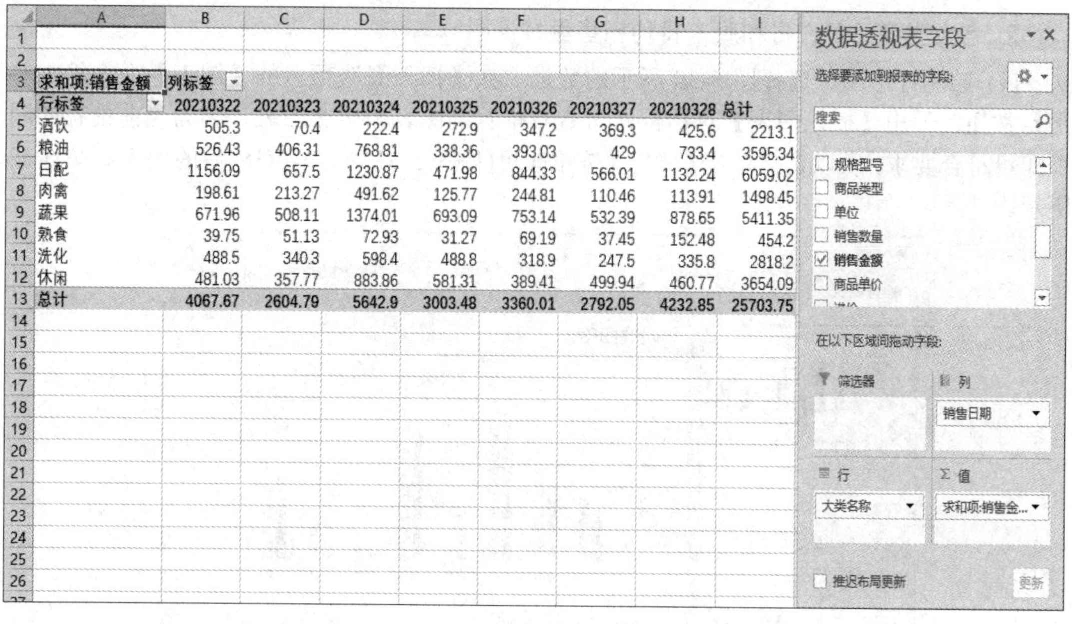

图 5-28　【数据透视表字段】设置

(2) 计算工作日和周末日均销售额。选择 A4:A12 数据区域,复制后,选中 A15 单元格,单击右键,选择命令,仅粘贴数据的值。在 B15 和 C15 单元格中分别输入"工作日""周末",在 B16 单元格中输入公式"=SUM(B5:F5)/5",在 C16 单元格中输入公式"=SUM(G5:H5)/2",即可完成对酒饮类商品工作日和周末销售额的统计,使用快速计算方法完成对其他大类商品工作日和周末销售额的统计,如图 5-29 所示。

(3) 设置数字格式。选中 B16:C23 区域数据,单击

行标签	工作日	周末
酒饮	283.64	397.45
粮油	486.588	581.2
日配	872.154	849.125
肉禽	254.816	112.185
蔬果	800.062	705.52
熟食	52.854	94.965
洗化	446.98	291.65
休闲	538.676	480.355

图 5-29　各大类商品工作日和
周末销售额数据-1

鼠标右键，再单击【设置单元格格式】命令，在弹出的【设置单元格格式】对话框的【数字】选项卡中选中【数值】，小数位数设置为 2，单击【确定】按钮。

(4) 格式化表格。修改 A15 单元格的内容为"大类名称"，选择图 5-29 所示的数据，套用表格格式【表样式中等深浅 2】，设置内容居中对齐，设置行高为 20，完成后的效果如图 5-30 所示。

大类名称	工作日	周末
酒饮	283.64	397.45
粮油	486.59	581.20
日配	872.15	849.13
肉禽	254.82	112.19
蔬果	800.06	705.52
熟食	52.85	94.97
洗化	446.98	291.65
休闲	538.68	480.36

图 5-30　各大类商品工作日和周末销售额数据-2

2. 各大类商品工作日和周末日均销售额柱形图

(1) 绘制柱形图。选择图 5-30 所示的数据，在【插入】选项卡的【图表】命令组中单击 按钮，弹出【插入图表】对话框，可查看推荐的图表和所有图表，因为当前推荐的图表即可符合要求，所以直接单击【确定】按钮即可(如图 5-31 所示)，完成后的图表如图 5-32 所示。

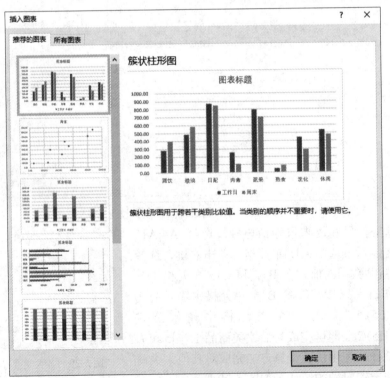

图 5-31【插入图表】对话框

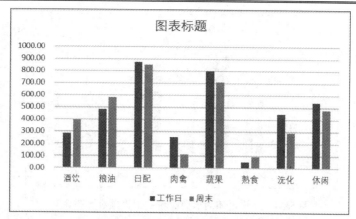

图 5-32 各大类商品工作日和周末日均销售额图表-1

(2) 添加数据标签并设置数据标签数据位数。单击选中"绘图区",再单击右上角的 ⊞ 按钮,在【图表元素】快捷菜单中单击【数据标签】命令按钮,可见【数据标签】命令前面的复选框处于选中状态,【数据标签】命令后出现向左小三角按钮。单击这个小三角按钮,选择【更多选项】,弹出【设置数据标签格式】对话框,在【标签选项】选项卡中,单击【数字】,在【类别】下选择【数字】,然后把小数位数调整为"0"(如图 5-33 所示),可以看到工作日销售额显示为整数。

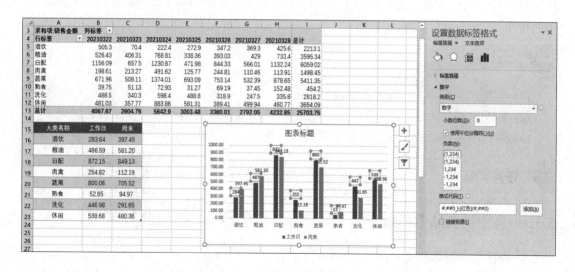

图 5-33 设置数据标签小数位数

单击图表中任意以橙色柱形表示的周末销售额数据标签,选中所有周末销售额数据标签,重复上步设置小数位数的步骤,将周末数据标签设置为显示整数。

(3) 修改标题。将图表标题修改为"工作日和周末商品日均销售额",完成后的图表如图 5-34 所示。

由图 5-34 可知,本周日配、肉禽、蔬果、洗化、休闲这几类商品在工作日的日均销售额大于周末的日均销售额,而酒饮、粮油、熟食在周末的日均销售额大于工作日日均销售额。

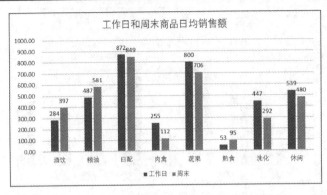

图 5-34　工作日和周末商品日均销售额对比图表-2

任务 5.6　商品毛利润详细分析

任务描述

　　找到毛利润最大的大类产品，对于这类产品，将商品分析的粒度减小到中类，对比分析这类产品中毛利润最大的两种中类产品的销售情况，分析两种中类产品在销售过程中促销的作用。

任务分析

　　(1) 毛利润分析——包括大类精确到中类。
　　(2) 在毛利润最大的大类产品中，对比分析毛利润最大的两种中类产品的销售额。
　　(3) 两种中类产品的促销与非促销销售额分析。

任务实施

5.6.1　各中类商品毛利润分析

5-7　各中类毛利润分析

1. 统计各中类商品毛利润

　　(1) 新建数据透视表。选择"0322-0328 销售数据"工作表，单击数据区域内任一单元格，在【插入】选项卡的【表格】命令组中单击【数据透视表】图标，弹出【创建数据透视表】对话框，选择【放置数据透视表的位置】为新工作表，单击【确定】按钮，创建新工作表。在新工作表中的【数据透视表字段】设置面板中，将【大类名称】、【中类名称】拖动到【行】位置，将【毛利润】拖动到【值】位置(如图 5-35 所示)，将新建的工作表重命名为"06-1 各中类商品毛利润"。得到的数据如图 5-36 所示(因数据行数太多，仅显示部分数据)。

　　(2) 修改数据表现形式。去掉各大类商品销售额的汇总项，将数据组织成图 5-36 所示格式，共 81 行。本节最终要绘制的树形图表属于多标签图表，大类名称和中类名称两层嵌套，要将数据组织成图 5-36 所示的格式才能满足绘图要求。

(3) 修改表格格式。选择图 5-36 所示的数据，套用表格格式【表样式中等深浅 2】，第一列、第三列内容居中对齐，行高设置为 20，完成后的效果如图 5-37 所示。

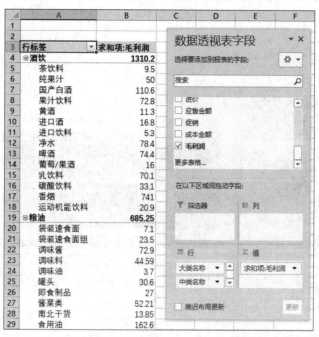

图 5-35　数据透视表设置

大类名称	中类名称	毛利润
酒饮	茶饮料	9.5
	纯果汁	50
	国产白酒	110.6
	果汁饮料	72.8
	黄酒	11.3
	进口酒	16.8
	进口饮料	5.3
	净水	78.4
	啤酒	74.4
	葡萄/果酒	16
	乳饮料	70.1
	碳酸饮料	33.1
	香烟	741
	运动机能饮料	20.9
粮油	袋装速食面	7.1
	袋装速食面组	23.5
	调味酱	72.9
	调味料	44.59
	调味油	3.7
	罐头	30.6
	即食制品	27
	酱菜类	52.21
	南北干货	13.85
	食用油	162.6
	桶杯装速食面	5.2

图 5-36　各中类毛利润数据-1

大类名称	中类名称	毛利润
酒饮	茶饮料	9.5
	纯果汁	50
	国产白酒	110.6
	果汁饮料	72.8
	黄酒	11.3
	进口酒	16.8
	进口饮料	5.3
	净水	78.4
	啤酒	74.4
	葡萄/果酒	16
	乳饮料	70.1
	碳酸饮料	33.1
	香烟	741
	运动机能饮料	20.9
粮油	袋装速食面	7.1
	袋装速食面组	23.5
	调味酱	72.9
	调味料	44.59
	调味油	3.7
	罐头	30.6

图 5-37　各中类毛利润数据-2

2. 绘制各中类毛利润树状图

(1) 绘制树状图。选择图 5-37 所示的数据(共 81 行)，在【插入】选项卡的【图表】命令组中单击 ☐ 按钮，弹出【插入图表】对话框，可以看到推荐的图表——树状图就是适合表达意图的图形(如图 5-38 所示)，单击【确定】按钮，绘制树状图，如图 5-39 所示。

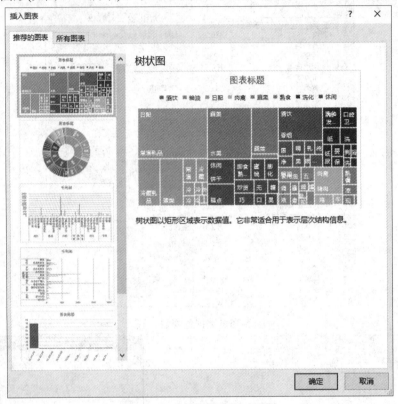

图 5-38　【插入图表】对话框

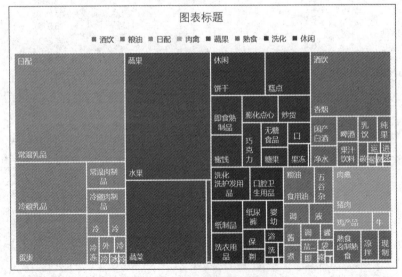

图 5-39　中类毛利润树状图

(2) 添加数据标签。单击选中"绘图区"，再单击右上角的 ➕ 按钮，在【图表元素】快捷菜单中单击【数据标签】右侧的小三角按钮，选择【其他数据标签】，弹出【设置数据标签格式】对话框，切换到【标签选项】选项卡 ，勾选【类别名称】、【值】复选框，效果如图 5-40 所示。

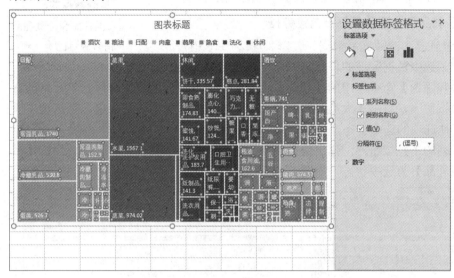

图 5-40　添加数据标签

(3) 修改图表标题。将图表标题修改为"商品毛利润(精确到中类)"，完成后的效果如图 5-41 所示。

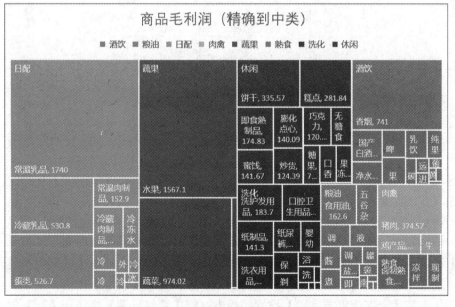

图 5-41　商品毛利润(精确到中类)

树形图会自动按照大类、中类数据进行排序，然后从左到右、从上到下绘制图形，同一大类使用同一背景色，如图 5-41 所示的大类毛利润排行为日配、蔬果、休闲、洗化、酒饮、粮油、肉禽、熟食，日配类毛利润最大的分别是常温乳品、冷藏乳品、蛋类等。

5.6.2   常温乳品和冷藏乳品的销售额对比

常温乳制品和冷藏乳制品是日配类中毛利润最大的中类商
品，绘制两类乳制品的销售额曲线，观察两类乳制品的销售规律。

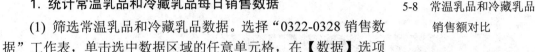

5-8   常温乳品和冷藏乳品
销售额对比

1. 统计常温乳品和冷藏乳品每日销售数据

(1) 筛选常温乳品和冷藏乳品数据。选择"0322-0328 销售数
据"工作表，单击选中数据区域的任意单元格，在【数据】选项
卡中单击【排序和筛选】命令组中的【筛选】命令，可见数据区域所有标题单元格的右
侧都出现了下拉按钮，单击【大类名称】列的下拉按钮，弹出快捷菜单，默认选中所
有大类，去掉其他选项的选中状态，只保留【日配】选项为选中状态，如图 5-42 所示。单
击【中类名称】列的下拉按钮，弹出快捷菜单，去掉其他选项的选中状态，只保留【常
温乳品】、【冷藏乳品】为选中状态，如图 5-43 所示。

图 5-42   筛选大类

图 5-43   筛选中类

单击数据区域的任何位置，按【Ctrl+A】快捷键选中所有数据，按【Ctrl+C】快捷键
复制数据，新建工作表并重命名为"06-常温和冷藏乳品数据"，单击鼠标右键并选择只粘
贴数值，完成后得到常温乳品和冷藏乳品数据，效果如图 5-44 所示，共 197 行数据。

(2) 新建数据透视表。单击"06-常温和冷藏乳品数据"工作表数据区域内的任一单元
格，在【插入】选项卡的【表格】命令组中单击【数据透视表】图标，弹出【创建数据透
视表】对话框，选择【放置数据透视表的位置】为新工作表，单击【确定】按钮，创建新
工作表。在新工作表的【数据透视表字段】设置面板中，将【销售日期】拖动到【行】位
置，将【中类名称】拖动到【列】位置，将【销售金额】拖动到【值】位置(如图 5-45 所
示)，将新建的工作表重命名为"06-2 常温乳品和冷藏乳品销售额"。

图 5-44 常温乳品和冷藏乳品数据

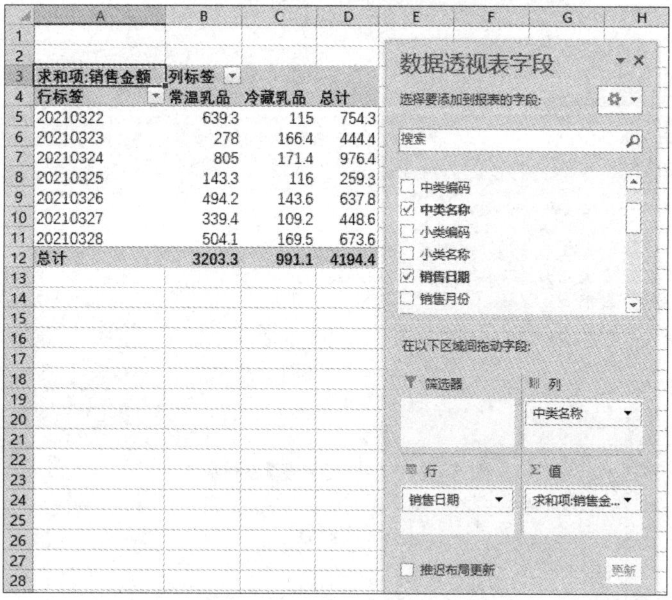

图 5-45 常温乳品和冷藏乳品数据透视表

(3) 格式化表格。选择 A4:C11 数据区域，仅将数值复制到 A14:C21 区域，套用表格格式【表样式中等深浅 2】，去掉表头的筛选状态，修改表头标题为"销售日期""常温乳品""冷藏乳品"，修改行高为 20，内容居中显示，完成后的效果如图 5-46 所示。

销售日期	常温乳品	冷藏乳品
20210322	639.3	115
20210323	278	166.4
20210324	805	171.4
20210325	143.3	116
20210326	494.2	143.6
20210327	339.4	109.2
20210328	504.1	169.5

图 5-46 常温乳品和冷藏乳品销售数据

2. 绘制常温乳品和冷藏乳品销售额的对比图表

(1) 绘制折线图。选择图 5-46 所示数据，在【插入】选项卡的【图表】命令组中单击 按钮，弹出【插入图表】对话框，选择【所有图表】选项卡中的【折线图】，再选择【折线图】的第二种(如图 5-47 所示)，单击【确定】按钮，绘制折线图，如图 5-48 所示。

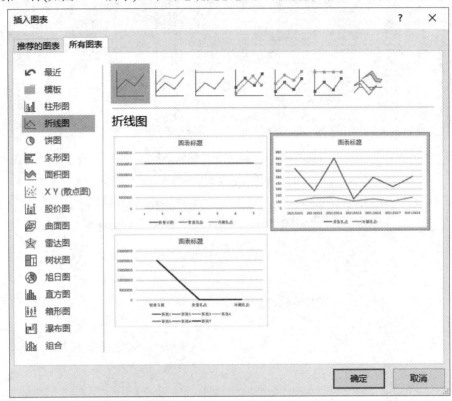

图 5-47　【插入图表】对话框

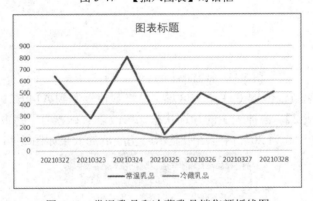

图 5-48　常温乳品和冷藏乳品销售额折线图

(2) 添加数据标签并设置位置。单击选中"绘图区"，再单击右上角的 按钮，在【图表元素】快捷菜单中勾选【数据标签】前面的复选框，为折线图添加数据标签。此时可以看到 3 月 25 日常温乳品和冷藏乳品的数据标签重叠，单击橙色的冷藏乳品折线，单击右键，选择【设置数据标签格式】，将【标签位置】设置为【靠下】，如图 5-49 所示。

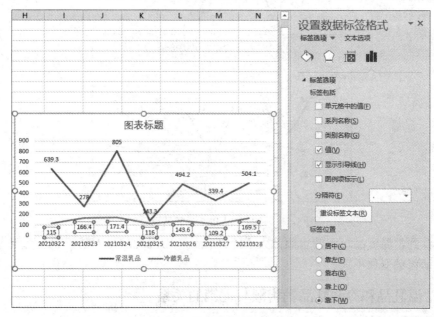

图 5-49   设置数据标签位置

(3) 将折线变为平滑曲线。右键单击冷藏乳品折线，选择【设置数据系列格式】命令，弹出【设置数据系列格式】对话框，选择【填充与线条】 选项卡，选择【线条】 线条，在面板右下方勾选【平滑线】选项前面的复选框，将折线设置为平滑曲线(如图 5-50 所示)。用同样的方法将常温乳品折线也设置为平滑曲线。

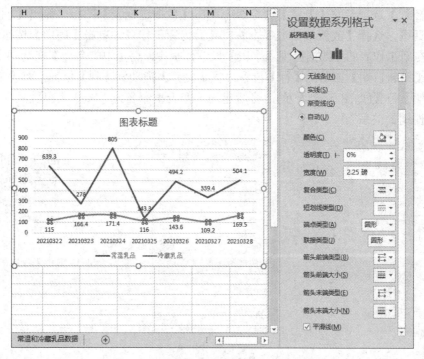

图 5-50   设置冷藏乳品折线为平滑曲线

(4) 修改图表标题。将图表标题修改为"常温乳品和冷藏乳品销售额"，完成后的图表如图 5-51 所示。

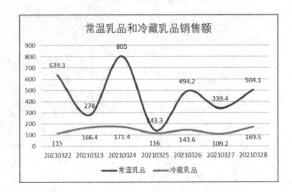

图 5-51   常温乳品和冷藏乳品销售额

可以看到常温乳品每天销售额都大于冷藏乳品，常温乳品每天销售额波动较大，冷藏乳品每天销售额变化不大。

5.6.3   常温乳品和冷藏乳品销售额与促销的关系

常温乳品和冷藏乳品作为日配商品中毛利润最高的两个中类，其二者的销售曲线完全不同，推测是因为促销原因导致两类商品的销售曲线差别较大，本节通过绘制图形比较分析两类乳制品销售额和促销的关系。

1. 统计常温乳品和冷藏乳品促销与非促销销售额对比数据

(1) 新建数据透视表。单击"06-常温和冷藏乳品数据"工作表数据区域内的任一单元格，在【插入】选项卡的【表格】命令组中单击【数据透视表】图标，弹出【创建数据透视表】对话框，选择【放置数据透视表的位置】为新工作表，单击【确定】按钮，创建新工作表。在新工作表的【数据透视表字段】设置面板中，将【中类名称】拖动到【筛选器】位置，将【销售日期】拖动到【行】位置，将【促销】拖动到【列】位置，将【销售金额】拖动到【值】位置(如图 5-52 所示)，将新建的工作表重命名为"06-3 常温乳品和冷藏乳品销售额与促销的关系"。

5-9   常温乳品和冷藏乳品
销售额与促销的关系

图 5-52   常温乳品和冷藏乳品促销数据透视表

(2) 整理销售额数据。单击 B1 单元格中的 ▼ 按钮，在弹出的面板中单击选中【常规乳品】，单击【确定】按钮，此时工作簿中的数据转换为常规乳品销售额数据，选中 A4:C11 单元格，仅将数值复制到以 A19 开始的单元格区域。单击 B1 单元格中的 ▼ 按钮，在弹出的面板中单击选中【冷藏乳品】，单击【确定】按钮，此时工作簿中的数据转换为冷藏乳品销售额数据，选中 B4:C11 单元格，仅将数值复制到以 C19 开始的单元格区域。完成后的效果如图 5-53 所示。

行标签	否	是	否	是
20210322	359.9	279.4	49.7	65.3
20210323	91.2	186.8	86.5	79.9
20210324	151.7	653.3	77.9	93.5
20210325	18.4	124.9	58.7	57.3
20210326	308.9	185.3	101.7	41.9
20210327	155.6	183.8	63.6	45.6
20210328	226.2	277.9	120.1	49.4

图 5-53　整理销售额数据

(3) 格式化表格。图 5-53 所示数据套用表格格式【表样式中等深浅 2】，去掉表头的筛选状态，修改表头标题为"销售日期""常温乳品(非促销)""常温乳品(促销)""冷藏乳品(非促销)""冷藏乳品(促销)"，修改行高为 20，完成后的效果如图 5-54 所示。

销售日期	常温乳品(非促销)	常温乳品(促销)	冷藏乳品(非促销)	冷藏乳品(促销)
20210322	359.9	279.4	49.7	65.3
20210323	91.2	186.8	86.5	79.9
20210324	151.7	653.3	77.9	93.5
20210325	18.4	124.9	58.7	57.3
20210326	308.9	185.3	101.7	41.9
20210327	155.6	183.8	63.6	45.6
20210328	226.2	277.9	120.1	49.4

图 5-54　常温乳品和冷藏乳品促销销售额数据

2. 绘制常温乳品和冷藏乳品促销与非促销销售额对比图表

(1) 绘制折线图。选择图 5-54 数据，在【插入】选项卡的【图表】命令组中单击 按钮，弹出【插入图表】对话框，选择【所有图表】选项卡中的【折线图】，再选择【堆积柱形图】的第二种(如图 5-55 所示)，单击【确定】按钮，绘制折线图，如图 5-56 所示。

(2) 将折线变为平滑曲线。右键单击任意折线，选择【设置数据系列格式】命令，弹出【设置数据系列格式】对话框，选择【填充与线条】 选项卡中的【线条】 线条，在面板右下方勾选【平滑线】选项前面的复选框，将折线设置为平滑曲线，用同样的方法将所有折线都设置为平滑曲线。

(3) 更改数据系列颜色。将常温乳品的两条曲线颜色改为接近色，将冷藏乳品两条曲线改为接近色，方便按组对比分析。右键单击常温乳品(促销)曲线，单击【轮廓】按钮，在弹出的颜色面板中选择浅蓝，将曲线设置为浅蓝色。用同样的方法，将冷藏乳品(非促销)的曲线设置为橙色。

(4) 添加数据标签。单击选中常温乳品(非促销)曲线，再单击右上角的 ➕ 按钮，在【图表元素】快捷菜单中勾选【数据标签】前面的复选框为常温乳品(非促销)曲线添加数据标签，用同样的方法为常温乳品(促销)添加数据标签。

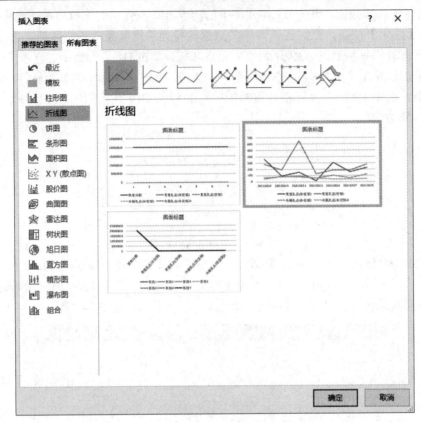

图 5-55　【插入图表】对话框

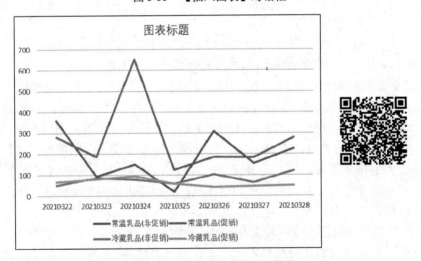

图 5-56　常温乳品和冷藏乳品促销情况销售额折线图

(5) 修改图表标题。将图表标题修改为"常温和冷藏乳品促销和非促销日均销售额对比",完成后的图表如图 5-57 所示。

由图 5-57 可知,冷藏乳品的促销和非促销销售额曲线都比较平缓,变化不大;常温乳品的两条销售额曲线变化都比较明显。3 月 24 日周三常温乳品的促销销售额最高,达到 653.3 元,3 月 25 日的促销销售额仅为 124.9 元。非促销销售额 3 月 22 日周一最高为 359.9

元，3 月 25 日周四最低，仅为 18.4 元。

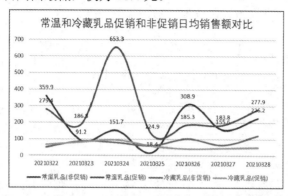

图 5-57　常温和冷藏乳品促销和非促销日均销售额对比

将"0322-0328 销售数据.xlsx"重命名为"商品分析结果.xlsx"。

拓展延伸：预测商品销售量

　　"和美家"超市某分店想通过 2021 年 1 月 1 日到 3 月 28 日的水果销售量预测未来四周的水果销售量，以便安排进货。

　　可以采用函数、绘制预测曲线图、预测工作表等几种方式，再通过以往多个周期的已有数据来预测未来周期的数据，本节采用预测工作表方式。

　　1. 制作水果销量预测数据表

　　(1) 得到水果销售数据。打开"0322-0328 销售数据"工作表，在【数据】选项卡下的【排序和筛选】命令组中单击【筛选】命令，然后在表格的标题行单击大类名称后的下拉三角按钮，去掉对其他类别的选择，只选择蔬果类，单击【确定】按钮。单击中类名称后的下拉三角按钮，去掉对其他类别的选择，只选择【水果类】，单击【确定】按钮。这样就筛选出了所有水果的销售数据，如图 5-58 所示。单击区域内任意单元格，按【Ctrl+A】选择所有水果类销售数据，按【Ctrl+C】复制数据。

图 5-58　筛选得到水果销售数据

　　(2) 新建"拓展-水果销售数据"工作表。创建新的工作表并重命名为"拓展-水果销售数据"，单击 A1 单元格，单击右键，在【粘贴选项】中选择只粘贴值，得到所有水果的销售数据工作表，包括标题行在内共有 206 行数据，如图 5-59 所示。

	A	B	C	D	E	F	G	H	I	J	K	L	M	N	O	P	Q	R
178	2473	12	蔬果	1203	水果	120303	梨类	20210322	202103	DW-1203C	散称	生鲜	KG	2	8	4	2.4	8	否
179	2473	12	蔬果	1203	水果	120313	其它水果	20210322	202103	DW-1203C	散称	生鲜	KG	1.502	17.99	11.98	7.2	17.99	否
180	2517	12	蔬果	1203	水果	120307	蕉类	20210326	202103	DW-1203C	散称	生鲜	KG	2.424	14.45	5.96	3.6	14.45	否
181	2559	12	蔬果	1203	水果	120309	进口水果	20210328	202103	DW-1203C	散称	生鲜	KG	1.332	23.44	17.6	10.6	23.44	否
182	614	12	蔬果	1203	水果	120302	苹果类	20210328	202103	DW-1203C	散称	生鲜	KG	0.498	8.76	17.6	10.6	8.76	否
183	300	12	蔬果	1203	水果	120309	进口水果	20210327	202103	DW-1203C	散称	生鲜	KG	1.508	13.5	27.8	16.7	41.92	是
184	2560	12	蔬果	1203	水果	120302	苹果类	20210327	202103	DW-1203C	散称	生鲜	KG	0.46	9.11	19.8	11.9	9.11	否
185	2337	12	蔬果	1203	水果	120313	其它水果	20210327	202103	DW-1203C	散称	生鲜	KG	1.354	5.39	3.98	2.4	5.39	否
186	805	12	蔬果	1203	水果	120305	瓜类	20210323	202103	DW-1203C	散称	生鲜	KG	1.268	10.12	7.98	4.8	10.12	否
187	1818	12	蔬果	1203	水果	120302	苹果类	20210323	202103	DW-1203C	散称	生鲜	KG	0.678	4.04	5.96	3.6	4.04	否
188	1058	12	蔬果	1203	水果	120307	蕉类	20210323	202103	DW-1203C	散称	生鲜	KG	0.402	4.01	9.98	6	4.01	否
189	75	12	蔬果	1203	水果	120306	桃/李类	20210323	202103	DW-1203C	散称	生鲜	KG	0.714	14.14	19.8	11.9	14.14	否
190	761	12	蔬果	1203	水果	120305	瓜类	20210323	202103	DW-1203C	散称	生鲜	KG	1.076	8.59	7.98	4.8	8.59	否
191	1072	12	蔬果	1203	水果	120302	苹果类	20210323	202103	DW-1203C	散称	生鲜	KG	1.604	9.2	9.98	6	16.01	是
192	405	12	蔬果	1203	水果	120303	梨类	20210323	202103	DW-1203C	散称	生鲜	KG	0.754	9.03	11.98	7.2	9.03	否
193	2469	12	蔬果	1203	水果	120302	苹果类	20210325	202103	DW-1203C	散称	生鲜	KG	0.902	7.2	7.98	4.8	7.2	否
194	2469	12	蔬果	1203	水果	120302	苹果类	20210327	202103	DW-1203C	散称	生鲜	KG	0.912	5.44	5.96	3.6	5.44	否
195	2541	12	蔬果	1203	水果	120313	其它水果	20210327	202103	DW-1203C	散称	生鲜	KG	0.495	7.43	15	9	7.43	否
196	1211	12	蔬果	1203	水果	120306	桃/李类	20210328	202103	DW-1203C	散称	生鲜	KG	0.682	6.79	9.96	6	6.79	否
197	2118	12	蔬果	1203	水果	120313	其它水果	20210328	202103	DW-1203C	散称	生鲜	KG	0.424	5.08	11.98	7.2	5.08	否
198	152	12	蔬果	1203	水果	120306	桃/李类	20210328	202103	DW-1203C	散称	生鲜	KG	0.504	5.03	9.98	6	5.03	否
199	152	12	蔬果	1203	水果	120303	梨类	20210328	202103	DW-1203C	散称	生鲜	KG	1.061	4.24	4	2.4	4.24	否
200	773	12	蔬果	1203	水果	120302	苹果类	20210325	202103	DW-1203C	散称	生鲜	KG	0.922	11.05	11.98	7.2	11.05	否
201	2510	12	蔬果	1203	水果	120307	蕉类	20210328	202103	DW-1203C	散称	生鲜	KG	1.106	6.59	5.96	3.6	6.59	否
202	454	12	蔬果	1203	水果	120313	其它水果	20210323	202103	DW-1203C	散称	生鲜	KG	0.35	6.93	19.8	11.9	6.93	否
203	1196	12	蔬果	1203	水果														

图 5-59　水果销售数据

(3) 新建"拓展-水果销量预测"工作表。创建新的工作表并重命名为"拓展-水果销量预测"，打开"2021 每周水果销量统计"工作表，将里面的所有数据复制到"拓展-水果销量预测"工作表中，得到的数据如图 5-60 所示。

	A	B	C
1	周数	日期	销售数量
2	1	2021/01/01-2021/01/03	92.297
3	2	2021/01/04-2021/01/10	217.971
4	3	2021/01/11-2021/01/17	201.937
5	4	2021/01/18-2021/01/24	306.301
6	5	2021/01/25-2021/01/31	219.711
7	6	2021/02/01-2021/02/07	166.344
8	7	2021/02/08-2021/02/14	171.966
9	8	2021/02/15-2021/02/21	210.938
10	9	2021/02/22-2021/02/28	142.875
11	10	2021/03/01-2021/03/07	181.666
12	11	2021/03/08-2021/03/14	219.034
13	12	2021/03/15-2021/03/21	248.674

图 5-60　2021 年前 13 周水果销量数据

5-10　预测商品销售量

(4) 计算本周水果销售量。在"拓展-水果销售数据"表中，第 N 列为销售数量，单击选中 N207，输入公式"=SUM(N2:N206)"，按【Enter】键，得到本周水果的总销售量为 210.891 kg。

(5) 将本周销售量加入工作表。在"拓展-水果销量预测"表中增加新行，输入"13""2021/03/22-2021/03/28"，复制"拓展-水果销售数据"工作表中刚才计算得到的本周水果销售量 210.891 到"拓展-水果销量预测"工作表。

(6) 输入预测周数和日期数据。在"拓展-水果销量预测"表中增加新行，输入"14""2021/03/29-2021/04/04""15""2021/04/05-2021/04/11""16""2021/04/12-2021/04/18""17""2021/04/19-2021/04/25"。

(7) 格式化表格。选择 A1:C13 数据区域，套用表格格式【表样式中等深浅 2】，去掉表头的筛选状态，修改行高为 20，最后选择 C2:C18 数据区域，设置小数点后保留"0"位，即取整数，完成后的效果如图 5-61 所示。

周数	日期	销售数量
1	2021/01/01-2021/01/03	92
2	2021/01/04-2021/01/10	218
3	2021/01/11-2021/01/07	202
4	2021/01/18-2021/01/24	306
5	2021/01/25-2021/01/31	220
6	2021/02/01-2021/02/07	166
7	2021/02/08-2021/02/14	172
8	2021/02/15-2021/02/21	211
9	2021/02/22-2021/02/28	143
10	2021/03/01-2021/03/07	182
11	2021/03/08-2021/03/14	219
12	2021/03/15-2021/03/21	249
13	2021/03/22-2021/03/28	211
14	2021/03/29-2021/04/04	
15	2021/04/05-2021/04/11	
16	2021/04/12-2021/04/18	
17	2021/04/12-2021/04/18	

图 5-61　水果销售量预测数据表

2. 绘制折线图预计水果销售量

(1) 创建预测工作表。单击"拓展-水果销量预测"工作表中有数据的任意单元格，在【数据】选项卡的【预测】命令组中单击【预测工作表】图标，弹出【创建预测工作表】对话框，如图 5-62 所示。

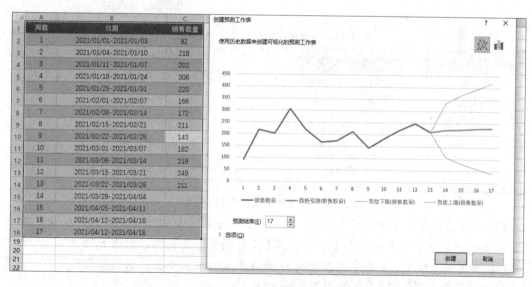

图 5-62　创建预测工作表

(2) 计算预测值并绘制折线图。单击【选项】，将【置信区间】设置为 50%，如图 5-63 所示。单击【创建】按钮，创建新工作表并自动计算出序号为 14、15、16 和 17 的预测值，同时自动绘制出销售额的折线图(如图 5-64 所示)，将新工作表重命名为"拓展-自动预测工作表"。

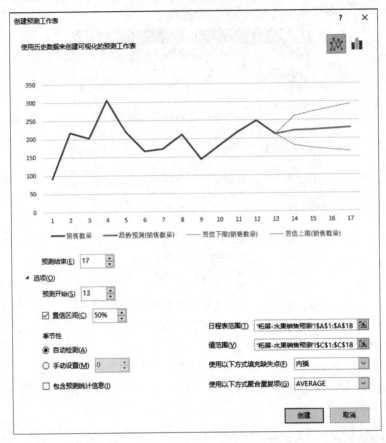

图 5-63　设置【创建预测工具表】参数

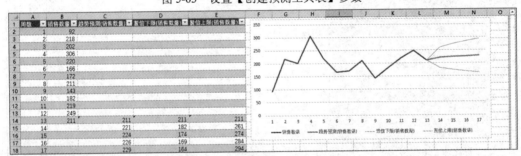

图 5-64　计算预测值并绘制折线图

(3) 添加数据标签和图表标题。选中图表区，单击图表区右上角的绿色按钮 ✚，在弹出的列表框中勾选【图表标题】、【数据标签】、【数据表】复选框，如图 5-65 所示。

(4) 修改图表标题。单击【图表标题】，激活图表标题文本框，更改图表标题为"水果销售数量预测折线图"，设置效果如图 5-66 所示。

(5) 删除置信区间的数据标签。单击右键选择序号为 14、15、16 和 17 的任意一个置信下限的数据标签，在弹出的快捷菜单中选择【删除】命令，删除置信下限的数据标签，如图 5-67 所示。单击右键选择序号为 14、15、16 和 17 的任意一个置信上限的数据标签，在弹出的快捷菜单中选择【删除】，删除置信上限的数据标签，绘制的折线图，最终效果如图 5-68 所示。

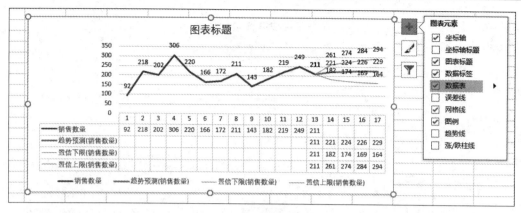

图 5-65　添加数据标签和图表标题

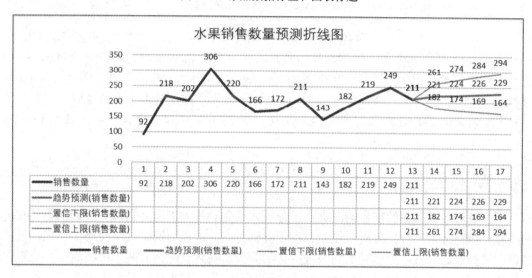

图 5-66　修改图表标题

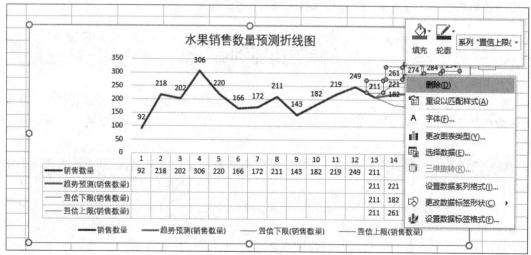

图 5-67　删除置信下限数据标签

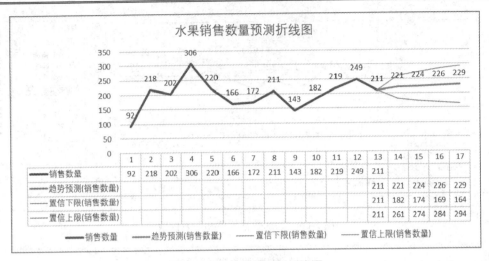

图 5-68　水果销量预测折线图

由图 5-68 可知，未来四周的水果销量预测值分别为 221、224、226 和 229 kg，第 14周水果销量的置信下限和置信上限分别为 182 kg 和 261 kg，第 15 周的分别为 174 kg 和274 kg，第 16 周的分别为 169 kg 和 284 kg，第 17 周的分别为 164 kg 和 294 kg，并将预测到的水果销量值 221、224、226 和 229 分别填入图 5-61 中的 14～17 周销售数量单元格中。

小　结

本项目对各类商品的销售情况进行了分析，首先对各大类商品的销售额、销售量和毛利润进行排行分析和占比分析；接着分析了促销对商品销售的影响，又对周末和工作日的销售额进行对比分析；最后对毛利润进行详细分析，找到最赚钱的两个中类商品，分析它们的销售规律。学习了树形图数据的组织、预测工作表、带筛选器的数据透视表等内容，也进一步巩固和复习了数据透视表、筛选、排序等操作。

课后技能训练

1. 某自动售货机企业是国内具有一定知名度和名誉度的连锁企业，现需要利用"本周销售数据"工作簿分析 2021 年 5 月 24 日到 2021 年 5 月 30 日一周内售货机的各大类商品的销售情况。

(1) 统计各大类商品销售额，进行排序并绘制图表，工作表命名为"01 各大类商品销售金额"。

(2) 统计各大类商品销售量，进行排序并绘制图表，工作表命名为"02 各大类商品销售数量"。

(3) 统计各大类商品毛利润，进行排序并绘制图表，工作表命名为"03 各大类商品毛利润"。

(4) 将工作簿重命名为"自动售货机商品分析结果"。

2. 利用"0322-0328 销售数据"统计否促销对常温乳品销售量的影响，绘制图表并简单分析。

(1) 统计常温乳品每天的非促销销售量和非促销商品数，绘制图表。

(2) 统计常温乳品每天的促销销售量和促销商品数，绘制图表。

(3) 分析是否促销乳品数量对常温乳品销售量的影响。

(4) 将工作簿重命名为"是否促销对常温乳品销售量的影响"。

拓展训练

"1+X"大数据应用开发(Python)职业技能等级证书(初级)考试训练

1. 占比的意义在于计算某个个体数在总数中所占的比重。总的来说，占比是指_____占总数的比例。

2. 下列关于已经建立好的图表说法正确的是(　　)。

A. 图表是一种特殊类型的工作表

B. 图表中的数据也是可以编辑的

C. 图表可以复制和删除

D. 图表中各项是一体的，不可分开编辑

3. 下列说法正确的是(　　)。

A. Excel 将图表分为标准型和自定义型两大类

B. 图表标题只能有一行

C. 在产生图表时，使用者无法自行控制图表的大小

D. 图表向导的第一个对话框是确定图表的类型

4. 使用系统自带的样式来设置数据透视表的格式，具体的操作步骤不包括(　　)。

A. 设置边框样式

B. 打开数据透视表格式的下拉列表，在【设计】选项卡的【数据透视表样式】命令组中选择样式

C. 选择样式

D. 确定设置

5. Excel 中提供了保护工作表、保护工作簿和保护特定工作区域的功能。(　　)

6. Excel 2016 可以对数据透视表的字段进行添加、删除、重命名的设置。(　　)

7. 在 Excel 2016 中，日期和时间函数 DAYS 函数的数据形式为数值(序列号)、日期、文本形式，计算结果大于 NETWORKDAYS 函数、等于 DATEVALUE 函数。(　　)

8. 某餐饮企业是国内具有一定知名度、美誉度、多品牌、立体化的大型餐饮连锁企业。现需要利用【餐饮数据2】工作簿分析 2018 年 8 月 22 日至 8 月 28 日一周时间内所有菜品的整体销售情况。请计算各类别菜品的销售量，并绘制柱形图分析菜品销量排行榜。

项目6 顾客分析

6-1 顾客分析简介

项目背景

　　顾客就是上帝,连锁超市门店管理中非常重要的一项任务就是对顾客消费行为的管理,具体管理内容就是对顾客消费行为进行统计分析并可视化。"和美家"连锁超市某分店收集了某周的销售数据,为了掌握顾客的消费习惯和偏好,现在需要对顾客消费行为进行分析,从而进一步把握销售规律。

项目6——项目
演示

项目演示

　　对顾客购物信息进行分析后得到的分析结果如下:

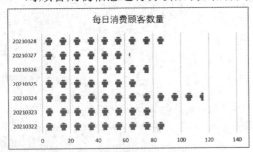

每日消费的顾客数

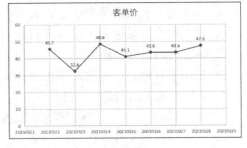

客单价

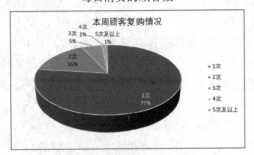

本周顾客复购情况

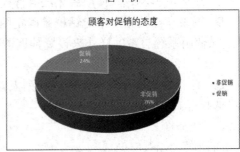

顾客对促销的态度

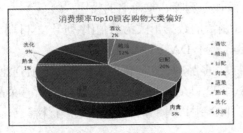

消费频率 Top10 的顾客购物大类偏好

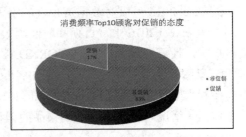

消费频率 Top10 的顾客对促销的态度

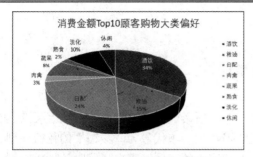

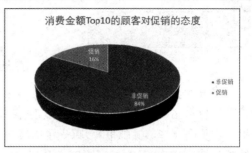

消费金额 Top10 的顾客购物大类偏好　　　　　　　　消费金额 Top10 的顾客对促销的态度

思维导图

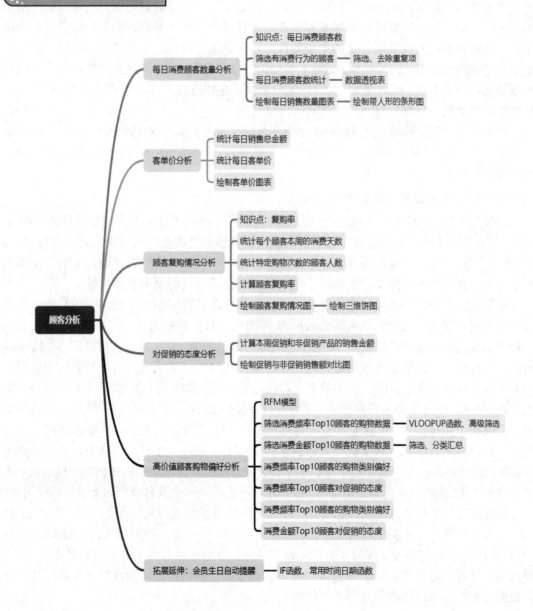

思政聚焦

信息泄露事件

事件一：棱镜门事件

2013 年 6 月，美国中央情报局(CIA)前职员爱德华·斯诺登将两份绝密资料交给英国《卫报》和美国《华盛顿邮报》，曝光了美国国家安全局(NSA)一项代号为"棱镜"的秘密计划。棱镜计划(PRISM)是由美国国家安全局自 2007 年开始实施的一项绝密电子监听计划。该计划的正式名号为"US-984XN"。美国国家安全局是美国政府机构中最大的情报部门，专门负责收集外国及本国的通信资料，它隶属于美国国家安全部，是美国情报通信的中枢。

"棱镜门"计划指出，电信巨头威瑞森公司必须每天上交数百万用户的通话记录给美国国家安全局，美国国家安全局和联邦调查局通过进入微软、谷歌、苹果、雅虎等九大网络巨头的服务器，监控美国公民的电子邮件、聊天记录、视频、照片等秘密资料。

斯诺登通过香港《南华早报》表示，美国情报部门早在 2009 年就开始监控我国内地和香港地区的电脑系统。斯诺登称，美国国家安全局在全球进行了 61 000 多个入侵电脑行动，其中数以百计的目标是针对我国内地和香港地区的。

"棱镜门"事件暴露了美国政府多年来在全球范围内实施大规模的网络攻击行动这一恶行，并且一直在从事针对某些国家个人和机构的网络攻击活动，充分揭露了美国谋求"网络霸权"的恶劣本质。

事件二：个人信息泄露事件

2016 年 9 月 23 日，中央电视台《焦点访谈》栏目播出"堵住个人信息泄露的黑洞"，2016 年 10 月 10 日，中央电视台《焦点访谈》栏目播出"依法打击泄露个人信息"，2018 年 10 月 7 日，《焦点访谈》栏目播出"信息安全——防内鬼、防黑客"。这三个节目的播出揭示了大数据时代个人隐私数据泄露已经成为一个全球共同的重大社会问题。

近年来，在全球各地发生了大量情节严重的个人隐私泄露事件，使得各国政府、企业及广大人民遭受了巨大损失。美国 Facebook 应用程序数据泄露达 5.4 亿条；美国雅虎公司因持续的账户泄露事件造成全球 30 亿个雅虎账号惨遭泄露，最终导致公司破产，被 Verizon 收购。在我国，个人信息泄露问题同样也很严重，2011 年 12 月 21 日，知名程序员网站 CSDN 的 600 多万个用户的注册邮箱账号和密码遭到曝光和外泄；2020 年 7 月，圆通内鬼租售账号导致 40 万条个人信息泄露，引起极大的社会反响。2018 年 8 月 29 日，中国消费者协会发布了《App 个人信息泄露情况调查报告》。报告显示，个人信息泄露总体情况比较严重，遭遇过个人信息泄露情况的人数占比为 85.2%。的确，在日常生活中，绝大部分人都有垃圾短信源源不断、骚扰电话接二连三、垃圾邮件铺天盖地的经历与体验，身边也不乏案件事故从天而降、坑蒙拐骗乘虚而入、账户钱款不翼而飞和个人名誉无端受损的情况出现。

面对这样的信息公共环境，全社会呼吁对个人信息安全进行立法保护，2021 年 8 月 20 日，十三届全国人大常委会第三十次会议表决通过《中华人民共和国个人信息保护法》，自 2021 年 11 月 1 日起施行。作为大数据专业的学生，日后必然会与大量的各种数据打交道，因此具备良好的道德意识、法律意识，恪守诚实守信、遵纪守法、确保数据主体隐私、保护数据安全是必须具备的职业标准和底线。

思考与讨论：

想想看个人信息泄露有哪些危害？信息泄露与诈骗的关系如何？如何防止个人信息泄露？除了要防止个人信息泄露外，还有哪些方面的数据需要进行安全保护？

教学要求

知识目标

◎理解客单价的概念

◎理解用户复购率的概念

◎理解 RFM 用户模型各指标的含义

能力目标

◎能够灵活使用数据透视表完成数据统计

◎能够灵活使用排序、分类汇总、筛选、高级筛选等完成数据统计

◎能够灵活使用删除重复项等数据工具处理数据

◎能够灵活运用各类图表显示数据

学习重点

◎客单价计算

◎用户复购率计算

◎RFM 模型中，各用户消费指标计算

学习难点

◎用户复购率计算

◎统计消费频率 Top10 的顾客购物信息

任务 6.1　每日消费顾客数量分析

 任务描述

统计每天进店消费的顾客数量，掌握本周顾客的消费情况。

 任务分析

(1) 筛选本周有消费行为的顾客数据。

(2) 统计每日消费的顾客数量。

(3) 绘制人形图。

6-2　每日消费顾客数量分析

 任务实施

每日消费的顾客数量：是指每天进店消费的顾客人数，与顾客同一天消费的次数和每

次消费的数量和金额无关。

1. 筛选本周有消费行为的顾客

(1) 筛选相关数据。打开文件"0322-0328 销售数据项目六素材.xlsx",选中并复制"顾客编号"和"销售日期"两列,创建一个新的工作表,重命名为"01 一周消费顾客",将这两列数据粘贴到"一周消费顾客"工作表中。

(2) 去除重复数据。因为同一顾客一天购买的物品可能多于一种,每购买一种物品就会产生一行数据,那么如果只选取了"顾客编号"和"销售日期"两列,则必然有多条重复数据,例如第 2、3 行的数据都是 2372、20210322。要统计每天消费的顾客数量,需要删除这些重复数据。选中"顾客编号"和"销售日期"两列,在【数据】选项卡中的【数据工具】命令组中,单击 删除重复项 按钮,弹出【删除重复项】对话框,如图 6-1 所示。单击【确定】按钮,得到没有重复值的一周消费顾客数据,共 588 条。

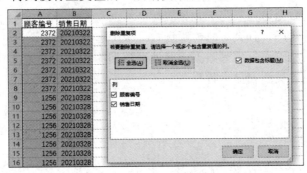

图 6-1　删除重复项

2. 每日消费顾客数量统计

(1) 创建数据透视表。在"01 一周消费顾客"工作表中,单击选中数据区域内任意单元格,在【插入】选项卡的【表格】命令组中,单击【数据透视表】按钮,弹出【创建数据透视表】对话框,选择【放置数据透视表的位置】为现有工作表,并单击 D1 单元格(如图 6-2 所示),单击【确定】按钮。

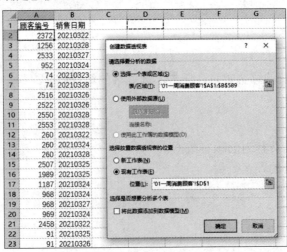

图 6-2　创建数据透视表

(2) 计算每日消费顾客数量。在【数据透视表字段设置】中，将【销售日期】拖动到【行】位置，将【顾客编号】拖动到【值】位置，单击【求和项：顾客编号】，选择【值字段设置】，弹出【值字段设置】对话框，在【值字段汇总方式(S)】下选择【计数】(如图6-3所示)，单击【确定】按钮，得到数据透视表如图6-4所示。

图6-3 数据透视表字段设置

(3) 格式化数据。选择图6-4所示的D1:E8数据区域，按【Ctrl+C】复制后，选中G1单元格，选择性粘贴"值"。选中G1:H8区域，套用表格格式【表样式中等深浅2】，去掉表头的筛选状态，修改表头标题为"销售日期""顾客数量"，修改行高为20，设置数据居中显示，完成后的效果如图6-5所示。

行标签	计数项:顾客编号
20210322	89
20210323	80
20210324	116
20210325	73
20210326	77
20210327	64
20210328	89
总计	588

图6-4 "每日消费顾客数量"数据透视表

销售日期	顾客数量
20210322	89
20210323	80
20210324	116
20210325	73
20210326	77
20210327	64
20210328	89

图6-5 每日消费顾客数量

3. 绘制每日销售数量图表

基于图6-5所示的数据，绘制条形图，展示本周每日进店消费顾客数量。

(1) 绘制簇状条形图。选择G1:H8所示数据，在【插入】选项卡的【图表】命令组中单击 按钮，弹出【插入图表】对话框，切换至【所有图表】选项卡，单击【簇状条形图】选项，选择【簇状条形图】，单击【确定】按钮，绘制簇状条形图，如图6-6所示。

(2) 在簇状条形图中使用人形。复制人形图片，选中簇状条形图数据系列后直接粘贴，效果如图6-7所示，发现图片是拉伸状态，需要进行修改。

(3) 设置人形宽度。右键单击任意数据系列，在弹出的快捷菜单中选择【设置数据系列格式】，弹出【设置数据系列格式】窗格，在【填充与线条】选项卡中将【伸展】改为【层叠并缩放】，然后在"Units/Picture"(单位/图片)文本框中输入10，即一个人形代表10个单位，如图6-8所示。

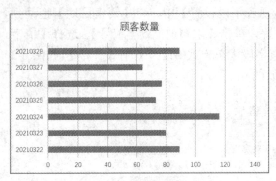

图 6-6　每日消费顾客簇状条形图

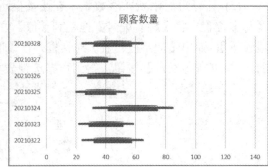

图 6-7　插入了人形的簇状条形图

（4）设置人形高度。在【系列选项】选项卡中，将【分类间距】设为 80%。

（5）修改图表标题。单击激活图表标题文本框，更改图表标题为"每日消费顾客数量"，完成后的效果如图 6-9 所示。

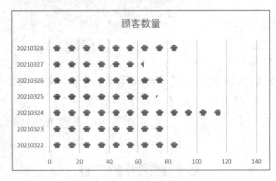

图 6-8　完成人形宽度设置　　　　　　图 6-9　每日消费顾客图表

如图 6-5、图 6-9 所示，3 月 24 日周三进店消费的顾客最多，其次是 3 月 22 日周一和 3 月 28 日周日，接下来是 3 月 23 日周二、3 月 26 日周五、3 月 25 日周四，3 月 27 日周六进店消费的顾客最少。

任务 6.2　客单价分析

 任务描述

统计本周顾客消费客单价，掌握本周顾客的消费情况。

 任务分析

（1）统计每日销售总金额。

（2）计算每日客单价。

（3）绘制客单价图表。

6-3　客单价分析

任务实施

客单价：客单价是指在一定时间内一个顾客的平均消费金额，客单价是一定时间段的客单价。若用 P_i、A_i、C_i 分别表示第 i 天的客单价、总的销售额和用户数量，则客单价的计算公式如下：

$$P_i = \frac{A_i}{C_i}$$

1. 统计每日消费总金额

(1) 创建数据透视表。在"0322-0328 销售数据"工作表中，单击选中数据区域内任意单元格，在【插入】选项卡的【表格】命令组中，单击【数据透视表】按钮，弹出【创建数据透视表】对话框，选择【放置数据透视表的位置】为新工作表，单击【确定】按钮，就创建了新的工作表。将新工作表重命名为"02 客单价"。

(2) 设置数据透视表字段。在"02 客单价"的【数据透视表字段设置】中，将【销售日期】拖动到【行】位置，将【销售金额】拖动到【值】位置(如图 6-10 所示)，得到数据透视表如图 6-11 所示。

行标签	求和项:销售金额
20210322	4067.67
20210323	2604.79
20210324	5642.9
20210325	3003.48
20210326	3360.01
20210327	2792.05
20210328	4232.85
总计	25703.75

图 6-10　数据透视表设置　　　　　　图 6-11　每日销售金额

(3) 计算客单价。将图 6-11 所示的 A3:B10 数据仅复制"值"到 D、E 两列。复制"01 一周消费顾客"工作表 H1:H8 的数据区域，选择性粘贴"值"到"02 客单价"工作表的 F 列。在 G4 单元格输入公式"=ROUND(E4/F4,1)"，按【Enter】键，得到 20210322 的客单价为 45.7 元，选中 G4 单元格，使用拖动手柄计算其他日期的客单价。修改 D3 单元格内容为"日期"，G3 单元格内容为"客单价"，完成后的效果如图 6-12 所示。

(4) 表格格式化。选择"02 客单价"工作表 D3:G10 的数据区域，套用表格格式【表样式中等深浅 2】，修改行高为 20，设置数据居中显示，完成后的效果如图 6-13 所示。

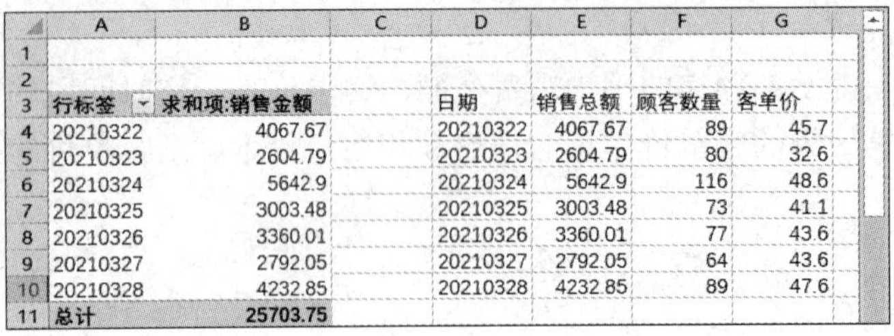

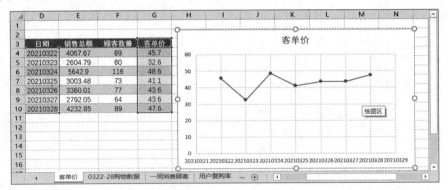

图 6-12　客单价工作表　　　　　　　　　　　图 6-13　每日客单价

2. 绘制客单价图表

基于图 6-13 所示的数据，绘制折线图，分析每日客单价。

(1) 绘制折线图。选择"02 客单价"工作表 D3:D10 的数据区域，按住【Ctrl】键，选择 G3:G10 区域数据，在【插入】选项卡的【图表】命令组中单击 ⬛ 按钮，弹出【插入图表】对话框，切换至【所有图表】选项卡，单击【折线图】选项，单击【确定】按钮，绘制折线图，如图 6-14 所示。

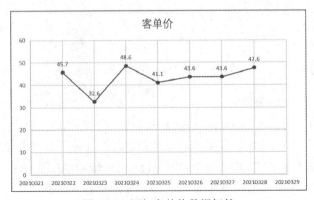

图 6-14　绘制客单价折线图

(2) 添加并设置数据标签。单击选中"绘图区"，单击右上角的 ➕ 按钮，在【图表元素】快捷菜单中勾选【数据标签】前面的复选框，即可添加数据标签，完成后的效果如图 6-15 所示。

图 6-15　添加客单价数据标签

由图 6-15 可知，3 月 24 日周三客单价最高为 48.6 元，接着是周日和周一，分别为 47.6

元和 45.7 元，周五和周六的客单价都是 43.6 元，周四客单价为 41.1 元，周二客单价最低为 32.6 元。

任务6.3 顾客复购情况分析

任务描述

复购率是反映企业销售情况的重要指标，通过计算所有进店顾客的购物次数而得出。本任务统计消费 1 次、2 次、3 次、4 次、5 次及以上用户的人数，进而掌握本周用户的复购情况，计算复购率并绘制顾客购物次数图表。

任务分析

(1) 计算用户复购率。
(2) 绘制顾客购物次数图表。

6-4 顾客复购情况分析

任务实施

复购率：复购率是指购买两次或者两次以上的顾客人数占总顾客人数的比率，复购率越高，则反映出顾客对品牌或店铺的忠诚度就越高，反之则越低。若用 FR 表示复购率，R 表示购买两次或者两次以上的顾客数量，G 表示消费者总数量，则复购率的计算公式如下：

$$FR = \frac{R}{G}$$

1. 统计本周每个顾客的消费日期

创建"03 用户复购率"工作表，拷贝"01 一周消费顾客"工作表中的 A、B 两列数据到"03 用户复购率"工作表的 A、B 两列，即可得到每个本周有购物行为的顾客编号及其购物日期数据。

2. 统计本周每个顾客的消费次数

(1) 创建数据透视表。在"03 用户复购率"工作表中，单击选中数据区域内的任意单元格，在【插入】选项卡的【表格】命令组中单击【数据透视表】按钮，弹出【创建数据透视表】对话框，选择【放置数据透视表的位置】为现有工作表，并单击 D1 单元格，单击【确定】按钮。

(2) 设置数据透视表字段。在【数据透视表字段设置】面板中，将【顾客编号】拖动到【行】位置，将【销售日期】拖动到【值】位置，单击【求和项：销售日期】，选择【值字段设置】，弹出【值字段设置对话框】，在【值字段汇总方式】下选择【计数】，单击【确定】后的效果如图 6-16 所示，得到的数据透视表共 447 行。

(3) 数据格式化。复制图 6-16 中 D1:E446 的数据区域，选中 G1 单元格，选择性粘贴"值"，修改表头标题，完成后的效果如图 6-17 所示。

图 6-17　顾客消费次数

顾客编号	消费次数
3	1
4	1
13	3
17	1
20	1
21	1
24	1
31	1
38	1
39	1
46	3
47	3
51	2
52	2
55	3
58	1
61	1
62	1

图 6-16　"顾客消费次数"数据透视表

3. 统计特定购物次数的顾客人数

(1) 创建数据透视表。在"03 用户复购率"工作表中，单击鼠标左键，选中图 6-17 数据区域内任意单元格，在【插入】选项卡的【表格】命令组中，单击【数据透视表】按钮，弹出【创建数据透视表】对话框，选择【放置数据透视表的位置】为现有工作表，并单击 J1 单元格，单击【确定】按钮。

(2) 设置数据透视表。在【数据透视表字段】设置面板中，将【消费次数】拖动到【行】位置，将【顾客编号】拖动到【值】位置，单击【求和项：顾客编号】，选择【值字段设置】，弹出【值字段设置对话框】，在【值字段汇总方式】下选择【计数】，完成后的效果如图 6-18 所示。

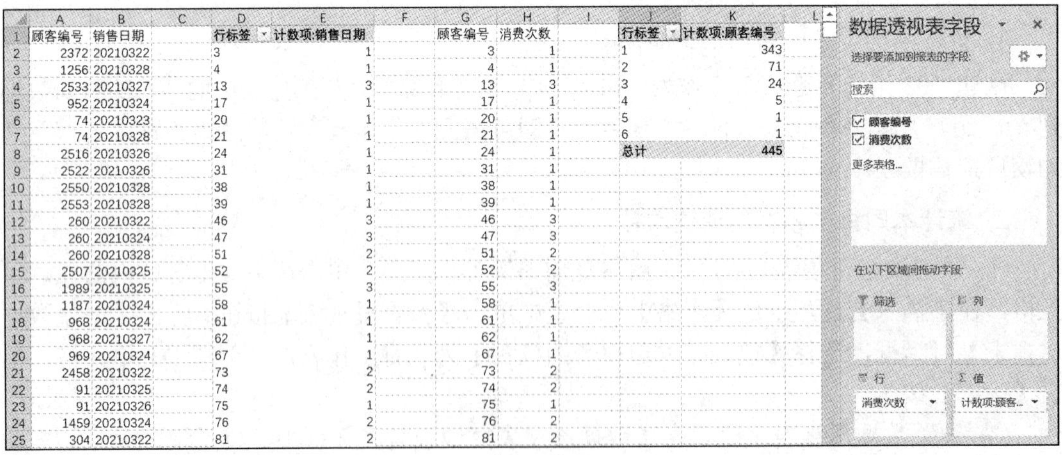

图 6-18　顾客消费次数统计

(3) 表格格式化。复制 J1:K6 数据区域，选中 M1 单元格，选择性粘贴"值"。选中 M1:N6 区域，套用表格格式【表样式中等深浅 2】，去掉表头的筛选状态，修改表头标题为"消费次数""顾客数量"，修改行高为 20，设置数据居中显示，完成后的效果如图 6-19 所示。

消费次数	顾客数量
1次	343
2次	71
3次	24
4次	5
5次及以上	2

图 6-19　顾客复购情况统计

4. 计算顾客的复购率

$$FR = \frac{R}{G} = \frac{445 - 343}{445} \times 100\% = 22.92\%$$

本周顾客的复购率为 22.92%。

5. 绘制顾客复购情况图表

基于图 6-19 所示的数据，绘制三维饼图，分析超市购物复购情况图表。

(1) 绘制三维饼图。选择图 6-19 所示数据，在【插入】选项卡的【图表】命令组中单击 按钮，弹出【插入图表】对话框，切换至【所有图表】选项卡，单击【饼图】选项，选择【三维饼图】，单击【确定】按钮，绘制三维饼图，如图 6-20 所示。

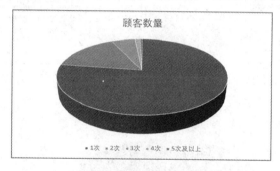

图 6-20　复购情况三维饼图

(2) 添加数据标签。单击选中"绘图区"，单击右上角的 按钮，在【图表元素】快捷菜单中勾选【数据标签】前面的复选框，在弹出的快捷菜单中选择【更多选项】，如图 6-21 所示。

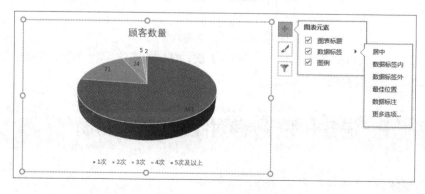

图 6-21　添加数据标签

(3) 更改数据标签格式。在弹出的【设置数据标签格式】窗格中的【标签选项】栏中勾选【百分比】、【类别名称】、【显示引线】复选框，如图 6-22 所示。单击【1次77%】

数据标签两次，将文字颜色设置为白色。

（4）修改图例位置。右键单击图例，在弹出的快捷菜单中选择【设置图例格式】命令，弹出【设置图例格式】窗格，在【图例位置】栏中勾选【靠右】，如图 6-23 所示。

（5）修改图表标题及图例位置。单击激活图表标题文本框，更改图表标题为"本周顾客复购情况"。完成后的效果如图 6-24 所示。

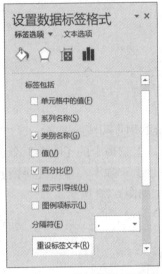

图 6-22　设置数据标签

图 6-23　设置图例位置

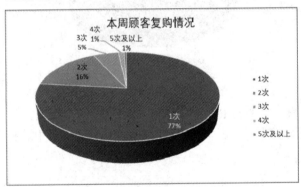

图 6-24　本周顾客复购情况

由图 6-24 可知，本周 77%的顾客仅购物 1 次，16%的顾客购物 2 次，5%的顾客购物 3 次，另有 2%的顾客购物四次及以上。

任务 6.4　顾客对促销的态度分析

 任务描述

在新零售的背景下，顾客的消费观念开始逐渐向重服务、重品牌的方向发展，但仍对促销有很大依赖。部分消费者非常关注商品的促销情况，更倾向于购买促销的商品，如果某顾客平时较少购买，而在促销时集中采购，也就是促销类产品的消费金额在其总的消费金额中占比较大，则这个顾客可能就是促销敏感型顾客。分析超市顾客购买促销商品和非促销商品的金额占比，可以掌握顾客对超市促销的态度。

 任务分析

(1) 计算本周促销和非促销产品的销售金额。
(2) 绘制促销与非促销销售额对比图。

 **任务实施**

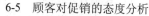
6-5　顾客对促销的态度分析

1. 计算本周促销和非促销产品的销售金额

(1) 创建数据透视表。在"0322-0328 销售数据"工作表中，单击选中数据区域内任意单元格，在【插入】选项卡的【表格】命令组中，单击【数据透视表】按钮，弹出【创建数据透视表】对话框，选择【放置数据透视表的位置】为新工作表，单击【确定】按钮，就创建了新的工作表。将新工作表重命名为"04 顾客促销敏感度"。

(2) 设置数据透视表字段。在"04 顾客促销敏感度"的【数据透视表字段设置】中，将【促销】拖动到【行】位置，将【销售金额】拖动到【值】位置，得到数据透视表，如图 6-25 所示。

图 6-25　数据透视表设置

(3) 格式化表格。选择"04 顾客促销敏感度"工作表 A3:B5 的数据区域，仅将数值复制到 D1 单元格开始的区域，套用表格格式【表样式中等深浅 2】，去掉表头的筛选状态，修改表头标题为"销售日期""毛利润"，修改行高为 20，设置数据居中显示，完成后的效果如图 6-26 所示。

是否促销	销售金额
非促销	19652.3
促销	6051.45

图 6-26　是否促销的销售额统计

2. 绘制促销与非促销销售额对比图

基于图 6-26 所示的数据，绘制三维饼图，分析促销商品和非促销商品的销售额占比。

(1) 绘制三维饼图。选择图 6-26 所示数据，在【插入】选项卡的【图表】命令组中单击 按钮，弹出【插入图表】对话框，切换至【所有图表】选项卡，单击【饼图】选项，选择【三维饼图】，单击【确定】按钮，绘制三维饼图。

(2) 添加并设置数据标签。单击选中"绘图区"，单击右上角的 按钮，在【图表元素】快捷菜单中勾选【数据标签】前面的复选框，在弹出的快捷菜单中选择【更多选项】。在弹出的【设置数据标签格式】窗格中的【标签选项】栏中勾选【百分比】、【类别名称】、【显示引导线】复选框，单击 按钮，将数据改为白色，如图 6-27 所示。

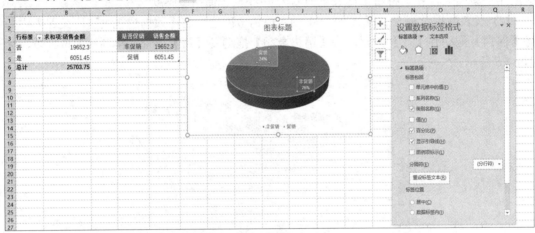

图 6-27　数据标签设置

(3) 修改图例位置。右键单击图例，在弹出的快捷菜单中选择【设置图例格式】命令，弹出【设置图例格式】窗格，在【图例位置】栏中勾选【靠右】。

(4) 修改图表标题。单击激活图表标题文本框，更改图表标题为"顾客对促销的态度"。完成后的效果如图 6-28 所示。

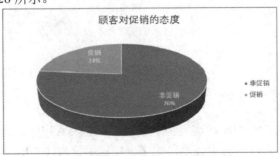

图 6-28　促销与非促销商品销售金额占比

由图 6-28 所示,本周有 24% 的销售额由促销商品产生,76% 的销售额由非促销商品产生。

任务 6.5   高价值顾客购物偏好分析

 任务描述

无论是消费频率最高或是消费金额最大的顾客对商家而言都是最有价值的顾客。通过对消费频率最高的 10 个顾客和对消费金额最多的 10 个顾客的消费行为进行分析,尝试找出顾客消费的规律,为企业制定营销方案提供依据。

 任务分析

(1) 筛选消费频率 Top10 顾客的购物数据。
(2) 筛选消费金额 Top10 顾客的购物数据。
(3) 消费频率 Top10 顾客的购物类别偏好。
(4) 消费频率 Top10 顾客对促销的态度。
(5) 消费金额 Top10 顾客的购物类别偏好。
(6) 消费金额 Top10 的顾客对促销的态度。

6-6   高价值顾客购物偏好分析简介

 知识准备

RFM 模型是衡量顾客价值和顾客创利能力的重要工具和手段。在众多的顾客关系管理分析模型中,RFM 模型是应用最广泛的模型。该模型通过一个顾客的最近一次消费(Recency)、消费频率(Frequency)以及消费金额(Monetary)三项指标来描述该顾客的价值状况。

1. 最近一次消费(Recency)

最近一次消费就是指上一次消费。理论上,上一次消费时间距离现在越近的顾客应该是越好的顾客,这些顾客对提供即时的商品或是服务也最有可能做出反应。如果消费报告显示近期(一个月内)有购物记录的顾客人数在不断增加,则表示该公司是一个稳健成长的公司;反之,则表示该公司未来销售情况堪忧。

2. 消费频率(Frequency)

消费频率是指顾客在限定期间内所购物的次数。可以说最常购物的顾客,也是满意度最高的顾客。最常购物的顾客,忠诚度也就最高。提高顾客购物的次数意味着从竞争对手处夺取市场占有率,赚取更高的利润。

3. 消费金额(Monetary)

消费金额是所有营销数据中的核心指标,根据"帕雷托法则(Pareto's Law)"可以知道企业 80% 的收入来自 20% 的顾客。所以对这类顾客应该提高关注度,分析他们的消费喜好,做好服务,建立忠诚度。

消费频率和消费金额是指在一定时间范围内的消费频率和消费金额。

在本项目中，因为数据所表达的时间段较短(1 个星期)，所以主要从消费频率和消费金额角度进行分析，当两个顾客的消费金额或者消费频率相同时，参考最近一次消费数据对顾客进行排序。

 任务实施

6.5.1　筛选消费频率 Top10 顾客的购物数据

6-7　筛选消费频率 Top10 顾客的
购物数据

统计消费频率 Top10 的顾客，先统计出每个顾客的消费频率，取前 10 位，如果有相同次数的，将最后一次消费时间近的顾客排在前面，如果最后一次消费时间也一样，则取消费金额较大的顾客进行分析。

1. 计算所有顾客的最近消费日期

在"0322-0328 销售数据"工作表中，单击数据区任意单元格，选择【插入】选项卡的【表格】命令组中的【数据透视表】按钮，弹出【创建数据透视表】对话框，单击【确定】按钮，在新工作表中创建数据透视表。

在新工作表中，将【顾客编号】拖动到【行】区域，将【销售日期】拖动到【值】区域，修改销售日期的计算类型为【最大值】，【数据透视表字段】面板的设置如图 6-29 所示。得到每个顾客最后一次购物的日期如图 6-30 所示。将工作表重命名为"05-1 消费频率 Top10 顾客"。

图 6-29　数据透视表字段设置　　　　　　　图 6-30　顾客最后一次购物日期

2. 计算每个顾客本周的购物金额

在"0322-0328 销售数据"工作表中，单击数据区域内的任意单元格，在【插入】选项卡的【表格】命令组中，单击【数据透视表】图标，弹出【创建数据透视表】对话框。选择【放置数据透视表的位置】为现有工作表，单击【位置】选项后的█️按钮，弹出【创建数据透视表】地址选择对话框，单击"05-1 消费频率 Top10 顾客"工作表标签，切换到"05-1 消费频率 Top10 顾客"工作表中，单击 D1 单元格，此时【创建数据透视表】地址

选择对话框中的内容如图 6-31 所示，单击 按钮，回到【创建数据透视表】对话框(如图 6-32 所示)，单击【确定】按钮，创建数据透视表。

图 6-31 【创建数据透视表】地址选择对话框

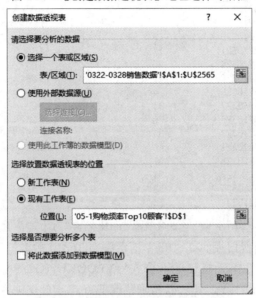

图 6-32 【数据透视表对话框】设置

在"05-1 消费频率 Top10 顾客"工作表的【数据透视表字段】设置面板中，将【顾客编号】拖动到【行】位置，将【销售金额】拖动到【值】位置，完成后的效果如图 6-33 所示。

行标签	最大值项:销售日期		行标签	求和项:销售金额
3	20210327		3	14.07
4	20210327		4	13.6
13	20210328		13	143.73
17	20210327		17	27.6
20	20210324		20	5.03
21	20210328		21	13.88
24	20210326		24	6.75
31	20210327		31	33.82
38	20210325		38	21.05
39	20210323		39	26.68
46	20210327		46	61.32
47	20210328		47	70.55
51	20210327		51	25.93
52	20210325		52	110.52
55	20210327		55	135.1
58	20210325		58	69.41
61	20210324		61	74.07
62	20210325		62	23.3
67	20210326		67	67
73	20210328		73	58.69
74	20210328		74	305.53
75	20210328		75	19.77
76	20210328		76	45.54
81	20210325		81	57.14
84	20210325		84	90.59
87	20210327		87	44.95

图 6-33 顾客购物金额数据透视表

3. 求消费频率 Top10 的顾客编号

(1) 复制顾客消费频率(消费天数)信息。打开"03 顾客复购率"工作表，复制 G 和 H 两列数据，选择性粘贴"值"到"05-1 消费频率 Top10 顾客"工作表的 G 和 H 两列，将"消费天数"修改为"消费频率"，完成后的效果如图 6-34 所示。

	A	B	C	D	E	F	G	H
1	行标签 ▼	最大值项:销售日期		行标签 ▼	求和项:销售金额		顾客编号	消费频率
2	3	20210326		3	14.07		3	1
3	4	20210327		4	13.6		4	1
4	13	20210328		13	143.73		13	3
5	17	20210327		17	27.6		17	1
6	20	20210324		20	5.03		20	1
7	21	20210328		21	13.88		21	1
8	24	20210326		24	6.75		24	1
9	31	20210327		31	33.82		31	1
10	38	20210325		38	21.05		38	1
11	39	20210323		39	26.68		39	1
12	46	20210327		46	61.32		46	3
13	47	20210328		47	70.55		47	3
14	51	20210327		51	25.93		51	2
15	52	20210325		52	110.52		52	2
16	55	20210327		55	135.1		55	3

图 6-34　"购物频率 Top10 顾客"工作表

(2) 查找顾客最近消费日期。在"05-1 消费频率 Top10 顾客"工作表中的 I1 单元格输入表头"最近消费日期"。在单元格 I2 输入公式"=VLOOKUP(G2, $A$2:$B$446, 2, FALSE)"，表示在$A$2:$B$446 区域的第 2 列，以精确匹配的方式，查找顾客编号为 G2 单元格内容的最大销售日期，按【Enter】键，得到 3 号顾客的最近消费日期为 20210326。使用快速填充方法，完成其他用户最近购物日期的查找和填充。

(3) 查找顾客消费金额。在"购物频率 Top10 顾客"工作表中的 J1 单元格输入表头"消费总金额"。在单元格 J2 输入公式"=VLOOKUP(G2, $D$2:$E$446, 2, FALSE)"，表示在 D$2:E$446 区域的第 2 列，以精确匹配的方式，查找顾客编号为 G2 单元格内容的消费总金额。按【Enter】键，得到 3 号顾客的消费总金额为 14.07 元。使用快速填充方法，完成其他顾客消费总金额的查找和填充。

完成以上步骤后"05-1 消费频率 Top10 顾客"工作表的内容如图 6-35 所示。

	A	B	C	D	E	F	G	H	I	J
1	行标签 ▼	最大值项:销售日期		行标签 ▼	求和项:销售金额		顾客编号	消费频率	最近消费日期	消费总金额
2	3	20210326		3	14.07		3	1	20210326	14.07
3	4	20210327		4	13.6		4	1	20210327	13.6
4	13	20210328		13	143.73		13	3	20210328	143.73
5	17	20210327		17	27.6		17	1	20210327	27.6
6	20	20210324		20	5.03		20	1	20210324	5.03
7	21	20210328		21	13.88		21	1	20210328	13.88
8	24	20210326		24	6.75		24	1	20210326	6.75
9	31	20210327		31	33.82		31	1	20210327	33.82
10	38	20210325		38	21.05		38	1	20210325	21.05
11	39	20210323		39	26.68		39	1	20210323	26.68
12	46	20210327		46	61.32		46	3	20210327	61.32
13	47	20210328		47	70.55		47	3	20210328	70.55
14	51	20210327		51	25.93		51	2	20210327	25.93
15	52	20210325		52	110.52		52	2	20210325	110.52
16	55	20210327		55	135.1		55	3	20210327	135.1

图 6-35　"购物频率 Top10 顾客"工作表

(4) 按照消费频率、最近消费日期和消费总金额对顾客进行排序。单击选中 G1:J446 区域中的任意单元格,选择【数据】选项卡的【排序和筛选】命令组中的 图标,弹出【排序】对话框,设置数据按照"消费频率""最近消费日期""消费总金额"数值的降序排序(如图 6-36 所示),完成后的数据如图 6-37 所示。

图 6-36 【排序】设置

▲	A	B	C	D	E	F	G	H	I	J
1	行标签 ▼	最大值项:销售日期		行标签 ▼	求和项:销售金额		顾客编号	消费频率	最近消费日期	消费总金额
2	3	20210326		3	14.07		304	6	20210328	193.07
3	4	20210327		4	13.6		2464	5	20210327	101.41
4	13	20210328		13	143.73		113	4	20210328	157.49
5	17	20210327		17	27.6		400	4	20210328	117.57
6	20	20210324		20	5.03		151	4	20210328	96.84
7	21	20210328		21	13.88		1130	4	20210328	84.75
8	24	20210326		24	6.75		339	4	20210326	44.66
9	31	20210327		31	33.82		260	3	20210328	245.09
10	38	20210325		38	21.05		13	3	20210328	143.73
11	39	20210323		39	26.68		1950	3	20210328	132.77
12	46	20210327		46	61.32		265	3	20210328	127.81
13	47	20210328		47	70.55		93	3	20210328	96
14	51	20210327		51	25.93		398	3	20210328	75.99
15	52	20210325		52	110.52		2508	3	20210328	72.02
16	55	20210327		55	135.1		47	3	20210328	70.55

图 6-37 "购物频率 Top10 顾客"工作表

复制出前 10 条数据,套用表格格式【表样式中等深浅 2】,去掉表头的筛选状态,修改行高为 20,设置数据居中显示,得到消费频率 Top10 的顾客消费信息,如图 6-38 所示。由此得到消费频率前 10 的顾客编号为 304、2464、113、400、151、1130、339、260、13、1950。

顾客编号	消费频率	最近消费日期	消费总金额
304	6	20210328	193.07
2464	5	20210327	101.41
113	4	20210328	157.49
400	4	20210328	117.57
151	4	20210328	96.84
1130	4	20210328	84.75
339	4	20210326	44.66
260	3	20210328	245.09
13	3	20210328	143.73
1950	3	20210328	132.77

图 6-38 消费频率 Top10 的顾客消费信息

4. 得到消费频率 Top10 的顾客数据

将"0322-0328 销售数据"工作表复制一份并重命名为"05-2 筛选消费频率 Top10 顾客数据"。在"05-2 筛选消费频率 Top10 顾客数据"工作表中，单击数据区域的任意单元格，单击【数据】选项卡的【排序和筛选】命令组中的 ▼ 高级 命令，弹出【高级筛选】对话框，单击【条件区域】后面文本框，然后选择"05-1 购物频率 Top10 顾客"工作表的 G1:G11 区域(如图 6-39 所示)，单击【确定】按钮，得到购物频率最高的 10 位顾客的购物数据如图 6-40 所示。

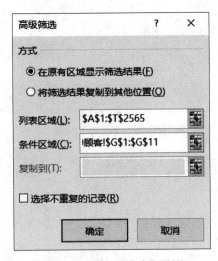

图 6-39　【高级筛选】设置

	A	B	C	D	E	F	G	H	I	J	K	L	M	N	O	P	
1	顾客编号	大类编码	大类名称	中类编码	中类名称	小类编码	小类名称	销售日期	销售月份	商品编码	规格型号	商品类型	单位	销售数量	销售金额	商品单价	进价
114	260	10	肉禽	1005	鸭产品	100504	加工鸭肉	20210322	202103	DW-1005	散称	生鲜	Kg	0.3	6.9	23	
115	260	10	肉禽	1004	鸡产品	100402	分割鸡件	20210322	202103	DW-1004	散称	生鲜	千克	0.22	3.87	17.6	
116	260	12	蔬果	1201	蔬菜	120101	叶菜	20210322	202103	DW-1201	散称	生鲜	千克	0.664	1.7	2.56	
117	260	12	蔬果	1201	蔬菜	120104	花果	20210322	202103	DW-1201	散称	生鲜	千克	0.17	1.35	7.96	
118	260	12	蔬果	1201	蔬菜	120104	花果	20210322	202103	DW-1201	散称	生鲜	千克	0.302	0.78	2.58	
119	260	12	蔬果	1201	蔬菜	120104	花果	20210322	202103	DW-1201	散称	生鲜	千克	0.22	1.72	7.8	
120	260	13	熟食	1308	现制中式面	130801	现制蒸类	20210324	202103	DW-1308	散称	生鲜	千克	0.64	3.84	6	
121	260	10	肉禽	1001	猪肉	100101	鲜猪肉	20210324	202103	DW-1001	散称	生鲜	千克	0.31	6.14	19.8	
122	260	12	蔬果	1201	蔬菜	120102	根茎	20210324	202103	DW-1201	散称	生鲜	千克	0.248	0.98	3.96	
123	260	12	蔬果	1201	蔬菜	120101	叶菜	20210324	202103	DW-1201	散称	生鲜	千克	0.643	3.73	5.8	
124	260	12	蔬果	1202	加工豆类	120205	豆类料理	20210324	202103	DW-1202	散称	生鲜	kg	0.2	3.2	16	
125	260	12	蔬果	1201	蔬菜	120101	叶菜	20210324	202103	DW-1201	散称	生鲜	Kg	0.449	2.69	6	
126	260	12	蔬果	1201	蔬菜	120104	花果	20210324	202103	DW-1201	散称	生鲜	千克	0.32	3.07	9.6	
127	260	12	蔬果	1201	蔬菜	120102	根茎	20210324	202103	DW-1201	散称	生鲜	千克	0.53	2.1	3.96	
128	260	12	蔬果	1201	蔬菜	120104	花果	20210324	202103	DW-1201	散称	生鲜	千克	0.396	3.09	7.8	
129	260	15	日配	1518	常温乳品	151801	利乐砖纯	20210324	202103	DW-1518	250ml*12	一般商品	提	1	49	65	
130	260	22	休闲	2205	炒货	220513	香瓜子	20210324	202103	DW-2205	75g	一般商品	袋	1	4.2	4.3	
131	260	22	休闲	2210	果冻	221004	立袋可吸果	20210324	202103	DW-2210	300ml	一般商品	袋	1	3.5	3.5	
132	260	22	休闲	2201	饼干	220111	趣味/休闲	20210324	202103	DW-2201	48g	一般商品	盒	1	6.5	6.5	
133	260	22	休闲	2203	膨化点心	220307	进口膨化	20210324	202103	DW-2203	110g	一般商品	袋	1	8.9	8.9	
134	260	22	休闲	2210	果冻	221001	果冻/布丁	20210324	202103	DW-2210	120g	一般商品	杯	1	1.9	1.9	
135	260	22	休闲	2210	果冻	221003	杯装果冻	20210324	202103	DW-2210	218g	一般商品	杯	1	2.5	2.5	
136	260	22	休闲	2208	口香糖			20210324	202103	DW-2208	56g				10.4	10.4	

图 6-40　筛选的购物频率最高的 10 位顾客购物数据

仔细观察这些数据会发现数据的行号不是从 1 开始的，而且也不连续，因此为了后续分析结果的正确，须将筛选结果复制到新工作表中。新建"05-3 消费频率 Top10 顾客消费数据"工作表，将"05-2 筛选消费频率 Top10 顾客数据"中的数据复制到新建的工作表中，此时"05-3 消费频率 Top10 顾客消费数据"工作表的数据如图 6-41 所示，可见数据的行号从 1 开始并且连续，共 168 行数据。

	A	B	C	D	E	F	G	H	I	J	K	L	M	N	O	P	Q	应
1	顾客编号	大类编码	大类名称	中类编码	中类名称	小类编码	小类名称	销售日期	销售月份	商品编码	规格型号	商品类型	单位	销售数量	销售金额	商品单价	进价	
2	260	10	肉禽	1005	鸭产品	100504	加工鸭肉	20210322	202103	DW-1005(	散称	生鲜	Kg	0.3	6.9	23	15	
3	260	10	肉禽	1004	鸡产品	100402	分割鸡件	20210322	202103	DW-1004(	散称	生鲜	千克	0.22	3.87	17.6	11.4	
4	260	12	蔬果	1201	蔬菜	120104	叶菜	20210322	202103	DW-1201(	散称	生鲜	千克	0.664	1.7	2.56	1.8	
5	260	12	蔬果	1201	蔬菜	120104	花果	20210322	202103	DW-1201(	散称	生鲜	千克	0.17	1.35	7.96	5.6	
6	260	12	蔬果	1201	蔬菜	120104	花果	20210322	202103	DW-1201(	散称	生鲜	千克	0.302	0.78	2.58	1.8	
7	260	12	蔬果	1201	蔬菜	120104	花果	20210322	202103	DW-1201(	散称	生鲜	千克	0.22	1.72	7.8	5.5	
8	260	13	熟食	1308	现制中式T	130801	现制蒸肉	20210324	202103	DW-1308(	散称	生鲜	千克	0.64	3.84	6	2.4	
9	260	10	肉禽	1001	猪肉类	100101	鲜猪肉	20210324	202103	DW-1001(	散称	生鲜	千克	0.31	6.14	19.8	12.9	
10	260	12	蔬果	1201	蔬菜	120102	根茎	20210324	202103	DW-1201(	散称	生鲜	千克	0.248	0.98	3.96	2.8	
11	260	12	蔬果	1201	蔬菜	120101	叶菜	20210324	202103	DW-1201(	散称	生鲜	千克	0.643	3.73	5.8	4.1	
12	260	12	蔬果	1202	加工豆类	120205	豆类料理	20210324	202103	DW-1202(	散称	生鲜	kg	0.2	3.2	16	11.2	
13	260	12	蔬果	1201	蔬菜	120104	叶菜	20210324	202103	DW-1201(	散称	生鲜	Kg	0.449	2.69	6	4.2	
14	260	12	蔬果	1201	蔬菜	120104	花果	20210324	202103	DW-1201(	散称	生鲜	千克	0.32	3.07	9.6	6.7	
15	260	12	蔬果	1201	蔬菜	120102	根茎	20210324	202103	DW-1201(	散称	生鲜	千克	0.53	2.1	3.96	2.8	
16	260	12	蔬果	1201	蔬菜	120104	花果	20210324	202103	DW-1201(	散称	生鲜	千克	0.396	3.09	7.8	5.5	
17	260	15	日配	1518	常温乳品	151801	利乐砖纯牛	20210324	202103	DW-1518(	250ml*12	一般商品	提	1	49	65	26	
18	260	22	休闲	2205	炒货	220513	香瓜子	20210324	202103	DW-2205(	75g	一般商品	袋	1	4.2	4.3	2.2	
19	260	22	休闲	2210	果冻	221004	立袋可吸果	20210324	202103	DW-2210(	300ml	一般商品	袋	1	3.5	3.5	1.8	
20	260	22	休闲	2201	饼干	220111	趣味/休闲	20210324	202103	DW-2201(	48g	一般商品	盒	1	6.5	6.5	3.3	
21	260	22	休闲	2203	膨化点心	220307	进口膨化	20210324	202103	DW-2203(	110g	一般商品	袋	1	8.9	8.9	4.5	
22	260	22	休闲	2210	果冻	221001	果冻/布丁	20210324	202103	DW-2210(	120g	一般商品	杯	1	1.9	1.9	1	
23	260	22	休闲	2210	果冻	221003	杯装果冻	20210324	202103	DW-2210(	218g	一般商品	杯	1	2.5	2.5	1.3	
24	260	22	休闲	2208	口香糖	220801	无糖口香糖	20210324	202103	DW-2208(	56g	一般商品	瓶	1	10.4	10.4	5.2	

图 6-41 购物频率最高的 10 位顾客购物数据

6.5.2 筛选消费金额 Top10 顾客的消费信息

统计消费金额最多的 10 位顾客，可以用分类汇总的方法先计算出每个顾客的消费金额，然后再利用排序功能找到消费金额 Top10 的顾客，然后利用筛选功能筛选出这 10 名顾客的消费记录。

计算每位顾客的消费金额的操作步骤如下：

(1) 创建新工作表。将"0322-0328 销售数据"工作表复制一份并重命名为"05-4 消费金额 Top10 顾客消费数据"，单击"顾客编号"列任意单元格，选择【数据】选项卡的【排序和筛选】命令组中的 图标，将数据按照顾客编号从小到大排列。

(2) 分类汇总每个顾客的消费金额。单击数据区任意单元格，在【数据】选项卡的【分级显示】命令组中单击【分类汇总】图标，弹出【分类汇总】对话框，进行如图 6-42 所示的设置，将购物数据按照顾客编号汇总，如图 6-43 所示。

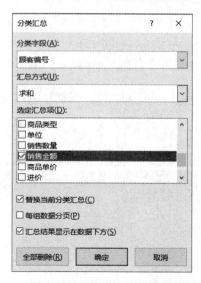

6-8 筛选消费金额 Top10 顾客的消费信息

图 6-42 "分类汇总"设置

1 2 3		A	B	C	D	E	F	G	H	I	J	K	L	M	N	O	P
	1	顾客编号	大类编码	大类名称	中类编码	中类名称	小类编码	小类名称	销售日期	销售月份	商品编码	规格型号	商品类型	单位	销售数量	销售金额	商品
+	4	3 汇总														14.07	
+	6	4 汇总														13.6	
+	17	13 汇总														143.73	
+	25	17 汇总														27.6	
+	28	20 汇总														5.03	
+	34	21 汇总														13.88	
+	37	24 汇总														6.75	
+	44	31 汇总														33.82	
+	50	38 汇总														21.05	
+	58	39 汇总														26.68	
+	73	46 汇总														61.32	
+	85	47 汇总														70.55	
+	95	51 汇总														25.93	
+	109	52 汇总														110.52	
+	126	55 汇总														135.1	
+	136	58 汇总														69.41	
+	150	61 汇总														74.07	
+	154	62 汇总														23.3	

图 6-43　分类汇总得到每个顾客的购物金额

(3) 得到消费金额 Top10 的顾客编号。单击【销售金额】列任意单元格，单击【数据】选项卡中【排序和筛选】命令组中 $\frac{Z}{A}\downarrow$ 图标，将表格按照销售金额从大到小排列。如图 6-44 所示，得到销售金额 Top10 的顾客编号为：2372、1256、2533、952、74、2516、2522、2550、2553、260。

1 2 3		A	B	C	D	E	F	G	H	I	J	K	L	M	N	O	P
	1	顾客编号	大类编码	大类名称	中类编码	中类名称	小类编码	小类名称	销售日期	销售月份	商品编码	规格型号	商品类型	单位	销售数量	销售金额	商品单价
+	9	2372 汇总														623.8	
+	37	1256 汇总														455.45	
+	54	2533 汇总														356.7	
+	62	952 汇总														323.2	
+	85	74 汇总														305.53	
+	91	2516 汇总														289.61	
+	94	2522 汇总														285	
+	116	2550 汇总														265.8	
+	122	2553 汇总														263.2	
+	160	260 汇总														245.09	
+	182	2507 汇总														235.32	
+	184	1989 汇总														220	
+	198	1187 汇总														214.09	
+	215	968 汇总														213.08	
+	218	969 汇总														208.5	
+	223	2458 汇总														203.2	
+	235	91 汇总														200.07	
+	265	1459 汇总														196.65	
+	289	304 汇总														193.07	

图 6-44　顾客消费金额由降序排序

(4) 得到消费金额 Top10 的顾客数据。再次单击【分类汇总】图标，在弹出的【分类汇总】对话框中，单击【全部删除】按钮，退出分类汇总状态，删除 151 行及以后的数据(顾客 260 后面的所有数据)，得到消费金额 Top10 顾客的消费数据，如图 6-45 所示。

	A	B	C	D	E	F	G	H	I	J	K	L	M	N	O	P
1	顾客编号	大类编码	大类名称	中类编码	中类名称	小类编码	小类名称	销售日期	销售月份	商品编码	规格型号	商品类型	单位	销售数量	销售金额	商品单价	进价
2	2372	15	日配	1518	常温乳品	151801	利乐砖纯鱼	20210322	202103	DW-1518	250ml	一般商品	盒	24	60	3	
3	2372	15	日配	1505	冷藏乳品	150503	冷藏果粒酪	20210322	202103	DW-1505	150g	一般商品	杯	1	3.9	4.9	
4	2372	20	粮油	2011	液体调料	201109	白醋	20210322	202103	DW-2011	480ml	一般商品	瓶	6	16.2	2.7	
5	2372	23	酒饮	2302	纯果汁	230203	纯苹果汁	20210322	202103	DW-2302	1L	一般商品	盒	1	9.9	12.3	
6	2372	23	酒饮	2316	香烟	231601	国产省内香	20210322	202103	DW-2316	20支	一般商品	包	40	480	12	
7	2372	23	酒饮	2302	纯果汁	230202	纯桃汁	20210322	202103	DW-2302	1L	一般商品	盒	1	9.9	11.9	
8	2372	30	洗化	3008	洗护发用品	300801	洗发水	20210322	202103	DW-3008	750ml	一般商品	瓶	1	43.9	79.9	
9	1256	10	肉禽	1002	牛肉	100203	牛下水	20210328	202103	DW-1002	散称	生鲜	千克	0.188	8.27	44	
10	1256	12	蔬果	1201	蔬菜	120104	根茎	20210328	202103	DW-1201	散称	生鲜	KG	0.718	14.36	20	
11	1256	12	蔬果	1201	蔬菜	120104	花果	20210328	202103	DW-1201	散称	生鲜	千克	0.516	2.99	5.8	
12	1256	12	蔬果	1203	水果	120305	瓜类	20210328	202103	DW-1203	散称	生鲜	KG	1.778	7.08	3.98	
13	1256	12	蔬果	1201	蔬菜	120104	花果	20210328	202103	DW-1201	散称	生鲜	千克	0.876	2.58	2.58	
14	1256	12	蔬果	1203	水果	120309	进口水果	20210328	202103	DW-1203	散称	生鲜	KG	1.264	88.48	70	
15	1256	12	蔬果	1201	蔬菜	120104	花果	20210328	202103	DW-1201	散称	生鲜	千克	0.784	7.81	9.96	
16	1256	12	蔬果	1201	蔬菜	120104	花果	20210328	202103	DW-1201	散称	生鲜	千克	0.822	1.48	1.8	
17	1256	12	蔬果	1203	水果	120302	苹果类	20210328	202103	DW-1203	散称	生鲜	KG	1.472	20.02	13.6	
18	1256	12	蔬果	1203	水果	120305	瓜类	20210328	202103	DW-1203	散称	生鲜	KG	1.776	21.24	11.96	
19	1256	12	蔬果	1203	水果	120313	其它水果	20210328	202103	DW-1203	散称	生鲜	KG	1.172	26.96	23	

图 6-45　消费金额 Top10 顾客消费数据

6.5.3　消费频率 Top10 顾客的消费类别偏好

1. 统计消费频率 Top10 的顾客对各大类商品的消费金额

（1）创建数据透视表。在"05-3 消费频率 Top10 顾客消费数据"中，单击【插入】选项卡的【表格】命令组中的【数据透视表】命令，将数据透视表建立在新表中，新工作表命名为"05-5 消费频率 Top10 顾客消费大类分析"。

（2）设置数据透视表字段。在"05-5 消费频率 Top10 顾客消费大类分析"的【数据透视表字段】设置面板中，将【大类名称】拖动到【行】区域，将【销售金额】拖动到【值】区域，得到数据透视表如图 6-46 所示。

（3）格式化表格。将数据透视表中的数据复制，并选择性粘贴"值"，套用表格格式【表样式中等深浅 2】，去掉表头的筛选状态，修改表头标题为"大类名称""销售金额"，修改行高为 20，设置数据居中显示，得到消费频率 Top10 的顾客的购物大类统计数据，如图 6-47 所示。

行标签	求和项:销售金额
酒饮	26.3
粮油	157.21
日配	263.45
肉禽	65.17
蔬果	474.02
熟食	12.99
洗化	115.8
休闲	202.44
总计	1317.38

图 6-46　消费大类数据透视表

大类名称	销售金额
酒饮	26.3
粮油	157.21
日配	263.45
肉禽	65.17
蔬果	474.02
熟食	12.99
洗化	115.8
休闲	202.44

图 6-47　消费频率 Top10 顾客消费大类

6-9　消费频率 Top10 顾客消费
类别偏好

2. 绘制三维饼图分析消费频率 Top10 的顾客购物类别偏好

基于图 6-47 所示的数据，绘制三维饼图，分析消费频率 Top10 的顾客购物类别偏好。

（1）绘制三维饼图。选择图 6-47 所示数据，在【插入】选项卡的【图表】命令组中单击 ▫ 按钮，弹出【插入图表】对话框，切换至【所有图表】选项卡，单击【饼图】选项，选择【三维饼图】，单击【确定】按钮，绘制三维饼图，如图 6-48 所示。

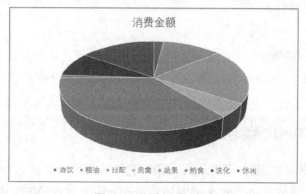

图 6-48　绘制三维饼图

（2）添加数据标签。右键单击饼图，在弹出的快捷菜单中选择【添加数据标签】命令，即可添加数据标签。

(3) 更改数据标签格式。右键单击数据标签，在弹出的快捷菜单中选择【设置数据标签格式】命令，弹出【设置数据标签格式】窗格，在【标签选项】栏中勾选【类别名称】、【百分比】、【显示引导线】复选框，如图 6-49 所示。

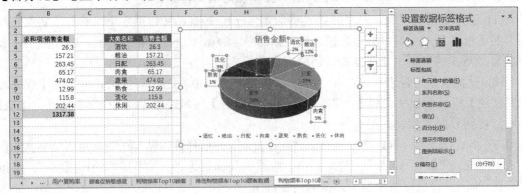

图 6-49　更改数据标签格式

(4) 修改图表标题。单击激活图表标题文本框，更改图表标题为"消费频率 Top10 顾客购物大类偏好"。

(5) 修改图例位置。右键单击图例，在弹出的快捷菜单中选择【设置图例格式】命令，弹出【设置图例格式】窗格，在【图例位置】栏中勾选【靠右】。完成后的效果如图 6-50 所示。

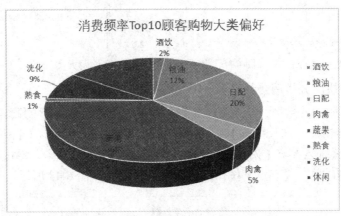

图 6-50　消费频率 Top10 顾客购物大类偏好

由图 6-50 可知，消费频率 Top10 顾客消费最多的大类是蔬果，占总消费额的 36%，其次是日配和休闲，分别占 20% 和 15%，粮油占 12%，洗化和肉禽分别占 9% 和 5%，酒饮占 2%，熟食占 1%。

6.5.4　消费频率 Top10 顾客对促销的态度

1. 计算消费频率 Top10 的顾客购买促销和非促销商品的金额

(1) 创建数据透视表。在"05-3 消费频率 Top10 顾客消费数据"中，单击【插入】选项卡的【表格】命令组中的【数据透视表】按钮，将数据透视表创建在新工作表中，将工作表重命名为"05-6 购物频率 Top10 顾客促销敏感度分析"。

（2）设置数据透视表字段。在"05-6 购物频率 Top10 顾客促销敏感度分析"工作表的【数据透视表字段】设置面板中，将【促销】拖动到【行】区域，将【销售金额】拖动到【值】区域，得到数据透视表如图 6-51 所示。将数据透视表中的数据复制，并选择性粘贴"值"，套用表格格式【表样式中等深浅 2】，去掉表头的筛选状态，修改表头标题为"是否促销""销售金额"，修改行高为 20，设置数据居中显示，得到消费频率 Top10 的顾客促销敏感度数据如图 6-52 所示。

行标签 ▼	求和项:销售金额
否	1095.25
是	222.13
总计	1317.38

图 6-51　数据透视表

是否促销	销售金额
非促销	1095.25
促销	222.13

图 6-52　购物频率 Top10 顾客促销敏感度数据

2. 绘制消费频率 Top10 顾客促销敏感度图表

基于图 6-52 所示的数据，绘制三维饼图，分析消费频率 Top10 的顾客购物对促销的敏感度。

（1）绘制三维饼图。选择图 6-52 所示数据，在【插入】选项卡的【图表】命令组中单击 ☞ 按钮，弹出【插入图表】对话框，切换至【所有图表】选项卡，单击【饼图】选项，选择【三维饼图】，单击【确定】按钮，绘制三维饼图，如图 6-53 所示。

（2）添加数据标签。右键单击饼图，在弹出的快捷菜单中选择【添加数据标签】命令，即可添加数据标签。

（3）更改数据标签格式。右键单击数据标签，在弹出的快捷菜单中选择【设置数据标签格式】命令，弹出【设置数据标签格式】窗格，在【标签选项】栏中勾选【百分比】、【显示引导线】复选框，如图 6-54 所示。选中数据标签，将字体设置为白色、加粗。

6-10　消费频率 Top10 顾客对促销的态度

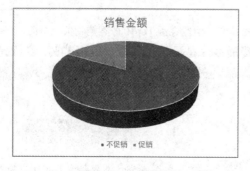

图 6-53　三维饼图

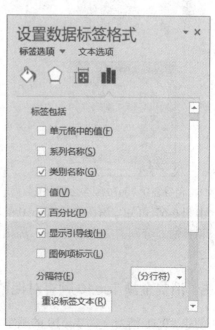

图 6-54　设置数据标签格式

(4) 修改图例位置。右键单击图例，在弹出的快捷菜单中选择【设置图例格式】命令，弹出【设置图例格式】窗格，在【图例位置】栏中勾选【靠右】。

(5) 修改图表标题。单击激活图表标题文本框，更改图表标题为"消费频率 Top10 顾客对促销的态度"，如图 6-55 所示。

图 6-55　消费频率 Top10 顾客对促销的态度

由图 6-55 可知，消费频率 Top10 的顾客，花费 17%的金额来购买促销商品，花费 83%的金额来购买非促销商品。

6.5.5　消费金额 Top10 顾客消费类别偏好

创建"05-7 消费金额 Top10 顾客购物大类偏好"工作表，使用 6.5.4 节所述方法得到消费金额 Top10 顾客的消费大类偏好数据和图表，如图 6-56、图 6-57 所示。

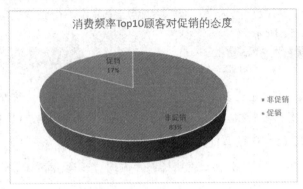

大类名称	销售金额
酒饮	1175.3
粮油	508
日配	805.43
肉禽	89.79
蔬果	277.62
熟食	75.14
洗化	327.1
休闲	155

图 6-56　消费金额 Top10 顾客购物大类数据　　　　图 6-57　消费金额 Top10 顾客购物大类饼图

由图 6-57 可知，消费金额 Top10 的顾客消费最多的是酒饮，占总金额的 34%，其次是日配和粮油，分别占 24%和 15%，洗化占 10%，蔬果占 8%，休闲占 4%，肉禽占 3%，熟食占 2%。

6.5.6　消费金额 Top10 顾客对促销的态度

是否促销	销售金额
非促销	2859.78
促销	553.6

创建"05-8 消费金额 Top10 的顾客对促销的态度"工作表，使用与 6.5.5 同样的方法分析消费金额 Top10 的顾

图 6-58　消费金额 Top10 的顾客对促销的态度数据

客对促销的态度，如图 6-58、图 6-59 所示。

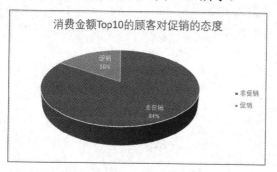

图 6-59 消费金额 Top10 的顾客对促销的态度饼图

6-11 消费金额 Top10 顾客消费偏好

由图 6-59 可知，消费金额 Top10 的顾客，花费 16%的金额来购买促销商品，花费 84%的金额来购买非促销商品。

将"0322-0328 销售数据.xlsx"重命名为"顾客分析结果.xlsx"。

拓展延伸：会员生日自动提醒

"和美家"连锁超市某分店秉承客户至上的原则，为了提高会员的幸福指数，增加会员黏性，会在会员生日那天推出额外优惠活动或者送上礼物。为了不漏掉任何一个会员的生日，要用以下方法筛选出所有会员的生日日期。

1. 使用函数判断会员生日情况

(1) 查看会员信息。打开"会员生日提醒"工作簿，其中"会员信息"工作表中的内容如图 6-60 所示，共 445 条数据。

	A	B	C	D
1	会员生日提醒			
2	会员编号	出生日期	电话号码	生日提醒
3	2372	1967/10/12	1362226****	
4	1256	1985/3/14	1391259****	
5	2533	1979/11/28	1378387****	
6	952	1999/4/5	1338709****	
7	74	1994/11/16	1347249****	
8	2516	1989/6/22	1385109****	
9	2522	1999/4/3	1315248****	
10	2550	1965/4/27	1354171****	
11	2553	1975/1/23	1369690****	
12	260	1970/1/22	1368689****	
13	2507	1955/5/9	1384673****	

图 6-60 会员信息

6-12 会员生日自动提醒

(2) 判断会员生日情况。在 D3 单元格输入公式"=IF(DATE(YEAR(TODAY()), MONTH(B3), DAY(B3))-TODAY()>0,"未到", IF(DATE(YEAR(TODAY()), MONTH(B3), DAY(B3))-TO DAY()=0, "生日快乐", "已过"))"，按【Enter】键，即可判断第一位会员的生日情况。使用快速填充方法，计算其他会员的生日情况。完成后得到如图 6-61 所示的会员生日信息。

	A	B	C	D
1			会员生日提醒	
2	会员编号	出生日期	电话号码	生日提醒
3	2372	1967/10/12	1362226****	未到
4	1256	1985/3/14	1391259****	已过
5	2533	1979/11/28	1378387****	未到
6	952	1999/4/5	1338709****	已过
7	74	1994/11/16	1347249****	未到
8	2516	1989/6/22	1385109****	生日快乐
9	2522	1999/4/3	1315248****	已过
10	2550	1965/4/27	1354171****	已过
11	2553	1975/1/23	1369690****	已过
12	260	1970/1/22	1368689****	已过
13	2507	1955/5/9	1384673****	已过

图 6-61　会员生日信息

❖ 小知识

" =IF(DATE(YEAR(TODAY()), MONTH(B3), DAY(B3))-TODAY()>0, " 未 到 ", IF(DATE (YEAR(TODAY()), MONTH(B3), DAY(B3))-TODAY()=0,"生日快乐","已过"))"

公式解析：

DATE(YEAR(TODAY()), MONTH(B3), DAY(B3))表示提取当前日期的年份、B3 单元格日期的月份和 B3 单元格对应的日期，然后使用 DATE 函数将它们构建为一个完整的日期，即会员今年生日日期。

如果会员今年生日日期与当前日期的差值大于 0(即①中构建的日期大于当前日期)，返回"未到"文字。

如果会员今年生日日期与当前日期的差值等于 0(即两个日期相等)，返回"生日快乐"，否则显示"已过"。

2. 设置表格格式

选中 A2:D447 数据区域，套用表格格式【表样式中等深浅 2】，去掉表头的筛选状态，修改行高为 20，设置数据居中显示。选中 A1 单元格，设置文字字号为 18，行号为 40。完成后的效果如图 6-62 所示。

会员生日提醒			
会员编号	出生日期	电话号码	生日提醒
2372	1967/10/12	1362226****	未到
1256	1985/3/14	1391259****	已过
2533	1979/11/28	1378387****	未到
952	1999/4/5	1338709****	已过
74	1994/11/16	1347249****	未到
2516	1989/6/22	1385109****	生日快乐
2522	1999/4/3	1315248****	已过
2550	1965/4/27	1354171****	已过
2553	1975/1/23	1369690****	已过
260	1970/1/22	1368689****	已过
2507	1955/5/9	1384673****	已过

图 6-62　设置"会员生日提醒"表格格式

3. 设置条件格式突出显示生日会员

选择图 6-62 中 D3:D447 数据区域，在【开始】选项卡的【样式】命令组中单击【条件格式】下拉菜单，在下拉菜单中选择【突出显示单元格规则】，单击【等于】命令，如图6-63 所示。

图 6-63　单击【等于】命令

在打开的【等于】对话框的【为等于以下值的单元格设置格式】文本框中输入"生日快乐"，在【设置为】下拉列表中选择【浅红填充色深红色文本】，如图6-64 所示。

图 6-64　设置条件格式

返回到工作表中，此时所选单元格数据区域中数据为"生日快乐"的单元格以"浅红填充色深红文本"突出显示，如图6-65 所示。

会员生日提醒			
会员编号	出生日期	电话号码	生日提醒
2372	1967/10/12	1362226****	未到
1256	1985/3/14	1391259****	已过
2533	1979/11/28	1378387****	未到
952	1999/4/5	1338709****	已过
74	1994/11/16	1347249****	未到
2516	1989/6/22	1385109****	生日快乐
2522	1999/4/3	1315248****	已过
2550	1965/4/27	1354171****	已过
2553	1975/1/23	1369690****	已过
260	1970/1/22	1368689****	已过
2507	1955/5/9	1384673****	已过

图 6-65　会员生日提醒

小　结

　　本项目分析了顾客的消费情况。首先分析了每日销售顾客的数量、客单价、顾客复购情况和顾客对促销的态度，以此把握销售的总体情况；接着依据 RFM 模型分别找到消费频率和消费金额最高的 10 名顾客；最后分析了这两类顾客各自的购物偏好，包括消费大类偏好和促销偏好。学习了客单价、复购率、RFM 模型等概念以及带图形的图表等，进一步巩固了数据透视表、多关键字排序、分类汇总、筛选等操作以及 VLOOKUP 函数的使用。

课后技能训练

　　1. 某自动售货机企业为了了解顾客的消费特点，对顾客的购买行为进行分析，通常以每日消费顾客数、客单价等作为评价指标。利用"本周销售数据"工作簿分析顾客以下消费行为并绘制图表，图表类型自选。

　　(1) 统计每日消费顾客数并绘制图表，工作表命名为"01 每日消费顾客数"。

　　(2) 统计客单价并绘制图表，工作表命名为"02 每日客单价"。

　　(3) 统计各种支付方式占比并绘制图表，工作表命名为"03 顾客支付偏好"。

　　(4) 工作簿重命名为"自动售货机顾客分析结果"。

　　2. 利用"0322-0328 销售金额 Top10 顾客消费数据"，统计消费金额 Top10 顾客消费各类酒饮金额(精确到小类)，绘制树形图并做简要分析，最后将工作簿重命名为"销售金额 Top10 顾客消费各类别酒饮金额"。

拓展训练

"1+X"大数据应用开发(Python)职业技能等级证书(初级)考试训练

　　1. 在工作表中手动创建数据透视表，具体的操作步骤不包括(　　)。

　　A. 在工作表中单击数据区域内任一单元格，在【数据】选项卡的【表格】命令组中，单击【数据透视表】命令

　　B. 确定创建空白数据透视表

　　C. 在工作表中单击数据区域内任一单元格，在【插入】选项卡的【表格】命令组中，单击【数据透视表】命令

　　D. 添加字段

　　2. 客单价的本质是一定时期内，每个用户的(　　)。

　　A. 购买总数　　　　B. 总销售额　　　　C. 消费金额　　　　D. 平均消费金额

　　3. TEXT 函数可通过格式代码向数字应用格式，进而更改数字的_____。

　　4. Excel 2016 中使用的统计函数包括(　　)。

A. INT 函数　　　　　　　　　B. COUNT 函数

C. AVERAGEIF 函数　　　　　D. PRODUCT 函数

5. 在工作表中使用高级分类汇总功能，统计数据的平均值，具体操作步骤包括(　　)。

A. 在【视图】选项卡的【分级显示】命令组中，单击【分类汇总】命令，弹出【分类汇总】对话框

B. 确定设置

C. 设置参数，在【分类汇总】对话框中进行相应设置

D. 打开【分类汇总】对话框，在【数据】选项卡的【分级显示】命令组中，单击【分类汇总】命令，弹出【分类汇总】对话框

6. 在一个 Excel 单元格中输入 "=AVERAGE(A1:B2,B1:C2)"，则单元格显示的结果是 (B1+B2)/2 的值。(　　)

7. 在 Excel 2016 中，"排序"选项包括三部分，第一部分是排序对象，也就是"主要关键字"部分；第二部分是"排列依据"，有时候单元格中可供排序的对象较多，可以选择自己需要排序的对象；第三部分是"次序"，可以选择"升序"或者"降序"。(　　)

8. 客单价与用户数量无关。(　　)

9. PRODUCT 函数和 SUM 函数参数表示的含义是一样的。(　　)

项目 7　　营销策略分析

7-1　营销策略分析简介

项目背景

　　"和美家"连锁超市某分店经过对店铺一周销售情况的整体分析、商品分析和顾客分析，基本掌握了销售规律，发现了营销中存在的问题和可能存在的增长点，现在需要对几个关键点做进一步深入分析，并最终确定营销方案。

项目 7——项目
演示

项目演示

　　对营销中几个关键点做进一步深入分析结果如下：

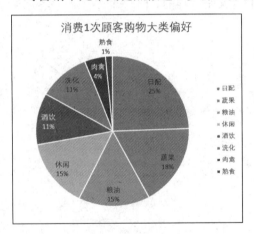

消费 1 次顾客购物大类偏好

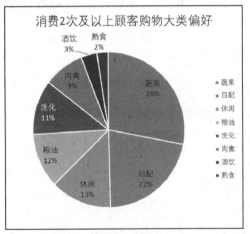

消费 2 次及以上顾客购物大类偏好

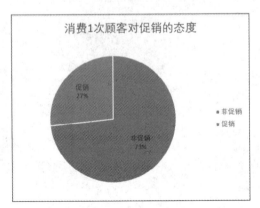

消费 1 次顾客对促销的态度

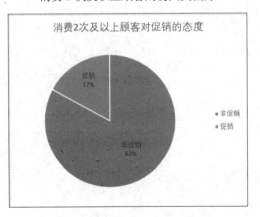

消费 2 次及以上顾客对促销的态度

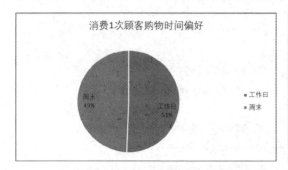

消费 1 次顾客购物时间偏好

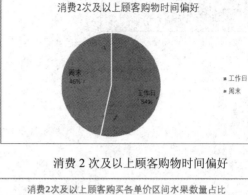

消费 2 次及以上顾客购物时间偏好

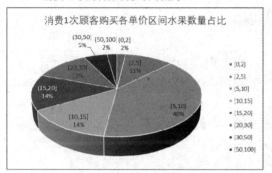

消费 1 次顾客购买各单价区间水果数量占比

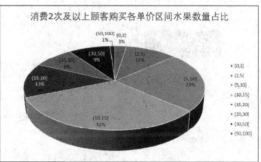

消费 2 次及以上顾客购买各单价区间水果数量占比

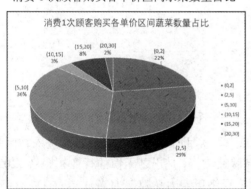

消费 1 次顾客购买各单价区间蔬菜数量占比

消费 2 次及以上顾客购买各单价区间蔬菜数量占比

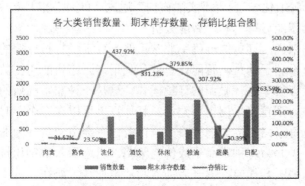

各大类销售数量、期末库存数量、存销比组合图

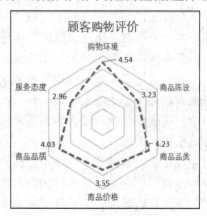

顾客购物评价

思维导图

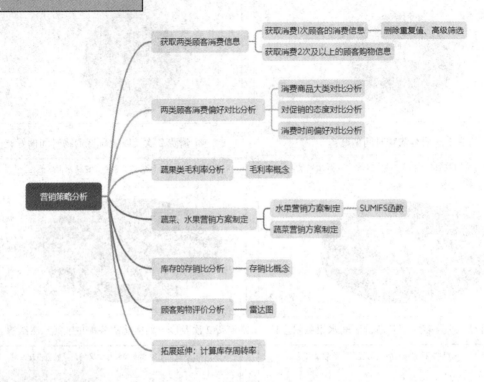

思政聚焦

大数据赋能社区生鲜企业——钱大妈的故事

近年来，社区生鲜悄然进入人民的生活，京东、美团、饿了么等企业相继进入社区生鲜行业。其中，2012 年创立于东莞的社区生鲜品牌钱大妈，是当之无愧的行业领跑者。2021 年 8 月，钱大妈斩获第十届财经峰会"2021 数字经济影响力品牌"大奖。

钱大妈成立至今已有 10 年，旗下门店数量已近 4000 家，覆盖全国 30 多个城市。作为社区生鲜连锁品牌的开拓者，钱大妈的成功有两个秘诀：一个是"不卖隔夜肉"的经营理念，另一个是数字化技术赋能门店进行精细化管理。"不卖隔夜肉"通过"日清"和"定时打折"实现，而数字化的主要表现是"智能订单"和"智能分析"。

对于坚持"不卖隔夜肉"的钱大妈来说，订单的准确率非常重要，订多了打折促销的量太大，订少了不够卖，这两种情况都不利于销售。智能订单就是利用门店销售的历史数据给门店提供订货建议，店长再对建议订货单进行微调的订货模式。这是一种非常高效的订单模式，据统计，超过 70%的订货单，都直接采用模型建议，整体订单可以在半个小时内完成订货。智能分析系统可以通过对每家门店周边的消费人群以及已有会员消费行为的分析，来制定应该卖什么样的货，卖多少并为每种货品生成价格策略。通过引入数字化技术、降低开店难度、节约开店成本、增强顾客体验、提升店铺盈利，也使钱大妈在社区生鲜赛道上先人一步。

作为社区的优秀生鲜企业，钱大妈也在努力承担更多的社会责任，2020 年以来，面对新冠肺炎疫情的冲击，钱大妈积极投入到保价格、保质量和保供应的行动中，以自己的方式为抗击疫情贡献力量。

钱大妈还积极助力乡村振兴，例如在福州、江西等地采用"基地直采"的方式帮助农户销售蔬菜，把贵州毕节扶贫产品五谷鸡蛋引入华南地区的门店。钱大妈还计划找准机会把订单直接给到农户，带动农户开展大规模种植和养殖，积极做乡村振兴的"护旗手"。

思考与讨论：

钱大妈的经营理念是我为人人，顾客至上和用行动为顾客着想，具有诚实守信、以人为本、科技赋能和顾客至上的社会责任感。大家还知道有哪些企业通过使用大数据成功实现转型升级的案例呢？

教学要求

知识目标

◎理解毛利率的概念

◎理解 SUMIFS 函数各参数的含义

能力目标

◎能够使用 SUMIFS 函数进行统计

◎能够灵活使用数据透视表、高级筛选、删除重复项等完成数据统计

◎能够灵活运用各类图表显示数据

学习重点

◎毛利率计算

◎使用 SUMIFS 函数统计各价格区间商品消费数量

◎正确使用饼图、雷达图显示数据

学习难点

◎使用 SUMIFS 函数统计各价格区间商品消费数量

◎数据的对比分析

任务 7.1　获取两类顾客消费信息

 任务描述

经过前面的分析，可以发现有 77% 的顾客，本周只在超市消费了 1 次，作为家门口的超市，顾客复购率偏低，提高顾客复购率是提高超市营销水平的一个突破口。通过对本周消费 2 次及以上的顾客和只消费 1 次的顾客的消费特点进行分析，寻找提高顾客复购率的突破口，进一步分析制定企业营销方案。

任务分析

(1) 获取两类顾客的消费信息。

(2) 对比分析两类顾客的消费偏好。

(3) 分析提高复购率的突破口。

(4) 制定营销方案。

7-2　获取两类顾客消费信息

任务实施

7.1.1　获取消费 1 次顾客的消费信息

1. 计算每个顾客的购物次数(一天内算一次购物)

(1) 复制 "顾客编号" 和 "销售日期" 列。打开 "0322-0328 销售数据" 工作簿,选择 "0322-0328 销售数据" 工作表,将顾客编号所在的 A 列和销售日期所在的 H 列选中并复制,创建新的工作表【Sheet1】,将这两列粘贴进去(如图 7-1 所示),共有数据 2565 行。

(2) 删除重复值。即删除 "顾客编号" 和 "销售日期" 列的重复值。单击选中数据区域任意单元格,单击【数据】选项卡的【数值工具】命令组中的【删除重复项】图标,弹出【删除重复项】对话框,确保【顾客编号】和【销售日期】都选中(如图 7-2 所示),单击【确定】按钮,删除重复值,保留 588 个唯一值。

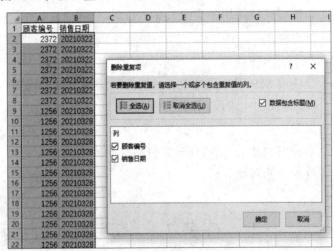

图 7-1　复制 "顾客编号" 和 "销　　　　图 7-2　【删除重复项】设置
　　　　售日期" 列

(3) 统计每个顾客的购物次数。单击选中 A1:B589 数据区域的任意单元格,在【插入】选项卡的【表格】命令组中,单击【数据透视表】图标,弹出【创建数据透视表】对话框,选择将工作表创建在【现有工作表】,【位置】选择 D1 单元格。在【数据透视表字段】面板中,将【顾客编号】拖到【行】位置,将【销售日期】拖到【值】位置,单击 求和项:销售日…▼

按钮，在弹出的快捷菜单中，选择【值字段设置】，在弹出的【值字段设置】对话框中选择【计数】(如图 7-3 所示)，单击【确定】，得到数据透视表如图 7-4 所示，共有 445 条数据。将工作表命名为"01 顾客购物次数"。

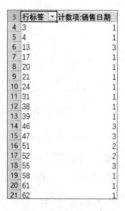

图 7-3　数据透视表值字段设置　　　　　　　　　　图 7-4　购物次数

(4) 按顾客消费次数对数据进行排序。单击选中 E 列数据区域任意单元格，在【数据】选项卡的【排序和筛选】命令组中，单击【降序】图标，将数据透视表按顾客购物次数的降序排序，完成后的效果如图 7-5 所示。

(5) 得到购物次数为 1 的顾客编号。拖拽鼠标可以看到从 104 行开始，后面的顾客购物次数都是 1，选中 D104:E446 数据区域，将数据区域复制，粘贴到以 G2 单元格起始的区域中，粘贴时，选择只粘贴数值，在 G1、H1 单元格输入表头，得到购物次数为 1 的顾客数据如图 7-6 所示，共 343 个顾客。

(6) 得到购物次数为 2 次及以上的顾客编号。同样，选中 D2:E103 数据区域，将数据区域复制，粘贴到以 J2 单元格起始的区域中，粘贴时，选择只粘贴数值，在 J1、K1 单元格输入表头，得到购物次数为 2 次及以上的顾客数据如图 7-7 所示，共 102 个顾客。

D	E		G	H		J	K
行标签	计数项:销售日期		顾客编号	消费次数		顾客编号	消费次数
304	6		2473	1		304	6
2464	5		1899	1		2464	5
400	4		2538	1		400	4
151	4		39	1		151	4
1130	4		352	1		1130	4
113	4		440	1		113	4
339	4		2505	1		339	4
46	3		443	1		46	3
47	3		1715	1		47	3
93	3		444	1		93	3
142	3		2113	1		142	3
439	3		453	1		439	3
55	3		2457	1		55	3
661	3		454	1		661	3
205	3		2489	1		205	3

图 7-5　按顾客消费次数排序　　　图 7-6　购物次数为 1 的顾客　　　图 7-7　购物次数为 2 次及以上的顾客

(7) 为购物次数为 1 的顾客编号创建名称。选中图 7-6 所示数据的 G1:G344 数据区域，单击右键，在快捷菜单中选择【定义名称】，弹出【新建名称】对话框，输入名称"购物 1 次的顾客编号"，如图 7-8 所示，单击【确定】按钮。

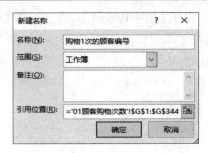

图 7-8　【新建名称】对话框

2. 得到消费 1 次的顾客购物数据

在"0322-0328 销售数据"工作表中，单击数据区域的任意单元格，单击【数据】选项卡【排序和筛选】命令组中的【高级】图标 高级，弹出【高级筛选】对话框，在条件区域输入"消费 1 次顾客编号"，选择【在原有区域显示筛选结果】(如图 7-9 所示)，单击【确定】，得到购物次数为 1 的顾客购物数据。

图 7-9　【高级筛选】设置

新建工作表"01-1 消费 1 次顾客购物数据"，将刚才高级筛选得到的数据全部选中、复制和粘贴到这个工作表中，得到数据如图 7-10 所示，包括标题在内共 1512 行。

A	B	C	D	E	F	G	H	I	J	K	L	M	N	O	P	Q	R	S
顾客编号	大类编码	大类名称	中类编码	中类名称	小类编码	小类名称	销售日期	销售月份	商品编码	规格型号	商品类型	单位	销售数量	销售金额	商品单价	进价	应售金额	促
2372	15	日配	1518	常温乳品	151801	利乐砖纯奶	20210322	202103	DW-1518	250ml	一般商品	盒	24	60	3	1.2	72	是
2372	15	日配	1505	冷藏乳品	150503	冷藏果粒酪	20210322	202103	DW-1505	150g	一般商品	杯	1	3.9	4.9	2	4.9	是
2372	20	粮油	2011	液体调料	201109	白醋	20210322	202103	DW-2011	480ml	一般商品	瓶	6	16.2	2.7	2	16.2	否
2372	23	酒饮	2302	纯果汁	230203	纯苹果汁	20210322	202103	DW-2302	1L	一般商品	盒	1	9.9	12.3	4.9	12.3	否
2372	23	酒饮	2316	香烟	231601	国产省内烟	20210322	202103	DW-2316	20支	一般商品	包	40	480	12	4.8	480	否
2372	23	酒饮	2302	纯果汁	230202	纯桃汁	20210322	202103	DW-2302	1L	一般商品	盒	1	9.9	11.9	4.8	11.9	否
2372	30	洗化	3008	洗护发用品	300801	洗发水	20210322	202103	DW-3008	750ml	一般商品	瓶	1	43.9	79.9	43.9	79.9	是
1256	10	肉禽	1002	牛肉	100203	牛下水	20210328	202103	DW-1002	散称	生鲜	千克	0.188	8.27	44	28.6	8.27	否
1256	12	蔬果	1201	蔬菜	120102	根茎	20210328	202103	DW-1201	散称	生鲜	千克	0.718	14.36	20	14	14.36	否
1256	12	蔬果	1201	蔬菜	120104	花果	20210328	202103	DW-1201	散称	生鲜	千克	0.516	2.99	5.8	4.1	2.99	否
1256	12	蔬果	1203	水果	120305	瓜类	20210328	202103	DW-1203	散称	生鲜	KG	1.778	7.08	3.98	2.4	7.08	否
1256	12	蔬果	1201	蔬菜	120104	花果	20210328	202103	DW-1201	散称	生鲜	千克	0.876	2.26	2.58	1.8	2.26	否
1256	12	蔬果	1203	水果	120309	进口水果	20210328	202103	DW-1203	散称	生鲜	KG	1.264	88.48	70	42	88.48	否
1256	12	蔬果	1201	蔬菜	120104	花果	20210328	202103	DW-1201	散称	生鲜	千克	0.784	7.81	9.96	7	7.81	否
1256	12	蔬果	1201	蔬菜	120104	花果	20210328	202103	DW-1201	散称	生鲜	千克	0.822	1.48	1.8	1.3	1.48	否
1256	12	蔬果	1203	水果	120302	苹果类	20210328	202103	DW-1203	散称	生鲜	KG	1.472	20.02	13.6	8.2	20.02	否
1256	12	蔬果	1203	水果	120305	瓜类	20210328	202103	DW-1203	散称	生鲜	KG	1.776	21.24	11.96	7.2	21.24	否
1256	12	蔬果	1203	水果	120313	其它水果	20210328	202103	DW-1203	散称	生鲜	KG	1.172	26.96	23	13.8	26.96	否
1256	13	熟食	1302	卤制熟食	130201	卤制畜类	20210328	202103	DW-1302	散称	联营商品	kg	0.16	12.16	76	30.4	12.16	否
1256	13	熟食	1301	凉件熟食	130101	凉拌素食	20210328	202103	DW-1301	散称	联营商品	kg	0.464	9.28	20	8	9.28	否
1256	13	熟食	1302	卤制熟食	130201	卤制畜类	20210328	202103	DW-1302	散称	联营商品	kg	0.498	44.82	90	36	44.82	否
1256	13	熟食	1301	凉件熟食	130101	凉拌素食	20210328	202103	DW-1301	散称	联营商品	kg	0.252	5.04	20	8	5.04	否
1256	15	日配	1501	冷藏肉制品	150106	肉肠	20210328	202103	DW-1501	300g	一般商品	根	1	17.9	18.3	7.3	18.3	是
1256	15	日配	1505	冷藏乳品	150504	冷藏乳酸菌	20210328	202103	DW-1505	100ml+5	一般商品	板	2	22	11	4.4	22	否
1256	20	粮油	2008	调味料	200806	香辛料	20210328	202103	DW-2008	20g	一般商品	瓶	1	2.7	2.7	2	2.7	否
1256	20	粮油	2008	调味料	200805	香辛粉	20210328	202103	DW-2008	40g	一般商品	瓶	1	11.3	11.3	8.5	11.3	否
1256	20	粮油	2008	调味料	200806	香辛料	20210328	202103	DW-2008	20g	一般商品	袋	1	3.9	3.9	2.2	3.9	否
1256	20	粮油	2008	调味料	200809	淀/糖/碱类	20210328	202103	DW-2008	240g	一般商品	袋	1	2.9	2.9	2.2	2.9	否

图 7-10　消费 1 次顾客购物数据

7.1.2 获取消费 2 次及以上顾客的购物信息

获取购物次数为 2 次及以上的顾客的购物信息，也需要先获取购物次数为 2 次及以上的顾客信息，然后再使用高级筛选的方式获得这些顾客的购物信息。如图 7-7 所示，已经获得了购物次数为 2 次及以上的顾客编号，所以本节只需在此基础上获得这些顾客的购物信息即可。

1. 为购物次数为 2 次及以上的顾客编号创建名称

在"01 顾客购物次数"工作表中，选中 J1:J103 数据区域，单击右键，在弹出的快捷菜单中选择【定义名称】，弹出【新建名称】对话框，输入名称"消费 2 次及以上的顾客编号"(如图 7-11 所示)，单击【确定】按钮。

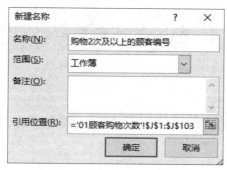

图 7-11 【新建名称】对话框

2. 得到消费 2 次及以上顾客的购物数据

在"0322-0328 销售数据"工作表中，按【Ctrl+Shift+L】快捷键 2 次，使得数据退出筛选状态，回到默认状态。单击数据区域的任意单元格，单击【数据】选项卡【排序和筛选】命令组中的【高级】图标 ▼ 高级，弹出【高级筛选】对话框，在条件区域输入"购物 2 次及以上的顾客编号"，选择【在原有区域显示筛选结果】(如图 7-12 所示)，单击【确定】，得到消费 2 次及以上顾客的购物数据。

图 7-12 【高级筛选】设置

新建工作表"01-2 消费 2 次及以上顾客购物数据"，将刚才高级筛选得到的数据全选、复制和粘贴到这个工作表中，得到数据如图 7-13 所示，加上标题，共 1054 行。

图 7-13　消费 2 次及以上顾客购物数据

任务 7.2　两类顾客消费偏好对比分析

任务描述

对本周消费 1 次和本周消费 2 次及以上的两类顾客的消费偏好进行对比和分析，找出两类顾客购物偏好的差别。

任务分析

(1) 消费商品大类对比。

(2) 促销敏感性的对比分析。

(3) 消费物品价格区间的对比分析。

(4) 消费时间偏好的对比分析。

7-3　两类顾客消费商品大类对比

任务实施

7.2.1　消费商品大类对比分析

1. 获得本周消费 1 次顾客的商品销售额统计数据

使用图 7-10 所示数据，使用 5.1.1 节所述方法和步骤即可得到如图 7-14 所示的统计数据，将新建的数据透视工作表命名为 "02-1-1 消费 1 次顾客购物大类偏好"。

大类名称	销售金额
日配	4273.24
蔬果	3084.12
粮油	2645.01
休闲	2571.32
酒饮	1929.4
洗化	1876.9
肉禽	779
熟食	256.75

图 7-14　消费 1 次顾客购物大类排名

2. 获得本周消费 2 次及以上顾客的商品销售额统计数据

使用图 7-13 所示数据，使用 5.1.1 节所述方法和步骤即可得到如图 7-15 所示的统计数据，新建的数据透视工作表命名为"02-1-2 消费 2 次及以上顾客购物大类偏好"。

大类名称	销售金额
蔬果	2327.23
日配	1785.78
休闲	1082.77
粮油	950.33
洗化	941.3
肉禽	719.45
酒饮	283.7
熟食	197.45

图 7-15   消费 2 次及以上顾客购物大类排名

3. 绘制本周消费 1 次顾客的商品销售额分析饼图

使用图 7-14 所示数据及 5.1.2 节所述方法和步骤绘制图表(在选择饼图类型时选择"饼图"而非"复合饼图")，如图 7-16 所示。

4. 绘制本周消费 2 次及以上顾客的商品销售额分析饼图

使用图 7-15 所示数据及 5.1.2 节所述方法和步骤绘制图表，如图 7-17 所示。

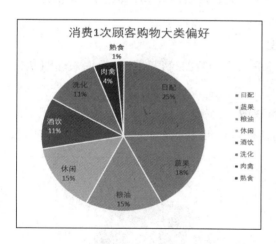

图 7-16   消费 1 次顾客购物大类偏好

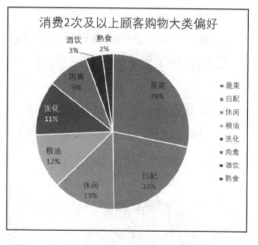

图 7-17   消费 2 次及以上顾客购物大类偏好

由图 7-16 可知，本周消费 1 次的顾客，购买最多的是日配，占所有金额的 25%，接下来是蔬果、粮油和休闲，分别占到了 18%、15% 和 15%，酒饮和洗化都占 11%，购买最少的是肉禽和熟食，分别只占到 4% 和 1%。

由图 7-17 可知，本周消费 2 次及以上的顾客，购买最多的是蔬果，占所有金额的 28%，接下来是日配、休闲和粮油，分别占到 22%、13% 和 12%，洗化和肉禽分别占到 11% 和 9%，购买最少的是酒饮和熟食，分别只占到 3% 和 2%。

7.2.2   对促销的态度对比分析

首先统计两类顾客花费在促销与非促销商品上的消费额，然后分别绘制图表进行对比分析。

1. 统计消费 1 次顾客的促销和非促销消费金额

（1）新建数据透视表。打开"01-1 消费 1 次顾客购物数据"工作表，创建数据透视表并放置在新工作表中。

（2）设置数据透视表字段。在新工作表中的【数据透视表字段设置】面板中，将【促销】拖动到【行】位置，将【销售金额】拖动到【值】位置，将新建的工作表重命名为"02-2-1 消费 1 次顾客对促销的态度"。

（3）格式设置。套用表格格式【表样式中等深浅 2】，去掉【筛选】，内容居中显示，行高设为 20，完成后的效果如图 7-18 所示。

是否促销	销售金额
非促销	12775.24
促销	4640.5

是否促销	销售金额
非促销	6877.06
促销	1410.95

图 7-18　消费 1 次顾客促销偏好　图 7-19　消费 2 次及以上顾客促销偏好

7-4　两类顾客对促销的态度对比分析

2. 统计消费 2 次及以上顾客的促销和非促销消费金额

使用"01-2 消费 2 次及以上顾客购物数据"工作表中的数据，使用上面 1 中的方法，创建数据透视表，并将数据透视表重命名为"02-2-2 消费 2 次及以上的顾客对促销的态度"，最后进行格式设置，完成后的效果如图 7-19 所示。

3. 绘制消费 1 次的顾客对促销的态度饼图

使用图 7-18 所示数据，使用 5.1.1 节所述方法和步骤即可得到统计数据，如图 7-20 所示。

4. 绘制消费 2 次及以上顾客对促销的态度饼图

使用图 7-19 所示数据，使用 5.1.1 节所述方法和步骤即可得到统计数据，如图 7-21 所示。

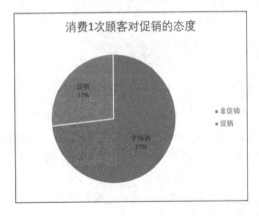

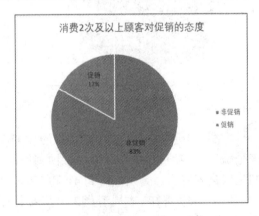

图 7-20　消费 1 次顾客对促销的态度　　　　图 7-21　消费 2 次及以上顾客对促销的态度

由图 7-20 可以看出，本周只消费 1 次的顾客花费 27% 的金额购买促销商品，花费 73% 的金额购买非促销商品。与此相对应的是，由图 7-21 可以看出，本周消费 2 次及以上的顾客花费 17% 的金额购买促销商品，花费 83% 的金额购买非促销商品。

7.2.3 消费时间偏好对比分析

对比两类顾客在周末和工作日单日的平均消费金额。

1. 获得本周消费 1 次的顾客在周末和工作日单日平均消费金额

打开"01-1 消费 1 次顾客购物数据",使用 4.1.1 节所述方法和步骤即可得到统计数据（如图 7-22 所示），新建的数据透视工作表命名为"02-3-1 消费 1 次顾客购物时间偏好"。

	A	B
1		
2		
3	行标签 ▾	求和项:销售金额
4	20210322	2946.21
5	20210323	1319.16
6	20210324	3948.45
7	20210325	1856.78
8	20210326	2455.96
9	20210327	1793.08
10	20210328	3096.1
11	总计	17415.74

7-5 两类顾客消费时间
偏好对比分析

图 7-22 消费 1 次顾客每日消费金额

删除第 1、2 行空白数据行，将 A2:B8 数据区域仅粘贴值复制到 D1 单元格起始的位置，更改 D1 和 E1 单元格内容为"消费日期""消费金额"。在 G1、H1 单元格输入"消费日期""平均消费金额"，在 G2、G3 单元格输入"工作日"和"周末"，在 H2 单元格输入公式"=ROUND(SUM(E2:E6)/5,2)"，单击【Enter】键，得到工作日每天的平均消费金额。在 H3 单元格输入公式"=ROUND(SUM(E7:E8)/2, 2)"，单击【Enter】键，得到周末每天的平均消费金额。完成后的效果如图 7-23 所示。

	A	B	C	D	E	F	G	H
1	行标签 ▾	求和项:销售金额		消费日期	销售金额		消费日期	平均消费金额
2	20210322	2946.21		20210322	2946.21		工作日	2505.31
3	20210323	1319.16		20210323	1319.16		周末	2444.59
4	20210324	3948.45		20210324	3948.45			
5	20210325	1856.78		20210325	1856.78			
6	20210326	2455.96		20210326	2455.96			
7	20210327	1793.08		20210327	1793.08			
8	20210328	3096.1		20210328	3096.1			
9	总计	17415.74						

图 7-23 消费 1 次顾客工作日和周末单日平均消费额

2. 获得本周消费 2 次及以上的顾客在周末和工作日单日平均消费金额

打开"01-2 消费 2 次及以上顾客购物数据"，使用本节步骤 1 中所述方法，创建数据透视表"02-3-2 消费 2 次及以上顾客购物时间偏好"，并求得消费 2 次及以上的顾客在周末和工作日单日消费金额的平均值，如图 7-24 所示。

消费日期	平均消费金额
工作日	1230.46
周末	1067.86

图 7-24 消费 2 次及以上顾客工作日和周末单日平均消费额

3. 绘制本周消费 1 次的顾客消费时间偏好饼图

使用图 7-23 所示数据，用 5.1.2 节所述方法和步骤绘制图表(在选择饼图类型时选择"饼图"即可)，如图 7-25 所示。

4. 绘制本周消费 2 次及以上的顾客消费时间偏好饼图

使用图 7-24 所示数据，5.1.2 节所述方法和步骤绘制图表如图 7-26 所示。

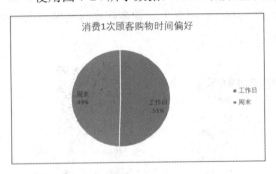
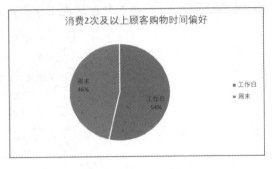

图 7-25 消费 1 次顾客消费时间偏好   图 7-26 消费 2 次及以上顾客消费时间偏好

由图 7-25 可知，本周只消费了一次的顾客，工作日平均每日消费金额和周末平均每日消费金额差不多，仅高出两个百分点。

由图 7-26 可知，本周消费 2 次及以上顾客，工作日平均每日消费金额比周末平均每日消费金额高出 8 个百分点。

任务 7.3 蔬果类毛利率分析

 任务描述

根据前面的分析，要提高超市营销额，就要提高顾客复购率，而从消费商品大类上来说，消费 2 次及以上的顾客，本周购买最多的是蔬果类，因此对蔬果类的毛利率进行分析，分析蔬果类是否有足够的盈利空间进行促销。

 **任务分析**

(1) 各中类销售额、毛利润统计。
(2) 各中类毛利率分析。

7-6 蔬果类毛利率分析

 任务实施

毛利率是毛利与销售收入(或营业收入)的百分比。计算公式如下：

$$毛利率 = \frac{毛利润}{销售额} \times 100\%$$

1. 获得蔬菜销售数据

选择"0322-0328 销售数据"工作表，按【Ctrl+Shift+L】快捷键进入筛选状态，在大类名称中只选择"蔬果"，得到蔬菜的销售数据。新建工作表"03 蔬果数据"，将得到的数据复制到这个工作表中，共有 960 条数据，如图 7-27 所示。

图 7-27　蔬果数据

2. 计算蔬果类各中类的毛利率

(1) 统计蔬果类各中类销售金额、毛利润。创建"03-1 蔬果类各中类毛利率"工作表，使用图 7-27 所示数据，按照 4.1.1、4.3.1 节所述方法得到蔬菜和水果的销售金额和毛利润数据，注意在数据透视表中将【中类名称】拖到【行】位置，将【销售金额】、【毛利润】拖到【值】位置，得到蔬菜、水果和加工豆类的销售金额和毛利润对比数据，如图 7-28 所示。

(2) 计算各中类的毛利率。选中图 7-28 所示数据的前三行数据，仅将数值复制，套用表格格式【表样式中等深浅 2】，去掉表头的筛选状态，修改表头标题为"销售日期""毛利润"，修改行高为 20，完成后的效果如图 7-29 所示。

行标签	求和项:销售金额	求和项:毛利润
加工豆类	196.17	58.33
其它加工	4.12	1.24
蔬菜	2268.14	974.02
水果	2942.92	1567.1
总计	5411.35	2600.69

图 7-28　蔬菜、水果的销售金额、毛利润

中类名称	销售金额	毛利润	毛利率
加工豆类	196.17	58.33	29.73%
其它加工	4.12	1.24	30.10%
蔬菜	2268.14	974.02	42.94%
水果	2942.92	1567.1	53.25%

图 7-29　蔬菜、水果的毛利率

由图 7-29 可知，蔬菜的毛利率是 42.94%，水果的毛利率是 53.25%。

任务 7.4　蔬菜、水果营销方案制订

 任务描述

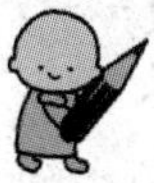

如前分析，蔬果类大部分的销售额和毛利润都产生在蔬菜和水果上，而且毛利率较高，可以进行促销，那么本节分析两类顾客的水果、蔬菜消费习惯，进而确定水果和蔬菜的营销方案。

任务分析

(1) 分析两类顾客对各单价区间水果的消费量，制订水果营销方案。

(2) 分析两类顾客对各单价区间蔬菜的消费量，制订蔬菜营销方案。

任务实施

7.4.1　水果营销方案制订

7-7　水果营销方案制订

在现实生活中，消费者在消费时普遍有以下心理：对于价格太低的商品，担心其质量不好；可价格太高的商品，又超出自己的支出预算。因此，顾客对于某类商品总有一个心理价格下边界和上边界，故称其为消费者心理单价区间。

根据专家经验，本小结水果单价区间可划分为 8 个：(0, 2]、(2, 5]、(5, 10]、(10, 15]、(15, 20]、(20, 30]、(30, 50]、(50, 100]。

1. 计算本周只消费 1 次的顾客，购买各单价区间水果的数量

(1) 得到本周只消费 1 次的顾客购买水果的数据。打开"01-1 消费 1 次顾客购物数据"工作表，按【Ctrl+Shift+L】组合键进入筛选状态，在"大类名称"中选择"蔬果"，在"中类名称"中选择"水果"，将得到的所有数据复制。新建工作表，重命名为"04-1 消费 1 次顾客购买水果数据"，将刚才复制的数据粘贴进去，得到数据如图 7-30 所示，包括标题在内共 123 行数据。

	A	B	C	D	E	F	G	H	I	J	K	L	M	N	O	P	Q	R	
1	顾客编号	大类编码	大类名称	中类编码	中类名称	小类编码	小类名称	销售日期	销售月份	商品编码	规格型号	商品类型	单位	销售数量	销售金额	商品单价	进价	应售金额	促
2	1256	12	蔬果	1203	水果	120305	瓜类	20210328	202103	DW-1203C	散称	生鲜	KG	1.778	7.08	3.98	2.4	7.08	否
3	1256	12	蔬果	1203	水果	120309	进口水果	20210328	202103	DW-1203C	散称	生鲜	KG	1.264	88.48	70	42	88.48	否
4	1256	12	蔬果	1203	水果	120302	苹果类	20210328	202103	DW-1203C	散称	生鲜	KG	1.472	20.02	13.6	8.2	20.02	否
5	1256	12	蔬果	1203	水果	120305	瓜类	20210328	202103	DW-1203C	散称	生鲜	KG	1.776	21.24	11.96	7.2	21.24	否
6	1256	12	蔬果	1203	水果	120313	其它水果	20210328	202103	DW-1203I	散称	生鲜	KG	1.172	26.96	23	13.8	26.96	否
7	2533	12	蔬果	1203	水果	120313	其它水果	20210327	202103	DW-1203I	散称	生鲜	KG	1.026	23.6	23	13.8	23.6	否
8	1187	12	蔬果	1203	水果	120309	进口水果	20210324	202103	DW-1203C	散称	生鲜	KG	2.364	41.61	17.6	10.6	41.61	否
9	1187	12	蔬果	1203	水果	120303	梨类	20210324	202103	DW-1203C	散称	生鲜	KG	1.19	11.85	9.96	6	11.85	否
10	1459	12	蔬果	1203	水果	120313	其它水果	20210328	202103	DW-1203I	散称	生鲜	KG	0.866	5.16	5.96	3.6	5.16	否
11	875	12	蔬果	1203	水果	120302	苹果类	20210327	202103	DW-1203C	散称	生鲜	KG	0.762	13.56	17.8	10.7	13.56	否
12	875	12	蔬果	1203	水果	120306	桃/李类	20210327	202103	DW-1203C	散称	生鲜	KG	0.676	6.73	9.96	6	6.73	否
13	836	12	蔬果	1203	水果	120313	其它水果	20210328	202103	DW-1203C	散称	生鲜	KG	3.91	89.93	23	13.8	89.93	否
14	836	12	蔬果	1203	水果	120313	其它水果	20210328	202103	DW-1203I	散称	生鲜	KG	0.628	7.52	11.98	7.2	7.52	否
15	111	12	蔬果	1203	水果	120307	蕉类	20210328	202103	DW-1203C	散称	生鲜	KG	2.088	12.44	5.96	3.6	12.44	否
16	111	12	蔬果	1203	水果	120302	苹果类	20210328	202103	DW-1203C	散称	生鲜	KG	1.068	29.69	27.8	16.7	29.69	否
17	111	12	蔬果	1203	水果	120302	苹果类	20210328	202103	DW-1203C	散称	生鲜	KG	1.008	17.94	17.8	10.7	17.94	否
18	133	12	蔬果	1203	水果	120314	网络水果	20210326	202103	DW-1203I	散称	生鲜	KG	0.824	42.91	52.08	31.2	42.91	否
19	2549	12	蔬果	1203	水果	120306	桃/李类	20210328	202103	DW-1203C	散称	生鲜	KG	0.724	8.54	11.8	7.1	8.54	否
20	2434	12	蔬果	1203	水果	120306	桃/李类	20210328	202103	DW-1203C	散称	生鲜	KG	1.376	43.76	31.8	19.1	43.76	否
21	2434	12	蔬果	1203	水果	120307	蕉类	20210328	202103	DW-1203C	散称	生鲜	KG	2.348	13.99	5.96	3.6	13.99	否
22	2434	12	蔬果	1203	水果	120309	进口水果	20210328	202103	DW-1203C	散称	生鲜	KG	1.712	30.13	17.6	10.6	30.13	否
23	2373	12	蔬果	1203	水果	120313	其它水果	20210325	202103	DW-1203I	散称	生鲜	KG	0.878	15.45	17.6	10.6	15.45	否
24	2373	12	蔬果	1203	水果	120313	其它水果	20210325	202103	DW-1203I	散称	生鲜	KG	1	15	15	9	15	否
25	261	12	蔬果	1203	水果	120306	桃/李类	20210328	202103	DW-1203C	散称	生鲜	KG	0.73	18.83	25.8	15.5	18.83	否
26	511	12	蔬果	1203	水果	120307	蕉类	20210328	202103	DW-1203C	散称	生鲜	KG	0.922	5.5	5.96	3.6	5.5	否
27	511	12	蔬果	1203	水果	120309	进口水果	20210328	202103	DW-1203C	散称	生鲜	KG	1.224	47.74	39	23.4	47.74	否
28	511	12	蔬果	1203	水果														

图 7-30　消费 1 次顾客购买水果数据

(2) 添加"销售单价""下边界""上边界""销售数量"辅助字段。在"消费 1 次顾客购买水果数据"工作表的单元格 V1、W1、X1 和 Y1 内分别添加"销售单价""下边界""上边界"，"销售数量"四个辅助字段，如图 7-31 所示。

(3) 计算销售单价。销售单价就是商品实际销售的金额除以销售数量，是商品出售的实际单价。在 V2 单元格设置数据公式"=ROUND(O2/N2,2)"，得到第一条数据的销售单价，使用快速填充方法，计算所有销售物品的销售单价，完成后的效果如图 7-32 所示。

（4）设置单价区间。在工作表的"下边界"字段下，依次输入">0"">2"">5"">10"">15"">20"">30"">50"，在"上边界"字段下，依次输入"<=2""<=5""<=10""<=15""<=20""<=30""<=50""<=100"，如图所示 7-33。

图 7-31　添加辅助字段

图 7-32　计算销售单价

（5）计算各单价区间水果销售量。在工作表中的 Y2 单元格中输入公式"=SUMIFS($N$1: $N$123, $V$1:$V$123, W2, $V$1:$V$123, X2)"，按【Enter】键即可计算单价在(0, 2]之间的各类水果的销售数量，使用快速填充法，计算 Y3 到 Y9 单元格中的数值，即可得到各单价区间的销售数量，如图 7-33 所示。

下边界	上边界	销售数量
>0	<=2	2.432
>2	<=5	13.905
>5	<=10	51.127
>10	<=15	18.704
>15	<=20	18.263
>20	<=30	15.515
>30	<=50	6.592
>50	<=100	2.872

图 7-33　各单价区间水果销售量

❖ **小知识**

SUMIFS 用于计算其满足多个条件的全部参数的总量。

"=SUMIFS($N$1:$N$123, $V$1:$V$123, W2, $V$1:$V$123, X2)" 公式解析：

$N$1:$N$123 是销售数量，要对此区域中满足条件的单元格中的数据进行求和运算，条件可以有多个。

条件 1 对应的数据区域和条件 1 分别是：$V$1:$V$123(销售单价)和 W2(销售单价上边界)。$V$1:$V$123，W2 是指在$V$1:$V$123 中满足 W2 条件的记录，即销售单价大于 0 的记录。

条件 2 对应的数据区域和条件 2 分别是：$V$1:$V$123(销售单价)和 X2(销售单价下边界)，$V$1:$V$123，X2 是指在$V$1:$V$123 中满足 X2 条件的记录，即销售单价小于 2 的记录。

"=SUMIFS($N$1:$N$123, $V$1:$V$123, W2, $V$1:$V$123, X2)" 的含义就是在 $V$1:$V$123 中满足 W2 条件并且在 $V$1:$V$123 中满足 X2 条件的记录，在 $N$1:$N$123 区域的单元格数据的和，即销售单价大于 0 且小于 2 的记录销售数量之和。

(6) 数据及表格格式化。将图 7-33 中的 "销售数量" 保留小数点后两位小数，将 "下边界" 列和 "上边界" 列整合为 "单价区间" 列。将表格套用表格格式【表样式中等深浅 2】，去掉筛选，内容居中显示，行高设置为 20，效果如图 7-34 所示。

(7) 绘制复合饼图。使用图 7-34 所示数据，用 5.1.2 节所述方法和步骤绘制消费 1 次顾客购买水果各单价销售数量占比复合饼图，如图 7-35 所示。

单价区间	销售数量
(0,2]	2.43
(2,5]	13.91
(5,10]	51.13
(10,15]	18.7
(15,20]	18.26
(20,30]	15.52
(30,50]	6.59
(50,100]	2.87

图 7-34　消费 1 次顾客购买各
单价区间水果数量

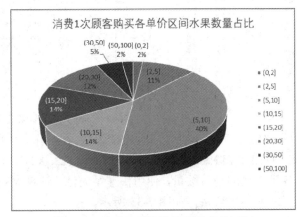

图 7-35　消费 1 次顾客购买各单价区间
水果数量占比

由图 7-35 可知，本周消费 1 次顾客，购买单价在(5,10]元的水果的数量占总数量的 40%，购买(10,15]元的占 14%，购买(15,20]元的也占 14%，接下来的是购买(20,30]元的占 12%，(2,5]元的占 11%，(30,50]元的占 5%，最少的是(0,2]元和 50 元以上的都只有 2%。

2. 计算本周消费 2 次及以上的顾客购买各单价区间水果的数量

新建 "04-2 消费 2 次及以上顾客购买水果数据" 工作表，使用 7.1.2 节所得数据，使用上述 1 中的方法，统计本周消费 2 次及以上的顾客，购买各单价区间水果的数量(如图 7-36 所示)，并绘制图表，如图 7-37 所示。

单价区间	销售数量
(0,2]	2.09
(2,5]	8.85
(5,10]	18.7
(10,15]	26.38
(15,20]	10.77
(20,30]	6.81
(30,50]	7.1
(50,100]	0.78

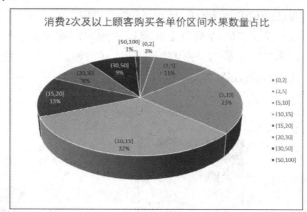

图 7-36 消费 2 次及以上顾客购买
各单价区间水果数量

图 7-37 消费 2 次及以上顾客购买各单价区间
水果数量占比

由图 7-37 可知，本周消费 2 次及以上顾客，购买单价在(10, 15]元水果的数量占总数量的 32%，购买(5, 10]元的占 23%，购买(15, 20]元的占 13%，接下来的是(2, 5]元的占 11%，(30, 50]元的占 9%，(20, 30]元的占 8%，最少的是(0, 2]元和 50 元以上分别占 3%和 1%。

7.4.2 蔬菜营销方案制订

新建"04-3 消费 1 次顾客购买蔬菜数据"工作表，使用"01-1 消费 1 次顾客购物数据"，使用 7.4.1 节所述方法，得到消费 1 次的顾客购买蔬菜各单价销售数量(如图 7-38 所示)，并绘制占比饼图，如图 7-39 所示。

根据专家经验，本小结蔬菜单价区间可划分为 6 个：(0, 2]、(2, 5]、(5, 10]、(10, 15]、(15, 20]、(20, 30]。

7-8 蔬菜营销方案制订

单价区间	销售数量
(0,2]	43.16
(2,5]	55.09
(5,10]	68.51
(10,15]	6.53
(15,20]	15.5
(20,30]	3.43

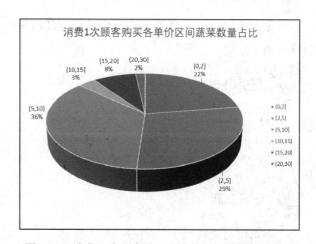

图 7-38 消费 1 次顾客购买各单价间蔬菜数量

图 7-39 消费 1 次顾客购买各单价区间蔬菜数量占比

由图 7-39 可知,本周消费 1 次的顾客购买单价在(2, 5]元的蔬菜的数量占总数量的 29%,购买(5 ,10]元的占 36%,购买(0, 2]元的占 22%,接下来的是购买(15, 20]元的占 8%,最少的是(20, 30]元和(10, 15]元分别占 2%和 3%。

新建"04-4 消费 2 次及以上顾客购买蔬菜数据"工作表,使用"01-2 消费 2 次及以上顾客购物数据",使用 7.4.1 节所述方法,得到消费 2 次及以上的顾客购买各单价区间蔬菜销售数量(如图 7-40 所示),并绘制占比饼图,如图 7-41 所示。

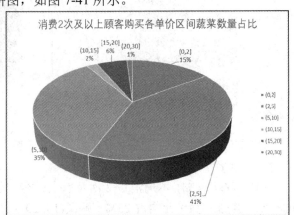

单价区间	销售数量
(0,2]	27.17
(2,5]	73.96
(5,10]	63.06
(10,15]	3.65
(15,20]	10.35
(20,30]	1.79

图 7-40　消费 2 次及以上顾客购买　　　　　图 7-41　消费 2 次及以上顾客购买
　　　各单价区间蔬菜数量　　　　　　　　　　　各单价区间蔬菜数量占比

由图 7-41 可知,本周消费 2 次顾客,购买单价在(2, 5]元的蔬菜的占总数量的 41%,购买(5, 10]元的占 35%,购买(0, 2]元的占 15%,接下来的是购买(15, 20]元的占 6%,最少的是(10, 15]和(20, 30]元的分别占 2%和 1%。

任务 7.5　库存的存销比分析

任务描述

库存存销比是衡量企业库存管理和营销效果的重要指标,计算本周库存的存销比为制订营销方案提供依据。

任务分析

(1) 计算本周总销售数量、期末库存数量。
(2) 计算库存的存销比。
(3) 绘制组合图、分析存销比。

7-9　库存的存销比分析

任务实施

存销比是指在一个周期内,期末库存与本周期内总销量的比值。存销比的意义在于它可以揭示一个单位的销售额需要多少个单位的库存来支持。存销比过高意味着库存总量或销售结构不合理,资金效率低;存销比过低意味着库存不足,生意难以最大化。存销比还是反映库存周转率的一个常用指标,越是畅销的商品其存销比值越低,说明商品的库存周转率越高,越是滞销的商品,其存销比值就越大,说明商品的库存周转率越低。存销比的计算公式如下:

$$存销比 = \frac{期末库存数量}{周期内总销量} \times 100\%$$

1. 新建工作表

新建工作表"05-1 库存存销比",将图 5-12 所示数据的"值"复制到工作表中,在 C1 和 D1 单元格中输入"期末库存数量"和"存销比",完成后得到如图 7-42 所示数据。

	A	B	C	D
1	大类名称	销售数量	期末库存数量	存销比
2	肉禽	55.092		
3	熟食	58.073		
4	洗化	207		
5	酒饮	317		
6	休闲	410.954		
7	粮油	477.394		
8	蔬果	631.591		
9	日配	1144.562		

图 7-42　库存存销比表格

2. 计算本周期末库存

(1) 查看期末库存数据。打开"0328 库存数据"工作簿,其中"期末库存"工作表中的内容如图 7-43 所示,记录了超市在售商品于 3 月 28 日营业结束后的库存量,在"0322-0328 销售数据"工作簿中新建工作表"0328 库存数据",将"期末库存"工作表中的数据复制其中。

	A	B	C	D	E	F	G	H	I	J	K	L
1	大类编码	大类名称	中类编码	中类名称	小类编码	小类名称	商品编码	规格型号	商品类型	单位	进价	期末库存
2	10	肉禽	1001	猪肉	100101	鲜猪肉	DW-1001010191	散称	生鲜	千克	19.4	0
3	10	肉禽	1001	猪肉	100101	鲜猪肉	DW-1001010194	散称	生鲜	千克	19.4	0
4	10	肉禽	1001	猪肉	100101	鲜猪肉	DW-1001010195	散称	生鲜	千克	18.1	1.365
5	10	肉禽	1001	猪肉	100101	鲜猪肉	DW-1001010196	散称	生鲜	千克	18.1	0
6	10	肉禽	1001	猪肉	100101	鲜猪肉	DW-1001010204	散称	生鲜	千克	16.8	1.54
7	10	肉禽	1001	猪肉	100101	鲜猪肉	DW-1001010205	散称	生鲜	千克	12.9	0
8	10	肉禽	1001	猪肉	100102	猪下水	DW-1001020102	散称	生鲜	千克	16.3	0.84
9	10	肉禽	1001	猪肉	100102	猪下水	DW-1001020104	散称	生鲜	千克	20.2	0.595
10	10	肉禽	1001	猪肉	100102	猪下水	DW-1001020107	散称	生鲜	kg	26	0
11	10	肉禽	1001	猪肉	100102	猪下水	DW-1001020108	散称	生鲜	kg	41.6	0
12	10	肉禽	1001	猪肉	100103	猪肉丝馅片	DW-1001030041	散称	生鲜	千克	19.4	0
13	10	肉禽	1001	猪肉	100104	猪骨	DW-1001040125	散称	生鲜	千克	27.2	0.98
14	10	肉禽	1001	猪肉	100104	猪骨	DW-1001040129	散称	生鲜	千克	10.1	0.28
15	10	肉禽	1001	猪肉	100104	猪骨	DW-1001040131	散称	生鲜	千克	15.5	0
16	10	肉禽	1001	猪肉	100104	猪骨	DW-1001040132	散称	生鲜	千克	22.8	0
17	10	肉禽	1001	猪肉	100104	猪骨	DW-1001040134	散称	生鲜	千克	12.9	2.66
18	10	肉禽	1002	牛肉	100202	熟牛肉	DW-1002020061	散称	生鲜	千克	52	0
19	10	肉禽	1002	牛肉	100203	牛下水	DW-1002030010	散称	生鲜	千克	28.6	0
20	10	肉禽	1004	鸡产品	100402	分割鸡件	DW-1004020001	散称	生鲜	千克	23.3	0
21	10	肉禽	1004	鸡产品	100402	分割鸡件	DW-1004020002	散称	生鲜	千克	12.4	2.73
22	10	肉禽	1004	鸡产品	100402	分割鸡件	DW-1004020003	散称	生鲜	千克	11.4	0

图 7-43　0328 期末库存

(2) 计算每个大类商品的期末库存。在"0328 期末库存"工作表中,单击选中 A1:L1081 数据区间的任意单元格,在【插入】选项卡的【表格】命令组中,单击【数据透视表】图标,弹出【创建数据透视表】对话框，选择将工作表创建在【新工作表】，单击【确定】按钮。在【数据透视表字段设置】面板中，将【大类名称】拖到【行】位置，将【期末库存】拖到【值】位置，得到数据透视表(如图 7-44 所示)，将工作表重命名为"05-2 期末库存透视表"。

(3) 定义"本周期库存"名称。选中图 7-44 中 A4:B11 数据区域，复制后仅将"值"粘贴到 D4:E11 单元格区域，选择 D4:E11 数据区域，单击右键，选择【定义名称】，弹出【新建名称】对话框，在【名称】后输入"本周期末库存"，单击【确定】按钮，如图 7-45 所示。

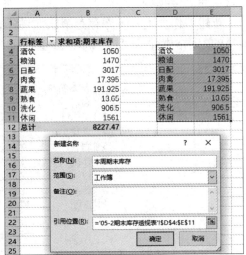

	A	B
1		
2		
3	行标签 ▼	求和项:期末库存
4	酒饮	1050
5	粮油	1470
6	日配	3017
7	肉禽	17.395
8	蔬果	191.925
9	熟食	13.65
10	洗化	906.5
11	休闲	1561
12	总计	8227.47

图 7-44　各大类期末库存　　　　　　　　　　图 7-45　新建名称

(4) 查找期末库存。在"05-1 库存存销比"工作表中，在 C2 单元格使用 VLOOKUP 函数查找肉禽的期末库存数，函数参数设置如图 7-46 所示，完成后的 C2 单元格公式为"VLOOKUP(A2，期末库存，2，FALSE)"，得到肉禽的期末库存为 17.395。使用快速填充方法，计算其他大类的期末库存。

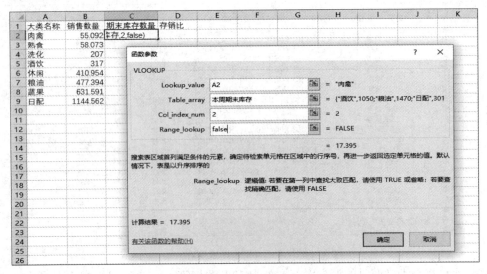

图 7-46　函数参数设置

3. 计算本周存销比

(1) 计算存销比。在 D2 单元格输入公式 "=C2/B2"，计算肉禽的存销比为 0.140674。使用快速填充法，计算其他大类的存销比。

(2) 设置格式。将 "销售数量" "期末库存数" 两列的数据格式设置为保留小数点后两位，将 "存销比" 的数据格式设置为百分数并保留小数点后两位。选择 A1:D9 数据区域，套用表格格式【表样式中等深浅 2】，去掉表头的筛选状态，设置内容居中显示，修改行高为 20，完成后的效果如图 7-47 所示。

大类名称	销售数量	期末库存数量	存销比
肉禽	55.09	17.40	31.57%
熟食	58.07	13.65	23.50%
洗化	207.00	906.50	437.92%
酒饮	317.00	1050.00	331.23%
休闲	410.95	1561.00	379.85%
粮油	477.39	1470.00	307.92%
蔬果	631.59	191.93	30.39%
日配	1144.56	3017.00	263.59%

图 7-47　各大类存销比

4. 绘制组合图

(1) 选择基础图形。选择图 7-47 所示数据，在【插入】选项卡的【图表】命令组中单击 按钮，弹出【插入图表】对话框，单击【所有图表】选项卡，选择【组合图】，选中【存销比】后的复选框，将存销比设置到次坐标轴，如图 7-48 所示。完成后的效果如图 7-49 所示。

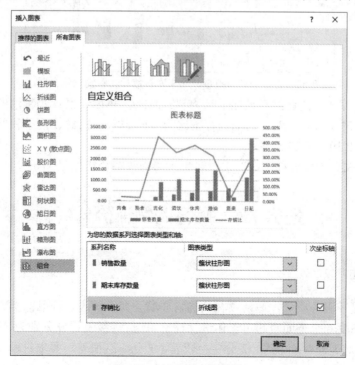

图 7-48【插入图表】设置

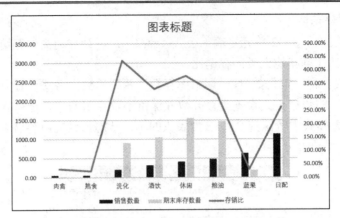

图 7-49　各大类销售数量、期末库存数量、存销比组合图-1

（2）添加数据标签。右键单击存销比折线，选择【添加数据标签】命令，为存销比折线数据系列添加数据标签。

（3）修改图表标题。将图表标题修改为"各大类销售数量、期末库存数量、存销比组合图"，完成后的效果如图 7-50 所示。

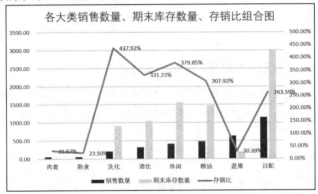

图 7-50　各大类销售数量、期末库存数量、存销比组合图-2

由图 7-47 可知，洗化的存销比最高为 437.92%，休闲、酒饮和粮油的存销比分别为 379.85%、331.23%、307.92%，日配的存销比为 263.59%，肉禽、蔬菜和熟食的存销比分别为 31.57%、30.39%和 23.50%。

将"0322-0328 销售数据.xlsx"重命名为"营销策略分析结果.xlsx"。

任务 7.6　顾客购物评价分析

 任务描述

超市为了提升服务质量，邀请顾客从购物环境、商品陈设、商品品类、商品价格、商品品质和服务态度 6 个方面对超市工作进行评价，评价等级及得分分别为 5 分——非常好、4 分——比较好、3 分——中等、2 分——较差、1 分——很差，要求对顾客购物评价数据进行统计分析。

雷达图适应于数据维数比较多(通常是 4 维以上)，但数据行数比较少的情况(通常是 6 行以下)的情况。顾客评价有上述 6 个维度，评价平均值只有一行数据，因此使用雷达图很合适。

 任务分析

(1) 计算各维度评价数据的平均值。
(2) 绘制雷达图。

7-10　顾客购物评价分析

 任务实施

1. 计算各维度评价数据的平均值

(1) 计算平均值。打开"顾客购物评价"工作簿，可以看到一共有 445 行评价数据，单击选中 B447 单元格，输入公式"=ROUND(AVERAGE(B2:B446), 2)"，按【Enter】键，计算购物环境评价的平均值，单击 B447 单元格，使用拖动手柄拖动得到其余各项评价的平均得分。

(2) 格式化数据。复制"顾客购物评价"工作表的 B1:G1 单元格，粘贴到 J1:O1 区域，选中 B447:G447 单元格区域，选择性粘贴"值"到 J2:O2 区域，套用表格格式【表样式中等深浅 2】，修改行高为 20，得到如图 7-51 所示的各评价维度的平均得分表格。

购物环境	商品陈设	商品品类	商品价格	商品品质	服务态度
4.54	3.23	4.23	3.55	4.03	2.96

图 7-51　顾客消费评分

2. 绘制雷达图显示顾客购物评价情况

(1) 绘制雷达图。选择图 7-51 所示数据，在【插入】选项卡的【图表】命令组中单击 按钮，弹出【插入图表】对话框，切换至【所有图表】选项卡，单击【雷达图】选项，单击【确定】按钮，绘制雷达图，如图 7-52 所示。

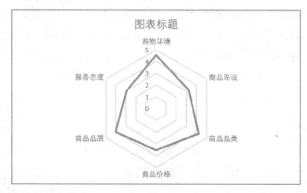

图 7-52　雷达图

(2) 修改线型，添加数据点标示。右键单击雷达图的蓝色数据线，在弹出的快捷菜单中选择【设置数据系列格式】命令，弹出【设置数据系列格式对话框】，选择【线条】，将【短划线类型】设置为【方点】，如图 7-53 所示。

(3) 删除坐标轴。选中坐标轴【0 1 2 3 4 5】，删掉坐标轴，完成后的效果如图 7-54

所示。

(4) 添加数据标签。单击图表区，单击图表元素 ✚ 按钮，在【图表元素】选择项中，勾选【数据标签】，图中显示数据标签，但商品品质和购物环境的数据和标签文字有重叠。如图 7-55 所示。

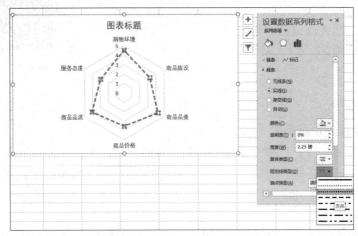

图 7-53　设置数据系列格式

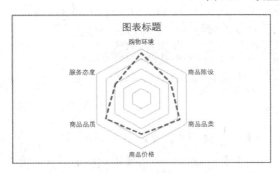

图 7-54　删除坐标轴

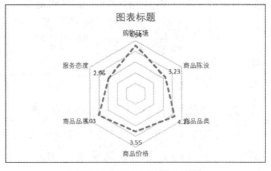

图 7-55　插入数据标签

(5) 调整数据标签位置。单击商品品质的数据标签 4.03，发现选中了所有数据标签，再次单击数据标签 4.03，发现仅选中数据标签 4.03，如图 7-56 所示。把鼠标放在数据标签 4.03 上面，等鼠标变成 ✛ 形状，移动数据标志 4.03，使之不被遮挡。用同样的方法移动数据标签 4.54、4.23 使之不被遮挡，完成后的效果如图 7-57 所示。

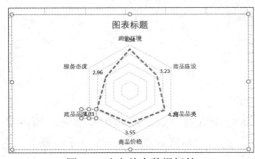

图 7-56 选中单个数据标签

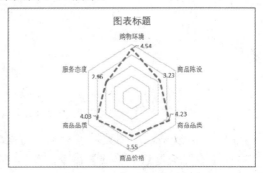

图 7-57　调整数据标签

(6) 修改图表标题。单击激活图表标题文本框，更改图表标题为"顾客购物评价"，如

图 7-58 所示。

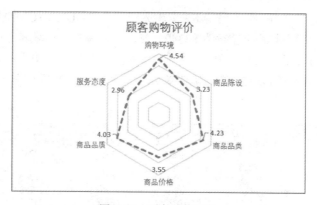

图 7-58 顾客购物评价

由图 7-58 可知，顾客对购物环境的评分在 4.5 分以上，满意度较高；对商品品类、商品品质的评分在 4 分以上，比较满意；对商品价格的评分在 3.5 分以上，中等满意度；对商品陈设的评分在 3 分以上，有些不满意；对服务态度的认可度最低，其评分在 3 分以下。

拓展延伸：计算库存周转率

库存周转率是用来衡量和评价企业库存管理状况的综合性指标，计算 2021 年 1 月 1 日到 2021 年 3 月 28 日共 13 周的库存周转率。

库存周转率又名存货周转率，能够反映某一日期段内库存货物周转的次数。库存周转率越大，表明销售情况越好。库存周转率的公式如下：

$$库存周期率 = \frac{期间出库总金额}{期间平均库存金额} \times 100\%$$

7-11 计算库存周转率

1. 添加"平均库存金额""周转率"辅助字段

打开"每周周转率"工作簿，在单元格 E1、F1 中分别添加"平均库存金额""周转率"辅助字段，完成后的效果如图 7-59 所示。

	A	B	C	D	E	F
1	周数	出库金额	周初库存金额	周底库存金额	平均库存金额	周转率
2	1	28788	79082	87601		
3	2	27063	87601	77099		
4	3	25099	77099	68304		
5	4	25584	68304	158972		
6	5	57427	158972	237262		
7	6	87832	237262	128775		
8	7	43313	128775	106556		
9	8	28554	106556	81813		
10	9	25490	81813	75304		
11	10	27415	75304	81601		
12	11	27308	81601	96840		
13	12	25459	96840	92951		
14	13	27727	92951	79687		

图 7-59 添加辅助字段

2. 计算平均库存金额和库存周转率

(1) 计算平均库存金额。在单元格 E2 中输入公式"=ROUND((C2+D2)/2,0)",按【Enter】键,即可算出第一周的平均库存金额为 83342,使用快速填充法计算其他周的平均库存金额。

(2) 计算库存周转率。在单元格 F2 中输入公式"=B2/E2",按【Enter】键,即可计算出第一周库存周转率为 0.34542,使用快速填充法计算其他周的库存周转率。完成后的效果如图 7-60 所示。

	A	B	C	D	E	F
1	周数	出库金额	周初库存金额	周底库存金额	平均库存金额	周转率
2	1	28788	79082	87601	83342	0.34542
3	2	27063	87601	77099	82350	0.328634
4	3	25099	77099	68304	72702	0.345231
5	4	25584	68304	158972	113638	0.225136
6	5	57427	158972	237262	198117	0.289864
7	6	87832	237262	128775	183019	0.479906
8	7	43313	128775	106556	117666	0.368101
9	8	28554	106556	81813	94185	0.303169
10	9	25490	81813	75304	78559	0.32447
11	10	27415	75304	81601	78453	0.349445
12	11	27308	81601	96840	89221	0.306071
13	12	25459	96840	92951	94896	0.268283
14	13	27727	92951	79687	86319	0.321215

图 7-60　计算平均库存金额和库存周转率

(3) 格式化数据和表格。将"周转率"的数据格式设置为百分数并保留小数点后两位。选择 A1:F14 数据区域,套用表格格式【表样式中等深浅 2】,去掉表头的筛选状态,设置内容居中显示,修改行高为 20,完成后的效果如图 7-61 所示。

周数	出库金额	周初库存金额	周底库存金额	平均库存金额	周转率
1	28788	79082	87601	83342	34.54%
2	27063	87601	77099	82350	32.86%
3	25099	77099	68304	72702	34.52%
4	25584	68304	158972	113638	22.51%
5	57427	158972	237262	198117	28.99%
6	87832	237262	128775	183019	47.99%
7	43313	128775	106556	117666	36.81%
8	28554	106556	81813	94185	30.32%
9	25490	81813	75304	78559	32.45%
10	27415	75304	81601	78453	34.94%
11	27308	81601	96840	89221	30.61%
12	25459	96840	92951	94896	26.83%
13	27727	92951	79687	86319	32.12%

图 7-61　每周库存周转率表格

3. 绘制折线图

(1) 选择基础图形。按住【Ctrl】键,选择图 7-61 所示数据中的周数和周转率两列数据,在【插入】选项卡的【图表】命令组中单击 ⌐ 按钮,弹出【插入图表】对话框,单击【所有图表】选项卡,选择【折线图】,单击【确定】按钮。完成后的效果如图 7-62 所示。

(2) 修改图表标题,添加数据标签。将图表标题修改为"每周库存周转率",为折线添加数据标签,数字精确到整数。完成后的效果如图 7-63 所示。

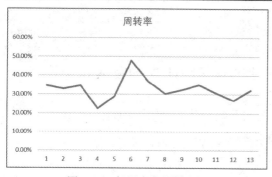

图 7-62　每周库存周转率-1

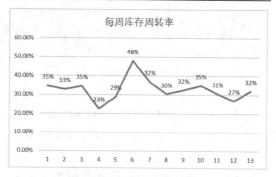

图 7-63　每周库存周转率-2

由图 7-63 可知，大部分周的库存周转率都在 30%～40% 之间，第 6 周的库存周转率最高，这是因为第 6 周是春节前 1 周，销售旺盛所致；第 4 周的库存周转率最低，这是因为春节将至，店主大量进货所致。总体来说库存周转率正常。

小　结

本项目进行营销策略分析。首先针对用户复购率低的问题，分别获取本周消费 1 次的顾客信息以及本周消费 2 次及以上的顾客信息，对两类顾客的消费偏好做了对比分析，目的是针对两类顾客的消费特点，制订精细化的营销策略。经过分析发现，只消费 1 次的顾客喜欢购买促销商品，消费 2 次及以上的顾客最喜欢购买蔬果类商品，所以提出对蔬果类商品进行促销的营销策略。分析蔬菜、水果的毛利率，对两类顾客购买各价格区间的蔬菜、水果的数据做了分析统计。

课后技能训练

1. 某自动售货机企业为了了解各区域、各单价区间商品销售情况，以便提高盈利水平，需要利用"本周销售数据"工作簿分析消费数据并绘制图表，图表类型自选。

(1) 统计各区域的售货机数量并绘制图表，工作表命名为"01 各区域售货机数量"。

(2) 绘制组合图分析各区域自动售货机数量与销售额的关系，工作表命名为"02 售货机数量与销售额"。

(3) 统计各单价区间商品销售量，找出销售量占比最大的三个单价区间，单价区间划分为 (0,2]、(2,3]、(3,5]、(5,10]、(10,15]、(15,25]，工作表重命名为"03 各单价区间商品销售量"。

(4) 工作簿重命名为"自动售货机营销策略分析结果"。

2. 利用"本周库存数据"工作簿，统计 2021 年 5 月 30 日各大类商品期末库存、2021 年 5 月 24 日到 2021 年 5 月 30 日一周各大类商品销售数量、计算各大类商品库存存销比，绘制三者组合图并简要分析，最后将工作簿重命名为"自动售货机库存分析结果"。

拓展训练

"1+X"大数据应用开发(Python)职业技能等级证书(初级)考试训练

1. 下列关于条件求和函数 SUMIF 函数常用的参数及其解释错误的是(　　)。

A. range 表示根据条件进行计算的单元格区域

B. criteria 表示求和的条件

C. sun range 表示实际求和的单元格区域

D. number1 表示要相乘的第一个数字或区域

2. 下列关于 VBA 中常用的运算符说法正确的是(　　)。

A. 逻辑运算符 And，表示逻辑与

B. 逻辑运算符 Not，表示逻辑异或

C. 比较运算符 Is，表示字符串比较

D. 算术运算符\，表示除法

3. 在 Excel 某列单元格中，快速填充 2011—2013 年每月最后一天日期的最优操作方法是(　　)。

A. 在第一个单元格中输入"2011-1-31"，然后使用 MONTH 函数填充其余 35 个单元格

B. 在第一个单元格中输入"2011-1-31"，拖动填充柄，然后使用智能标记自动填充其余 35 个单元格

C. 在第一个单元格中输入"2011-1-31"，然后使用格式刷直接填充其余 35 个单元格

D. 在第一个单元格中输入"2011-1-31"，然后执行"开始"选项卡中的"填充"命令

4. 在 Excel 中设定 A1 单元格数字格式为整数，当输入 44.53 时，显示为＿＿＿＿＿＿。

5. ＿＿＿＿＿＿＿＿是指各个区域的所有订单消费金额的总和，是衡量各个区域销售状况的一个重要指标之一。

6. 存销比是指在一个周期内，＿＿＿＿＿＿＿＿与周期内总销售的比值。

7. 请按照要求对【员工数据】工作簿进行分析：

(1) 设计函数统计本科学历人数；

(2) 设计函数统计办公室学历为本科的人数；

(3) 统计[30,40)岁总人数。

项目 8 撰写"超市营销分析"周报文档

项目背景

"和美家"连锁超市某分店面对不断加剧的行业竞争，需要提升销售业绩和盈利水平。在对企业营销情况进行统计分析后，现要求撰写一份本周的"超市营销情况"周报文档，为营销提供参考和指导。

思维导图

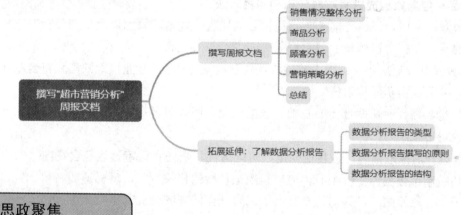

思政聚焦

数据道德指南之十二条守则(埃森哲守则)

职业道德是指担负不同社会责任和工作的人员应当遵循的道德准则，与法律相比它更能够体现出大众对于从业者的期望。对于数据从业者来说，埃森哲咨询公司的十二条守则常常被认为是数据职业道德的基本准则。

1. 最高守则：尊重数据背后的人

通过大数据分析能够得到对大众有用的信息，但同时也可能会对个别人造成伤害，所以当数据分析对象涉及人时，要注意避免这些潜在危害的发生。

2. 追踪数据集的下游使用

在使用数据时，要尽量将对数据的分析、理解和应用目的与数据提供方保持一致。因为数据是有使用范围的，如果发生超范围使用，尽管可能会有新的、有价值的结论产生，但潜在的危险也是巨大的。

3. 数据来源和分析工具决定了数据使用的结果

所有的数据集和数据工具都或多或少地加入了人们的主观决策，因此在应用数据时，应注重数据的来源，检查数据质量和精准度，使用最恰当的分析工具。

4. 尽量让隐私和安全保护达到期望标准

数据从业人员应该保护数据主体的隐私和数据安全，尽量达到数据主体期望的标准。

5. 遵守法律，并明确法律只是最低标准

严格遵守已有相关法律法规。因为数字化进程太快，往往导致法律滞后，在这样的情况下，企业要制订自己的数据道德规范，确保自己的标准高于现有法律法规。

6. 不要仅仅为了拥有更多数据而收集数据

不要去收集那些不应该去收集的数据，有时会带来不可预知的风险。数据不是越多越好，有时数据少一些反而会令分析更准确、风险更低。

7. 数据是一个工具，可以涵盖更多人，也可能排除一些人

数据从业者应该广泛听取相关群体意见，使得产品对各类人群都很友好。

8. 尽可能向数据提供者解释分析和销售方法

在收集数据时，要尽可能和数据提供者沟通收集数据的原因以及数据分析方法和后续的营销思路，使得合作顺畅，尽量避免可能会产生的矛盾。

9. 数据专家和从业者需要准确地描述自己的从业资格、专业技能缺陷和符合职业标准的程度，并尽量担负同伴责任

信任是数据行业长期合作的基础，数据从业者们要对客户坦诚，同时尽量担负伙伴责任从而获得信任。

10. 设计道德准则时，应将透明度、可配置性、责任和可审计性包含在内

企业在制订数据道德准则时，应当组织该领域的相关专家，遵循透明、可配置、责任明确和可审计的原则，制订出符合且高于现有法律法规的企业数据道德准则。

11. 对产品和研究应该采取内部甚至外部的道德检验

对于新的产品、服务和研究项目，不但要进行企业内部检查、同行评审，同时也要做好大众评审，这样可以有效降低风险、增强公众信任度。

12. 设立有效的管理活动，使所有成员知情，并定期进行审查

数据行业发展迅速、新情况层出不穷，企业要相互合作、相互借鉴管理和实践标准，因此所有数据从业人员都应知晓这些标准，且要定期检查这些标准的执行情况。

思考与讨论：

大家还知道哪些有关数据道德的故事吗？可以通过网络及多种方法进行检索，然后和你的同学、老师一起分享与讨论。

教学要求

知识目标

◎ 了解数据分析报告的结构

能力目标

◎能撰写周报文档

学习重点

◎撰写周报文档

学习难点

◎分析数据背后的逻辑，撰写周报文档

任务 8.1　撰写周报文档

 任务描述

8-1　销售情况整体分析

"和美家"是一家连锁超市，自 2016 年创建以来，超市规模不断扩大。但随着超市规模的不断扩大，业务量不断增加，也越来越面临行业竞争加剧、部分分店销售业绩增长变缓的挑战。通过对某分店本周的销售数据、库存数据和顾客调研数据进行分析，以帮助企业掌握本周的销售情况以及用户的消费偏好和特征，再根据分析结果为企业提出可供参考的营销建议，从而提高营销效率和盈利水平。

 任务分析

本报告基于"和美家"超市某分店 2021 年 3 月 22 日至 2021 年 3 月 28 日(周一到周日)的销售数据，按照下面的思路进行分析统计。

(1) 分析超市的整体销售情况，包括计算每日销售额、销售量、毛利润、目标达成率等。

(2) 分析每种商品的销售情况，包括销售额、销售量和毛利润排行；分析促销和销售时间对商品销售的影响，分析各中类商品的毛利润，找到毛利润最大的大类下毛利润最大的两类物品，对其销售情况进行对比，发现销售规律。

(3) 进行顾客分析，通过统计每日消费顾客数、客单价、复购情况和对促销的态度了解所有顾客的整体消费情况。找到消费频率 Top10 和消费金额 Top10 的顾客，分析他们的消费规律。

(4) 在前面分析的基础上找到可能提高超市营销的增长点，然后通过对比分析，找到提升营销效果和盈利水平的方法；分析库存数据、顾客调研数据，找到提升营销效果和盈利水平的方法。

 任务实施

8.1.1　销售情况整体分析

由图 8-1 可知，本周每日的销售额在 2600 元到 5700 元之间，有明显的波动。周二销售额下降；周三销售额上升明显，并达到峰值，较周二增加了 116.64%；周四销售额下降明显，较周三下降了 46.77%；其他时间较周三、周四波动较小。

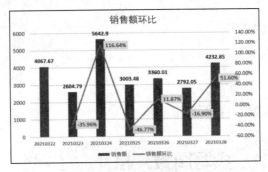

图 8-1　销售额环比

由图 8-2 可知，从销售额达成方面来看，本周除周二、周六外，其他日期均达成了基本销售目标，周二、周六尽管未达成基本销售目标，但与基本销售额差距不大。周三的销售额超过了理想销售额。整体销售额水平与基本销售目标接近。

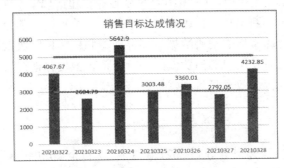

图 8-2　销售目标达成情况

由图 8-3 可知，本周销售量在 320 到 740 之间，有明显波动，周三销售量最大，周日和周一次之，其他各日销售量差不多，都相对较少。

由图 8-4 可知，从促销销量来看，3 月 24 日周三的促销销量远高于其他日期的促销销量，其他各日促销销量相差不大。推测商家在 3 月 24 日周三这一天进行了大规模的促销活动。3 月 24 日周三的非促销商品销售量也明显高于除 3 月 28 日周日外的其他各天，由此可以推测促销可以带动其他非促销商品的销售量。3 月 28 日周日非促销销售量最高，推测是顾客为下周购买生活必需品。

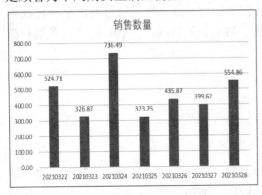

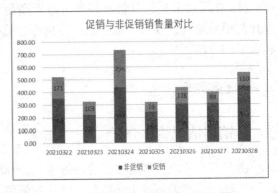

图 8-3　本周销售量柱形图　　　　　　图 8-4　促销与非促销销售量对比图

由图 8-5 可知，本周单日毛利润在 1000 元到 2100 元之间，毛利润最高的也是 3 月 24 日周三，其次是周日和周一，其他日期毛利润稍低。

由图 8-6 可知，销售额、销售量和毛利润三者呈正向相关性，都是 3 月 24 日周三最高，3 月 28 日周日和 3 月 22 日周一次之，3 月 25 日周四到 3 月 27 日周六这三天较低且变化不大，3 月 23 日周二最低。从变化趋势上来看，3 月 22 日周一有个较高的开端，3 月 23 日周二下降，3 月 24 日周三达到最高，3 月 25 日周四下降，3 月 26 日周五上升，3 月 27 日周六下降，3 月 28 日周日上升，这是一个明显的以两天为一个周期的下降和上升的销售额变化规律。

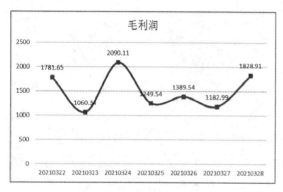

图 8-5　本周毛利润曲线图

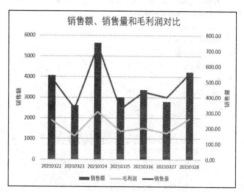

图 8-6　销售额、销售量、毛利润对比

由此可以推测周围居民的活动规律为：周日、周一按需购买生活用品或为下周购买生活必需品；周二、周四相比前一天销售情况变差，原因是周一和周三购买的物品还没有消耗完；因为之前购买的生活用品已基本用完，所以周五要按需补充；周六有外出活动和消费的习惯。

8-2　商品分析

8.1.2　商品分析

由图 8-7 可知，商品销售额最大的是日配，其次是蔬果，接下来是休闲、粮油、洗化、酒饮，肉禽和熟食销售额较低，排位靠后。

由图 8-8 可知，本周销售额占比最大的前三位是：日配 23%、蔬果 21% 和休闲 14%，占到销售总额的 58%，其中日配和蔬果占到总销售额的 44%，接近一半；第四位是粮油 14%；洗化、酒饮、熟食和肉禽销售量占比较低。

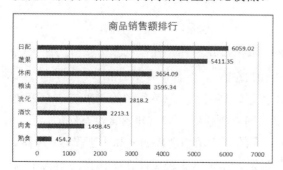

图 8-7 商品销售额排行

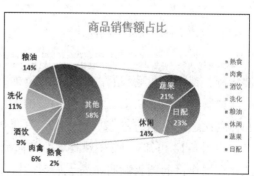

图 8-8　商品销售额占比

由图 8-9 可知，本周销量最大的商品是日配，其次是蔬果，第三和第四分别是粮油、休闲，酒饮、洗化、熟食和肉禽销售量较低。

由图 8-10 可知，本周销售数量占比最大的是日配 35%，其次为蔬果 19%，这两类合起来为 54%，超过一半，第三是粮油 14%，第四是休闲 12%，接下来是酒饮 10%，洗化、熟食和肉禽销售量占比较低。

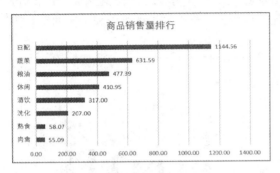

图 8-9　商品销售量排行

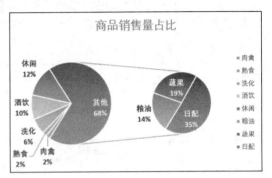

图 8-10　商品销售量占比

由图 8-11 可知，商品毛利润最高的是日配，在 3000 元以上，接下来是蔬果，在 2000 元以上，休闲、酒饮均在 1000 元以上，洗化、粮油、肉禽和熟食的毛利润较低，均在 1000 元以下。

由图 8-12 可知，毛利润占比最大的是日配，占到 30%，第二为蔬果，占到 23%，这两类合起来为 53%，超过一半，休闲和酒饮占比分别为 14% 和 11%，洗化、粮油、肉禽和熟食毛利润占比较低，均在 10% 以下。

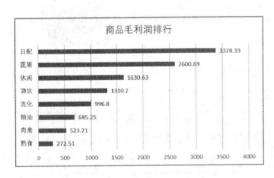

图 8-11　商品毛利润排行

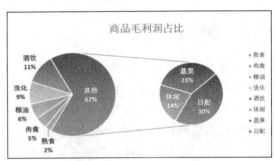

图 8-12　商品毛利润占比

如前所述，日配、蔬果两类商品的销售额、销售量和毛利润均排名在前两位，两者的销售额、销售量和毛利润占比的和均为总数的 50% 左右。

如图 8-13 可知，日配、洗化商品的促销销售额较高，各占总销售额的 40% 左右，粮油和休闲次之，分别约占 32% 和 24%，蔬果促销的销售额较低，肉禽和熟食没有促销。

由图 8-14 可知，酒饮、熟食这两类商品在周末的平均销售金额明显高于工作日；肉禽、洗化在工作日的销售额明显高于周末；日配、蔬果、休闲这 3 类商品在工作日的销售金额略高于周末，相差不大。

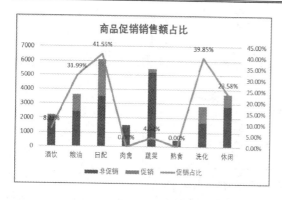

图 8-13　商品促销销售额占比

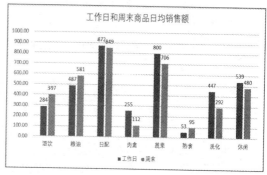

图 8-14　工作日和周末商品日均销售额

　　本周肉禽和熟食没有促销，肉禽工作日日均销售额明显大于周末，可通过在工作日促销适当刺激销售，熟食周末日均销售额明显大于工作日，可通过在周末促销适当刺激消费。

　　由图 8-15 可知，在所有商品中，毛利润占比最大的是日配。其中，常温乳品、冷藏乳品和蛋类产生的毛利润最多；毛利润排名第二的是蔬果，其中水果产生的毛利润最多，蔬菜次之；毛利润排名第三的是休闲，饼干、糕点产生的毛利润最多；毛利润排名第四的是酒饮，其中香烟产生的毛利润最多；毛利润排名第五的是洗化用品，其中洗护发用品产生的毛利润最多；毛利润名排第六的是粮油，其中产生毛利润最多的是食用油；毛利润排名第七的是肉禽，其中绝大部分毛利润由猪肉产生；毛利润排最后的是熟食，其中产生毛利润最多的是卤制熟食。

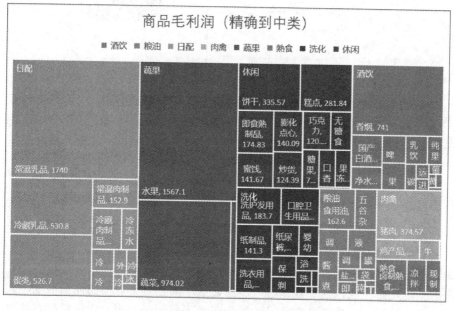

图 8-15　商品毛利润(精确到中类)

　　由图 8-16 可知，冷藏乳制品的销售额曲线比较平缓，日销售额相差不大。常温乳制品的销售额曲线波动明显，日销售额差别较大。其中 3 月 24 日周三的销售额最高为 805 元，3 月 25 日周四的销售额最低为 143.3 元，二者相差 661.7 元，前者是后者的 5.6 倍。

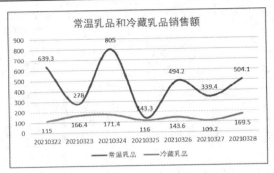

图 8-16　常温乳品和冷藏乳品销售额

　　由图 8-17 可知，冷藏乳品每天的促销销售额和非促销销售额曲线都比较平缓，销售额相差不大。而常温乳制品促销销售额和非促销销售额曲线都有较大波动，同一天的促销销售额和非促销销售额相差也很大。例如，3 月 24 日周三的促销销售额达到峰值 653.3 元，比当天非促销的销售额 151.7 元多 501.6 元，前者是后者的 4.3 倍，销售额最差的是 3 月 25 日周四，促销销售额为 124.9 元，比当天非促销销售额 18.4 元多 106.5 元，前者是后者的 6.8 倍。

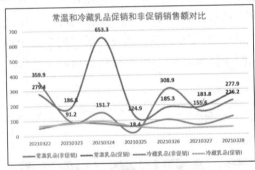

图 8-17　常温、冷藏乳品促销和非促销对比

　　结合图 8-16、图 8-17 可知，对于保质期长的常温乳品，适合短期促销，会迎来销售额的大幅度上涨。对于保质期较短的冷藏乳品，适合长期促销。同理，休闲、洗化、粮油等保质期较长的商品的销售规律也与常温乳品类似，适合短期促销。蔬果、熟食、肉禽保质期较短的商品，其促销方式应与冷藏乳品类似，适合长期促销。

8.1.3　顾客分析

　　由图 8-18 可知，3 月 24 日周三进店消费的人数最多，3 月 22 日周一和 3 月 28 日周日进店消费的人数次之，3 月 27 日周六进店消费的人数最少。由此可见，进店消费人数的变化规律和销售额、销售量、毛利润的变化规律相同，这一规律进一步验证了：周三有大规模的促销活动，人们更愿意在周日和周一购买一些生活必需品以备本周或者下周使用，周六附近居民有外出活动的习惯。

8-3　顾客分析

　　由图 8-19 可知，3 月 24 日周三的客单价最高，为 48.6 元，3 月 23 日周二的客单价最低，为 32.6 元。除周二外，其余日期的客单价都在 40 元到 50 元之间，整体较稳定。

　　由以上分析可以得出如下结论：超市的每日客单价相对稳定，要增加营销收入就要想办法增加每日的购物人数。

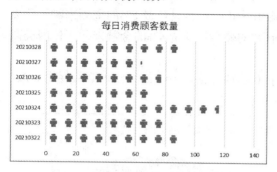

图 8-18 每日进店消费顾客数

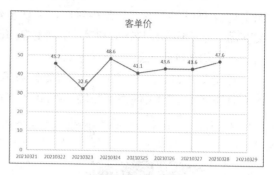

图 8-19 客单价

由图 8-20 可知,本周进店消费 1 次的顾客占 77%,进店消费 2 次及以上的顾客占 23%,即本周的顾客复购率只有 23%。作为家门口的超市,复购率偏低,要分析本周购物 1 次和购物多次的顾客的购物特点,针对性地进行营销。

由图 8-21 可知,本周顾客花费 76%的金额购买非促销商品,花费 24%的金额购买促销商品。

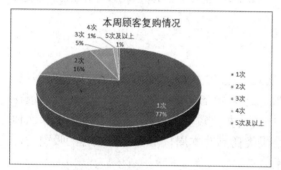

图 8-20 本周顾客复购情况

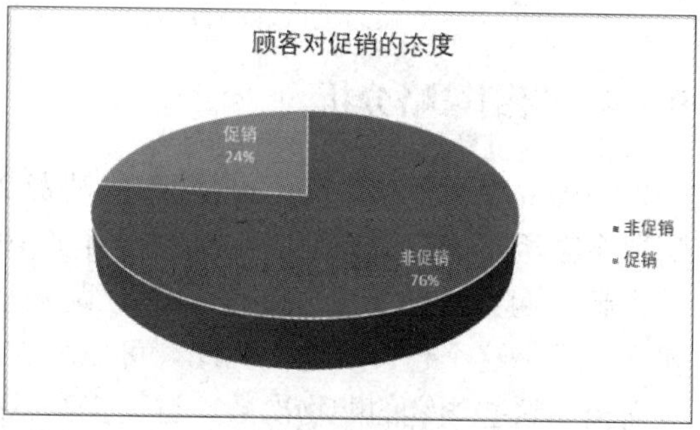

图 8-21 顾客对于促销的态度

对比图 8-8、图 8-22 可知,消费频率 Top10 的顾客花费 36%的金额来购买蔬果类商品,比平均值(21%)高 15%;与此相对应,消费频率 Top10 的顾客只花费 2%的金额来购买酒饮类商品,比平均值(9%)低 7%。

对比图 8-21、图 8-23 可知,消费频率 Top10 的顾客花费 17%的金额来购买促销商品,比平均值(24%)低 7 个百分点。

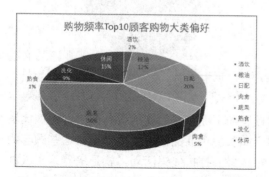

图 8-22 消费频率 Top10 的顾客购物大类偏好

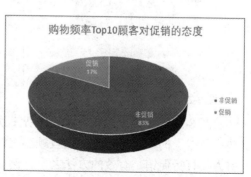

图 8-23 消费频率 Top10 的顾客对促销的态度

　　　对比图 8-8、图 8-24 可知，消费金额 Top10 的顾客花费 34%的金额来购买酒饮类商品，比平均值(9%)高 25%；与此相对应，消费金额 Top10 的顾客只花费 8%的金额来购买蔬果类商品，比平均值(21%)低 13%；消费金额 Top10 的顾客只花费 4%的金额来购买休闲类商品，比平均值(14%)低 10 个百分点。

　　　对比图 8-21、图 8-25 可知，消费金额 Top10 的顾客花费 16%的金额来购买促销商品，比所有顾客用于购买促销商品的 24%低 8 个百分点。

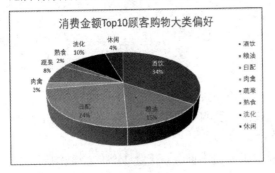 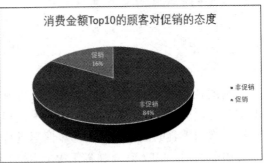

图 8-24　消费金额 Top10 的顾客购物大类偏好　　　　图 8-25　消费金额 Top10 的顾客对促销的态度

8.1.4　营销策略分析

　　　由图 8-26、图 8-27 对比可知，本周消费 2 次及以上的顾客最喜欢在超市购买的是蔬果，消费金额所占比例比只消费 1 次的顾客多 10%，这也符合现实逻辑，如果一个顾客习惯在某个超市购买水果、蔬菜(因为水果、蔬菜是日常消费比较多的，保质期又不长)，那么他就会经常去这个超市购物。因此，可以增加蔬果类商品对本周只消费 1 次顾客的吸引力，从而提高这些顾客的购物次数，进而提高营销效益。

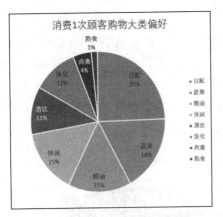 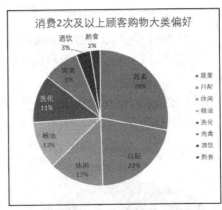

图 8-26　消费 1 次顾客购物大类偏好　　　　图 8-27　消费 2 次及以上顾客购物大类偏好

　　　由图 8-28、图 8-29 可知，本周消费 1 次的顾客购买促销商品的消费金额所占比例比消费 2 次及以上的顾客多 10%，这些顾客更倾向于购买促销商品，因此要增加对这些顾客的吸引力，打折促销是有效的方法之一。例如，对蔬果搞打折促销活动，就是培养这类人群的顾客黏性的不错的方法。

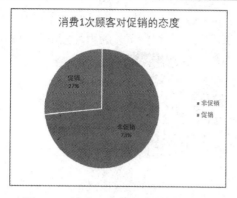

图 8-28 消费 1 次顾客对促销的态度

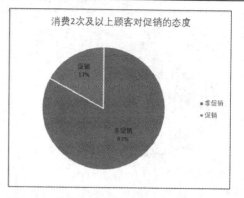

图 8-29 消费 2 次及以上顾客对促销的态度

由图 8-30、图 8-31 可知,本周消费 1 次的顾客在工作日和周末的日均消费金额差不多,消费 2 次及以上的顾客在工作日的日均消费金额比周末多出 8%。总体来说,如果要通过促销等活动提高营销效益,周末和工作日均可。

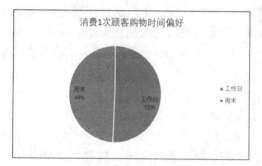

图 8-30 消费 1 次顾客购物时间偏好

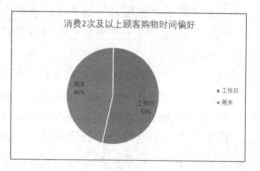

图 8-31 消费 2 次及以上顾客购物时间偏好

由图 8-32 可知,蔬菜的毛利率在 40%以上,水果的毛利率在 50%以上,二者均有让利空间,可以通过打折促销来吸引顾客。

中类名称	销售金额	毛利润	毛利率
加工豆类	196.17	58.33	29.73%
其它加工	4.12	1.24	30.10%
蔬菜	2268.14	974.02	42.94%
水果	2942.92	1567.1	53.25%

图 8-32 蔬菜、水果的毛利率

8-4 营销策略分析

由图 8-33、图 8-34 可知,两类顾客消费(0, 5]元低价格区间的水果数量占比差别不大;两类顾客消费(5, 15]元中低价格区间的水果数量都是最多的,占比也基本相同,但是消费 1 次的顾客消费(5, 10]元相对低价格区间的占比为 40%,比消费两次及以上的顾客高 17%;两类顾客消费(15, 20]元中等价格区间的水果数量占比差别不大;两类顾客消费(20, 50]元中高价格区间水果数量占比相同,但是消费 1 次的顾客消费(20, 30]元中等价格区间的占比,比消费 2 次及以上的顾客高 4%;两类顾客消费(50, 100]元高价格区间的水果数量占比差别不大。

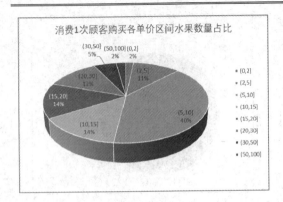

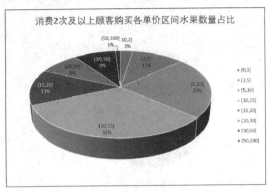

图 8-33　消费 1 次顾客购买各单价区间
　　　　水果数量占比

图 8-34　消费 2 次及以上顾客购买各单价区间
　　　　水果数量占比

经过以上分析，发现在(5, 10]元区间和(20, 50]元区间，消费 1 次的顾客与消费 2 次及以上的顾客相比，更倾向于购买价格较低的水果，其他价格区间的消费数量差不多，所以总体来说消费 1 次的顾客与消费 2 次及以上的顾客相比，更倾向于购买价格较低的水果。

因此可以制订以下营销策略：确保价格在(5, 15]元区间水果的品种充足和品质优良；挑选价格在(10, 15]元区间的水果进行促销，促销价格在(5, 10]元区间；挑选个别价格在(30, 50]元的水果进行促销，促销价格在(20, 30]元。

由图 8-35、图 8-36 可知，本周两类顾客消费(5, 10]中等价格区间的蔬菜比例差不多，分别是 35%和 36%。在(0, 2]低价格区间，消费 1 次的顾客消费比例为 22%，比消费 2 次及以上顾客高 7%。在(2, 5]中低价格区间，消费 2 次及以上顾客消费比例为 41%，比消费 1 次的顾客高 12%。在(10, 15]、(15, 20]、(20, 30]中高以及高价格区间，消费 1 次的顾客在各个价格区间消费比例都高于消费 2 次及以上顾客。

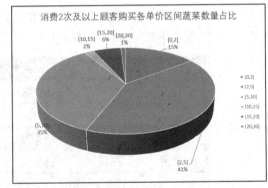

图 8-35　消费 1 次顾客购买各单价区间
　　　　蔬菜数量占比

图 8-36　消费 2 次及以上顾客购买各单价区间
　　　　蔬菜数量占比

经过以上分析知道，两类顾客消费最多的都是(0, 2]、(2, 5]、(5, 10]价格区间的蔬菜。在(0, 5]价格区间，消费 1 次的顾客倾向购买价格低的蔬菜。在(5, 10]价格区间，两类顾客消费比例相当。在(10, 30]消费区间，消费 1 次顾客消费比例高，证明消费 1 次顾客有一定的消费能力。

确保(0, 2]、(2, 5]、(5, 10]、(15, 20]元单价的蔬菜的品种和质量。挑选价格在(2, 5]元的蔬菜进行促销,部分促销价格在(0, 2]元之间,促销时间在周内和周末均可。尝试增加价格在(10, 15]元蔬菜的品种,保证质量。

由图 8-37 可知,洗化的存销比约为 440%,存销比比较合理;酒饮、休闲和粮油的存销比在 300%~380%,存销比比较合理;因为肉禽、熟食和蔬果对新鲜度要求较高,超市都是每天早上进货,所以存销比在 35%以下,也是比较合理的。

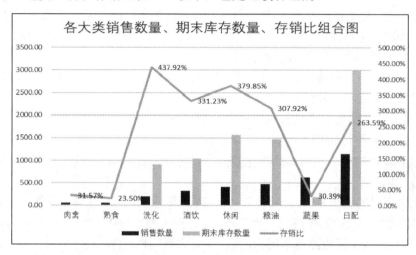

图 8-37　各大类销售数量、期末库存数量、存销比组合图-2

由图 8-38 可知,绝大部分顾客对购物环境的满意度最高,对商品品类、商品品质的满意度比较高,对商品价格、商品陈设的满意度中等,对服务态度不是很满意。要提高顾客满意度,必须提高服务质量,调整商品陈设,方便顾客找到各种商品。

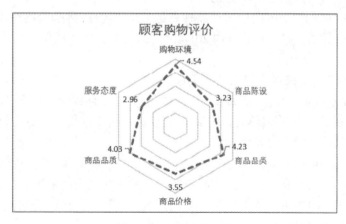

图 8-38　顾客购物评价

8.1.5　总结

1. "和美家"某超市营销现状

(1) 超市总体运营状况尚可,销售额、销售量和毛利润呈正相关性。

(2) 日配、蔬果、休闲、粮油的销售额、销售量和毛利润比较高。

(3) 日配、洗化、粮油促销的效果比较好,肉禽和熟食没有促销,促销售额占总销

8-5　小结

售额的 30%以上，周三的促销比较成功。

(4) 促销会增加进店顾客的数量，带动非促销商品的消费。

(5) 进店顾客数和销售额、销售量、毛利润的变化规律相同，可通过提高进店顾客的数量来提升营销效果。

(6) 用户复购率为 23%，偏低。

(7) 本周只消费 1 次的顾客占比为 77%，偏向于购买促销商品；本周消费 2 次及以上的顾客，购买蔬果类商品的占比明显高于本周只消费 1 次的顾客；可通过对蔬果类商品的促销提升顾客的复购率，增加顾客的黏性。

(8) 大部分顾客(只消费 1 次的占比为 77%的顾客)，倾向于购买低价的水果和蔬菜，而认为超市的水果和蔬菜价格偏高。

(9) 水果和蔬菜的毛利率比较高，可进行促销。

(10) 商品的库存结构基本合理。

(11) 顾客对购物环境和商品品类比较满意，对商品价格基本满意，对商品的陈设和服务态度不够满意。

(12) 周围居民的购物习惯为：周日、周一按需购买生活用品或为下周购买生活必需品；周二、周四相比前一天的销售情况有所变差，这是因为周一和周三购买的物品还没有被消耗完；因为之前购买的生活用品基本用完，所以周五需要购物；周六有外出活动和消费的习惯。

2. 营销建议

(1) 通过促销或者其他方法增加每日消费人数。

(2) 对日配、休闲、洗化、粮油等保质期较长的商品进行短期促销；对蔬果、熟食、肉禽等保质期较短的商品进行长期促销。

(3) 确保价格在(5,15]元区间的水果品种充足和品质优良；挑选价格在(10,15]元、(30,50]元区间的水果进行促销；确保价格在(0,20]元区间的蔬菜品种和质量，挑选价格在(2,5]元、(15,20]元区间的蔬菜进行促销。

(4) 工作日适当促销肉禽，周末适当促销熟食。

(5) 对于畅销类商品(日配、蔬果)，超市要持续关注库存数量，避免出现供不应求的情况；对于销售情况不佳的商品(熟食、肉禽)，可以适当减少进货，避免出现商品积压情况，也可通过促销活动进一步增加销售量。

(6) 多和周围超市及同类店铺相比较，寻找优质的供货渠道，适当调整商品价格；多向其他超市学习，优化货品的陈列方式和位置，方便顾客找到所需物品；加强员工培训、增强员工服务意识、改进员工服务质量；多向其他企业学习，推出精细化服务，开通顾客反馈意见的途径，听取顾客意见，提升品牌影响力。

拓展延伸：了解数据分析报告

1. 了解数据分析报告的类型

数据分析报告因对象、内容、时间和方法等不同分为不同的报告类型。常见的数据分析报告有专题分析报告、综合分析报告和日常数据通报等。

1) 专题分析报告

专题分析报告是对社会经济现象的某一方面或某一个问题进行专门研究的一种数据分析报告,它的主要作用是为决策者制定政策、解决问题提供决策参考和依据。专题分析报告主要有以下两个特点:

(1) 单一性。专题分析不要求反映事物全貌,主要针对某一方面或者某一问题进行分析,如用户流失分析、提升用户转化率分析等。

(2) 深入性。由于专题分析内容单一,重点突出,因此要集中精力解决主要的问题,包括对问题的具体描述,成因分析和提出可行的解决方案等。

2) 综合分析报告

综合分析报告是全面评价一个地区、单位、部门业务或其他方面发展情况的一种数据分析报告,如世界人口发展报告、某企业运营分析报告等。综合分析报告主要有以下两个特点:

(1) 全面性。综合分析反映的对象以地区、部门或单位为主体,站在全局的高度反映总体特征,做出总体评价。例如,在分析一个公司的整体运营情况时,可以从产品、价格、渠道和促销这 4 个角度进行分析。

(2) 联系性。综合分析报告要对互相关联的现象与问题进行综合分析,在系统地分析指标体系的基础上,考察现象之间的内部联系和外部联系。这种联系的重点是比例和平衡关系,分析比例是否合理,发展是否平衡、协调。

3) 日常数据通报

日常数据通报是分析定期数据,反映计划的执行情况,并分析其影响因素的一种分析报告。它一般是按日、周、月、季等时间阶段定期进行的,因此也叫定期分析报告。日常数据通报主要有以下 3 个特点:

(1) 进度性。由于日常数据通报主要反映计划的执行情况,因此必须把执行情况和时间进展结合分析,比较二者是否一致,从而判断计划完成的好坏。

(2) 规范性。日常数据通报是定时向决策者提供的例行报告,所以形成了比较规范的结构形式,它一般包括计划执行的基本情况、计划执行中的成绩和经验、存在的问题、措施与建议等几个基本部分。

(3) 时效性。日常数据通报的性质和任务决定了它是时效性最强的一种分析报告。只有及时提供业务发展过程中的各种信息,才能帮助决策者掌握最新动态,否则将延误工作。

2. 了解数据分析报告的原则

(1) 规范性原则。数据分析报告中所使用的名词术语一定要规范、标准统一和前后一致。

(2) 重要性原则。数据分析报告一定要体现项目分析的重点,在项目各项数据的分析中,应该重点选取真实性、合法性的数据指标,构建相关模型,科学专业地进行分析,并且反映在分析结果中对同一类问题的描述,也要按照问题的重要性来排序。

(3) 谨慎性原则。数据分析报告的编制一定要谨慎对待,主要体现在基础数据真实、完整,分析过程科学、合理、全面,分析结果可靠,建议内容实事求是等方面。

(4) 鼓励创新原则。社会是不断发展进步的,不断有创新的方法或模型从实践中摸索并总结出来,数据分析报告要记录这些创新的思维与方法并加以运用。

3. 了解数据分析报告的结构

数据分析报告会有一定的结构,但是这种结构会根据公司业务、需求的变化而产生一定的变化。一般性结构由以下 5 个部分组成，其中背景与目的、分析思路、分析过程、结论与建议构成数据分析报告的正文。

1) 标题

标题应高度概括该分析的主旨，精简干练，点明该分析报告的主题或者观点。好的标题不仅可以表现数据分析报告的主题，而且能够引起读者的阅读兴趣。下面介绍几种常用的标题类型。

(1) 解释基本观点。这类标题往往用观点句来表示，点明数据分析报告的基本观点，如《直播业务是公司发展的重要支柱》。

(2) 概括主要内容。这类标题用数据说话，让读者抓住中心，如《我公司销售额比去年增长 35%》。

(3) 交代分析主题。这类标题反映分析的对象、范围、时间和内容等情况，并不点明分析师的看法和主张，如《拓展公司业务的渠道》。

(4) 提出疑问。这类标题以设问的方式提出报告所要分析的问题，引起读者的注意和思考，如《500 万的利润是如何获得的》。

2) 背景与目的

阐述背景主要是为了让报告阅读者对整体的分析研究有所了解，主要阐述此项分析是在什么环境、条件下进行的，如行业发展现状等。阐述目的主要是让读者知道这次分析的主要原因、分析能带来何种效果、可以解决什么问题，即分析的意义所在。撰写数据分析报告的目的主要体现在以下 3 个方面：

(1) 项目总体分析。从项目需求出发，对项目的财务、业务数据进行总量分析，把握全局，形成对被分析的项目财务、业务状况的总体印象。

(2) 确定项目重点，合理配置项目资源。在对项目进行总体分析的基础上，根据项目特点进行趋势分析和对比分析，以便合理地确定项目分析的重点，作出正确的项目分析决策，调整人力物力等资源达到最佳状态。

(3) 总结经验。通过选取指标，针对不同的分析事项进行分析，从而指导以后项目实践中的数据分析。

3) 分析思路

分析思路即用数据分析方法论指导分析如何进行，是分析的理论基础。统计学的理论及各个专业领域的相关理论都可以为分析提供思路。分析思路用来指导我们确定需要分析的内容或者指标，只有在相关的理论指导下才能确保数据分析维度的完整性、分析结果的有效性和正确性。分析报告一般不需要详细阐述这些理论，只需简要说明使读者有所了解即可。

4) 分析过程

分析过程是报告最长的主体部分，包含所有数据分析的事实和观点，各个部分具有较强的逻辑关系，通常结合数据图表和相关文字进行分析。此部分须注意以下 4 个问题：

(1) 结构合理，逻辑清晰。分析过程应遵循分析思路的指导进行，合理安排行文结构，保证各部分具有清晰的逻辑关系。

(2) 客观准确。首先数据必须真实有效、实事求是地反映真相，其次表达上必须客观准确规范，切忌主观随意。

(3) 篇幅适宜，简洁高效。数据分析报告的质量取决于是否有利于决策者作出决策，是否有利于解决问题，篇幅不宜过长，要尽可能简洁高效地传递信息。

(4) 结合业务，分析专业。分析过程应结合相关业务或专业理论，而非简单地进行没有实际意义的看图说话。

5) 结论与建议

报告的结尾是对整个报告的综合与总结，是得出结论、提出建议和解决矛盾的关键。好的结尾可以帮助读者加深认识、明确主旨并引发思考。

结论是以数据分析结果为依据得出的分析结果，是结合公司业务，经过综合分析、逻辑推理形成的总体论点。结论应与分析过程的内容保持统一，与背景和目的相互呼应。

建议是根据结论对企业或者业务问题提出的解决方法，建议主要关注保持优势、改进劣势、改善和解决问题等方面。

小 结

本项目讲述了撰写"超市营销分析"周报文档的方法和步骤，根据销售情况进行了整体分析、商品分析、顾客分析和营销策略分析，并提出几个可供参考的营销建议。最后，从类型、原则和结构3个方面学习了解了数据分析报告的撰写方法。

课后技能训练

某自动售货机行业竞争日益激烈，销售业绩增长变缓。为某自动售货机企业撰写一份2021年5月24日至5月30日的周报文档，以便企业能够及时了解自动售货机的产品营销情况，及时调整销售策略，获得更好的营销效益。

拓展训练

"1+X"大数据应用开发(Python)职业技能等级证书(初级)考试训练

1. 下列不属于常见的数据分析报告的是(　　)。
A. 专题分析报告　　　B. 综合分析报告　　　C. 统计报告　　　D. 日常数据通报

2. 数据分析报告因对象、内容、时间和方法等不同存在不同的报告类型。常见的数据分析报告有专题分析报告、综合分析报告和_____等。

3. 专题分析报告的两个主要特点是(　　)。
A. 全面性　　　　　B. 单一性　　　　　C. 联系性　　　　　D. 深入性

4. 日常数据通报的三个主要特点是(　　)。
A. 进度性　　　　　B. 规范性　　　　　C. 时效性　　　　　D. 全面性

5. 专题分析报告是全面评价一个地区、单位、部门业务或其他方面发展情况的一种数据分析报告，如世界人口发展报告、某企业运营分析报告等。(　　)

参 考 文 献

[1]　新浪新闻中心. 网曝红会捐建玉树灾区卫生院"5 倍差价"事件调查[R/OL]. [2011-08-07]. https://news.sohu.com/20110807/n315684906.shtml.

[2]　数字广东公司. 数字广东公司"粤省事"团队荣获第二十二届"广东青年五四奖章" [R/OL]. [2020-04-29]. https://www.digitalgd.com.cn/news/3335/.

[3]　中国传媒大学经济与管理学院.校友贾晓丰荣获"全国抗击新冠肺炎疫情先进个人"荣誉称号[R/OL]. [2020-09-09].　https://mba.cuc.edu.cn/2020/0909/c4670a172758/page.htm.

[4]　百度百科. 棱镜门 https://baike.baidu.com/item/%E6%A3%B1%E9%95%9C%E9%97%A8/6006333?fr=aladdin

[5]　中华人民共和国国务院新闻办公室. 美长期监控中国内地和香港目标[R/OL]. [2013-06-14]. http://www.scio.gov.cn/zhzc/8/5/Document/1432561/1432561.htm.

[6]　中华人民共和国国务院新闻办公室. "棱镜门事件"是美国长期谋求网络霸权的明证 [R/OL] . [2013-06-21]. http://www.scio.gov.cn/zhzc/8/5/Document/1432572/1432572.htm.

[7]　中国大数据产业观察. 埃森哲：数据道德指南之十二条守则 [R/OL]. [2017-01-17]. http://www.cbdio.com/BigData/2017-01-17/content_5433515.htm.

[8]　柳扬，张良均.Excel 数据分析与可视化[M]. 北京：人民邮电出版社，2020.